Σ BEST
シグマベスト

高校 これでわかる
基礎反復問題集

化 学

文英堂編集部 編

文英堂

この本の特色

1 徹底して基礎力を身につけられる

定期テストはもちろん，入試にも対応できる力は，**しっかりとした基礎力**の上にこそ積み重ねていくことができます。そして，しっかりとした基礎力は，**重要な内容・基本的な問題をくり返し学習し，解くこと**で身につきます。

2 便利な書き込み式

利用するときの効率を考え，**書き込み式**にしました。この問題集に直接答えを書けばいいので，ノートを用意しなくても大丈夫です。

3 参考書とリンク

内容の配列は，参考書「これでわかる化学」と同じにしてあります。くわしい内容を確認したいときは，参考書を利用すると，より効果的です。

4 くわしい別冊解答

別冊解答は，**くわしくわかりやすい解説**をしており，基本的な問題でも，できるだけ解き方を省略せずに説明しています。また，**「テスト対策」**として，試験に役立つ知識や情報を示しています。

この本の構成

1 まとめ

重要ポイントを，図や表を使いながら，見やすくわかりやすくまとめました。キー番号は 基礎の基礎を固める！ ページのキー番号に対応しています。

2 基礎の基礎を固める！

基礎知識が身についているかを確認するための**穴うめ問題**です。わからない所があるときは，同じキー番号の「まとめ」にもどって確認しましょう。

3 テストによく出る問題を解こう！

しっかりとした基礎力を身につけるための問題ばかりを集めました。
- 必修 …特に重要な基本的な問題。
- テスト …定期テストに出ることが予想される問題。
- 難 …難しい問題。ここまでできれば，かなりの力がついている。

4 入試問題にチャレンジ！

各編末に，実際の入試問題をとりあげています。入試に対応できる力がついているか確認しましょう。

もくじ

1編 物質の状態

- 1章 物質の状態変化 …… 4
- 2章 気体の性質 …… 8
- 3章 固体の構造 …… 12
- 4章 溶解 …… 16
- 5章 溶液の性質 …… 22
- 入試問題にチャレンジ …… 26

2編 物質の変化

- 1章 化学反応と熱・光 …… 30
- 2章 電池と電気分解 …… 34
- 3章 化学反応の速さ …… 40
- 4章 化学平衡 …… 44
- 5章 電解質水溶液の平衡 …… 48
- 入試問題にチャレンジ …… 54

3編 無機物質

- 1章 非金属元素の性質 …… 58
- 2章 典型金属元素とその化合物 …… 64
- 3章 遷移元素とその化合物 …… 68
- 4章 無機物質と人間生活 …… 72
- 入試問題にチャレンジ …… 76

4編 有機化合物

- 1章 有機化合物の特徴 …… 80
- 2章 脂肪族炭化水素 …… 84
- 3章 酸素を含む脂肪族化合物 …… 88
- 4章 芳香族化合物 …… 94
- 5章 有機化合物と人間生活 …… 100
- 入試問題にチャレンジ …… 104

5編 高分子化合物

- 1章 高分子化合物と糖類 …… 108
- 2章 タンパク質と核酸 …… 112
- 3章 繊維 …… 118
- 4章 合成樹脂(プラスチック)とゴム …… 122
- 入試問題にチャレンジ …… 126

▶ 別冊　正解答集

1編 物質の状態

1章 物質の状態変化

1 熱運動と状態変化

① **熱運動**…物質を構成する粒子（原子・分子・イオンなど）がその温度に応じてたえず運動している不規則な運動。

② **物質の三態と状態変化**…固体・液体・気体の3つの状態を**物質の三態**といい，温度や圧力を変化させると，固体・液体・気体の間で**状態変化**する。

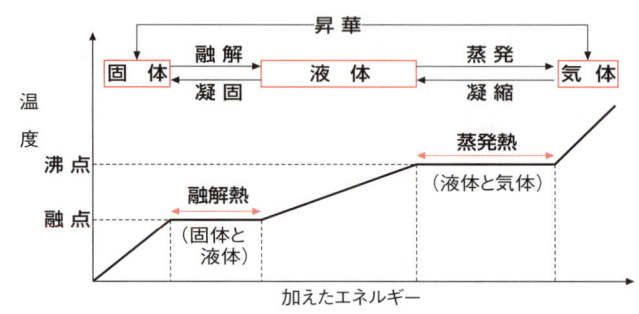

> 物質を構成する粒子が熱運動により全体に広がる性質を拡散という。

2 気体の熱運動と圧力

① **気体の速度分布**…気体分子の速さはさまざまであるが，その分布は温度により決まり，温度が高くなると速さが大きくなる割合の分布となる。

② **気体の圧力**…熱運動している気体分子が，壁面に衝突して及ぼす力。

③ **大気圧**…地表をとりまく空気による圧力。1気圧（1 atm）は 1.013×10^5 Pa であり，また高さ 760 mm の水銀柱による圧力に等しい。➡ **760 mmHg**

> 気体を構成する粒子は常に分子。

3 気液平衡と飽和蒸気圧

① **気液平衡**…気体と液体が共存し，蒸発する分子数と凝縮する分子数が等しい状態。

② **飽和蒸気圧**…気液平衡にあるときに蒸気が示す圧力。ほかの気体が存在していても影響は受けない。

③ **沸騰**…「外圧 = 飽和蒸気圧」となったとき，液体内部からも蒸発が起こる現象。沸騰するときの温度が沸点である。

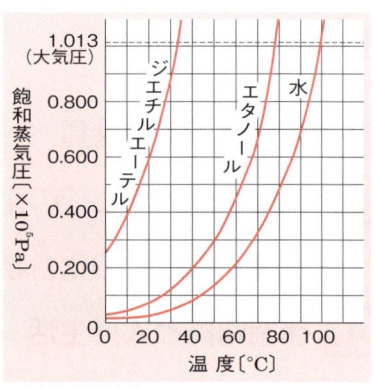

▲蒸気圧曲線

> 粒子間の引力が大きい物質ほど沸点・融点が高い。

基礎の基礎を固める！

（　）に適語を入れよ。　答➡別冊 p.2

1 熱運動と状態変化 ◯ー1

① (❶　　　　　)…物質を構成している粒子がその温度に応じてたえず運動している不規則な運動。
② (❷　　　　　)…固体・液体・気体の3つの状態。
③ 固体から液体への**状態変化**を(❸　　　　　)といい，このとき吸収される熱量は(❹　　　　　)とよばれる。
④ 液体から気体への状態変化を(❺　　　　　)といい，このとき吸収される熱量は(❻　　　　　)とよばれる。
⑤ 固体から直接気体へ，また，気体から直接固体への状態変化を(❼　　　　　)という。
⑥ 融解が始まると，固体のすべてが液体になるまで温度は変化(❽　　　　　)。また，沸騰している間は，液体のすべてが気体になるまで温度は変化(❾　　　　　)。
⑦ 一般に，融解熱よりも蒸発熱のほうが(❿　　　　　)い。

2 気体の熱運動と圧力 ◯ー2

① 気体分子の速さはさまざまであるが，その分布は(⓫　　　　　)によって決まっていて，温度が高くなると速さが(⓬　　　　　)くなる割合の分布となる。
② 気体の(⓭　　　　　)…熱運動している気体分子が，壁面に衝突して及ぼす力。
③ **大気圧**は，地表をとりまく(⓮　　　　　)による圧力で，1気圧は(⓯　　　　　) **Pa** であり，また水銀柱の高さ(⓰　　　　　) mm が及ぼす圧力に等しい。これを(⓱　　　　　) **mmHg** のように表す。

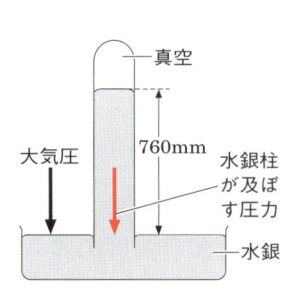

3 気液平衡と飽和蒸気圧 ◯ー3

① 容器に液体を入れて放置したとき，**蒸発する分子の数と凝縮する分子の数が等しく**なった状態を(⓲　　　　　)の状態にあるという。
② (⓳　　　　　)…気液平衡の状態にあるときの蒸気が示す圧力。温度が高いほど(⓴　　　　　)い。
③ 温度による飽和蒸気圧の変化を表したグラフを(㉑　　　　　)という。
④ **沸騰**…飽和蒸気圧が(㉒　　　　　)と等しくなったときに起こる。液体の内部からも(㉓　　　　　)が起こる現象である。
⑤ 沸騰が起こるときの温度を(㉔　　　　　)という。

テストによく出る問題を解こう！

答 ➡ 別冊 p.2

1 [物質の三態]

分子からなる物質について，次の(1)～(5)の記述は，固体，液体，気体のどの状態にあてはまるか。

(1) 分子が高速で運動している。　　　　　　　　　　　　　（　　　　　）
(2) エネルギーの最も低い状態である。　　　　　　　　　　（　　　　　）
(3) 分子が接しているが，互いに置き換わる。　　　　　　　（　　　　　）
(4) 分子間力がほとんど無視できる。　　　　　　　　　　　（　　　　　）
(5) 分子の位置が互いに決まっている。　　　　　　　　　　（　　　　　）

ヒント 固体を加熱すると液体，さらに気体へと変化する。

2 [物質の状態変化] 必修

次の(1)～(5)の記述について，正しいものには○，誤っているものには×を記せ。

(1) 同じ物質の同じ質量の蒸発熱は，融解熱より小さい。　　　　　　　　（　　　　　）
(2) 同じ物質の融点と凝固点は等しい。　　　　　　　　　　　　　　　　（　　　　　）
(3) 同じ気体物質の同じ温度における分子の運動速度は互いに等しい。　　（　　　　　）
(4) 同じ液体物質の沸騰する温度は，外圧が高いほど低い。　　　　　　　（　　　　　）
(5) 同じ温度における飽和蒸気圧が高い物質ほど沸点が低い。　　　　　　（　　　　　）

3 [状態変化と熱エネルギー] テスト

右の図は，ある純物質の固体 1 mol を一定の割合で加熱したときの温度変化を示したものである。次の(1)～(4)の問いに答えよ。

(1) B 点，C 点では，この物質はそれぞれどのような状態か。

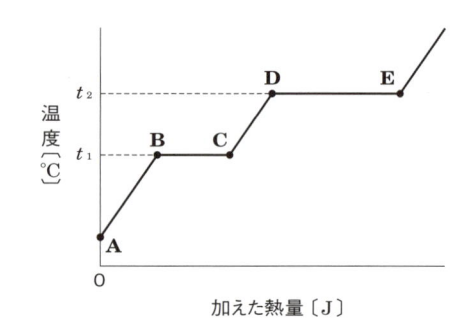

　　　　　　　　B 点（　　　　　　　　）
　　　　　　　　C 点（　　　　　　　　）

(2) AB 間，BC 間，CD 間，DE 間での物質の状態をそれぞれ書け。

　　　　　　　AB 間（　　　　　　　）　BC 間（　　　　　　　）
　　　　　　　CD 間（　　　　　　　）　DE 間（　　　　　　　）

(3) 温度 t_1，t_2 をそれぞれ何というか。

　　　　　　　　t_1（　　　　　　　）　t_2（　　　　　　　）

(4) BC 間，DE 間で吸収される熱量をそれぞれ何というか。

　　　　　　　BC 間（　　　　　　　）　DE 間（　　　　　　　）

1編　物質の状態

4 [気体分子の熱運動]

次のア〜エから，正しいものを選べ。　　　　　　　　　　（　　　）

ア　温度が一定のとき，気体分子の平均の速度はその質量には関係しない。
イ　拡散は，気体中では見られるが，液体中では見られない。
ウ　温度が一定のとき，同一質量の気体分子は同じ速度で運動している。
エ　気体の圧力は，気体分子が容器の壁面に衝突することによって起こる。

ヒント　拡散は，粒子の熱運動によって起こる。

5 [気体の熱運動と圧力]

次の(1)，(2)の問いに答えよ。

(1) 右の図は，0℃，1000℃，2000℃における，ある気体分子の速さの分布である。A〜Cのうち，温度が最も高いものはどれか。　　　（　　　）

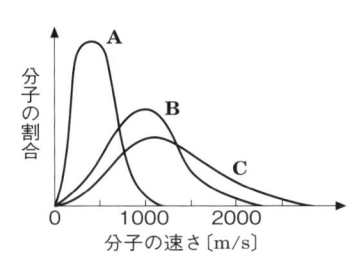

(2) 次の文中の空欄①〜③に適する数値を入れよ。
2気圧は①（　　　　　）Paであり，②（　　　　　）mmHgである。また，$2.0×10^4$ Paは約③（　　　　　）atmである。

6 [蒸気圧曲線] テスト

右の図は，エタノールと水の蒸気圧曲線である。次の(1)〜(3)の問いに答えよ。

(1) 大気圧が $1.0×10^5$ Pa のときのエタノールの沸点は何℃か。　　　　　　　　　（　　　）

(2) エタノールが70℃で沸騰する高度の地点では，水は何℃で沸騰するか。　　　（　　　）

(3) 密閉容器にエタノールが入っている。エタノールはすべて気体として存在し，その蒸気圧は $0.30×10^5$ Pa である。この容器を何℃まで冷やすと，液体のエタノールが観察されるようになるか。
　　　　　　　　　　　　　　　　　　　　　　　　　　（　　　）

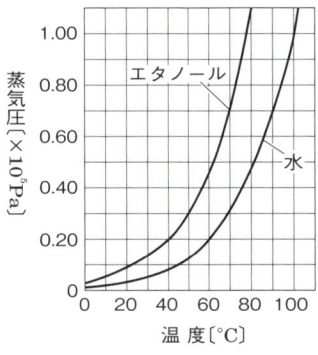

ヒント　沸騰は，外圧と蒸気圧が等しくなったときに起こる。

7 [飽和蒸気圧]

次のア〜ウから，正しいものを選べ。　　　　　　　　　　（　　　）

ア　水の飽和蒸気圧は，空気が存在しても変化しない。
イ　気液平衡の状態にあるとき，液体が気体になる現象は起こっていない。
ウ　温度を上げると，液体の飽和蒸気圧は低くなる。

2章 気体の性質

○→4 □ ボイル・シャルルの法則

① **ボイルの法則**…一定温度下で，気体の体積 V は圧力 P に反比例。

② **絶対温度**…絶対温度 T〔K〕= セルシウス温度 t〔℃〕+273

③ **シャルルの法則**…一定圧力下で，気体の体積 V は絶対温度 T に比例。

④ **ボイル・シャルルの法則**…一定量の気体の体積 V は，絶対温度 T に比例し，圧力 P に反比例。

ボイルの法則	シャルルの法則
$P_1V_1 = P_2V_2$	$\dfrac{V_1}{T_1} = \dfrac{V_2}{T_2}$

ボイル・シャルルの法則
$$\dfrac{P_1V_1}{T_1} = \dfrac{P_2V_2}{T_2}$$

> セルシウス温度は，日常生活で使っている℃を単位とする温度。

○→5 □ 気体の状態方程式

圧力〔Pa〕　物質量〔mol〕
$$PV = nRT$$
← 絶対温度〔K〕
体積〔L〕　気体定数：8.31×10^3 Pa·L/(mol·K)

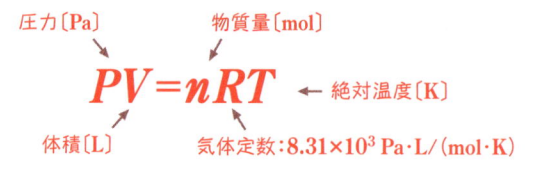

質量〔g〕
$$PV = \dfrac{w}{M}RT$$
モル質量〔g/mol〕

> 右側の式を使えば，気体の分子量を求めることができる。

○→6 □ 理想気体と実在気体

	分子の体積	分子間力	状態方程式に従うか
理想気体	なし	なし	完全に従う。
実在気体	あり	あり	従わないが，高温・低圧になるほど従う方向に。

○→7 □ 混合気体

① **全圧**…混合気体の圧力。

② **分圧**…成分気体が混合気体の全体積を占めたときの圧力。

③ **ドルトンの分圧の法則**…全圧は，各成分気体の分圧の和に等しい。

④ 全圧・分圧と成分気体の割合

- 分圧 P_A = 全圧 P × モル分率 $\dfrac{n_A}{n}$　　（n_A：成分気体の物質量　n：混合気体の物質量）

- 分圧 P_A = 全圧 P × 体積分率 $\dfrac{V_A}{V}$　　（V_A：成分気体の体積　V：混合気体の体積）

基礎の基礎を固める！　　（　）に適語を入れよ。　答➡別冊p.3

4 ボイル・シャルルの法則

① (①　　　　　)の法則…温度が一定のとき，一定量の気体の体積 V はその圧力 P に反比例する。
② (②　　　　　)…セルシウス温度の数値に273を加えた温度。単位は K（ケルビン）。
③ (③　　　　　)の法則…圧力が一定のとき，一定量の気体の体積 V はその絶対温度 T に比例する。
④ (④　　　　　)の法則…一定量の気体の体積 V は，その圧力 P に反比例し，絶対温度 T に比例する。

5 気体の状態方程式

① 気体の圧力を P〔Pa〕，体積を V〔L〕，物質量を n〔mol〕，絶対温度を T〔K〕とすると，$PV=$ (⑤　　　　　) の関係式が成り立つ。この関係式を (⑥　　　　　) という。
② 気体定数 R を 8.3×10^3 Pa·L/(mol·K) とすると，27℃，1.0×10^5 Pa のもとで 8.3 L の体積を占める気体の物質量は (⑦　　　　　) mol である。
③ 気体の質量を w〔g〕，モル質量を M〔g/mol〕とすると，$n=$ (⑧　　　　　) である。これを気体の状態方程式に代入して M について解くと，$M=$ (⑨　　　　　) となる。

6 理想気体と実在気体

① (⑩　　　　　)…分子には大きさがなく，分子どうしの間に分子間力がはたらかないと仮定した気体。気体の状態方程式に完全に従う。
② (⑪　　　　　)…実際に存在する気体で，分子には大きさがあり，分子どうしの間には分子間力がはたらく。(⑫　　　　　)温・(⑬　　　　　)圧になるほど，理想気体に近づく。

7 混合気体

① (⑭　　　　　)…混合気体全体の圧力。
② (⑮　　　　　)…成分気体が混合気体の全体積を占めたときの圧力。
③ (⑯　　　　　)の法則…混合気体の全圧は，分圧の和に等しい。
④ 成分気体の分圧 ＝ 全圧 × (⑰　　　　　) ＝ 全圧 × 体積分率
⑤ 混合気体の各成分気体について，圧力の比は (⑱　　　　　) や (⑲　　　　　) の比に等しい。

テストによく出る問題を解こう！

答 ➡ 別冊 p.3

8 ［ボイル・シャルルの法則］ テスト

次の(1)～(4)の問いに答えよ。

(1) $1.0×10^5$ Pa, 5.0 L の気体の圧力を，温度を一定に保ったまま $2.0×10^5$ Pa にすると，体積は何 L になるか。（　　　　　）

(2) 300 K のもとで 12 L の体積を占めている気体の温度を，圧力を一定に保ったまま 350 K にすると，体積は何 L になるか。（　　　　　）

(3) 27℃のもとで 10 L の体積を占めている気体の体積を，圧力を一定に保ったまま 20 L にするためには，温度を何℃にすればよいか。（　　　　　）

(4) 27℃，$1.0×10^5$ Pa のもとで 20 L の体積を占めている気体は，57℃，$1.1×10^5$ Pa のもとでは何 L の体積を占めるか。（　　　　　）

ヒント 温度が一定ならボイルの法則，圧力が一定ならシャルルの法則が使える。

9 ［気体の状態方程式］ 必修

次の(1)～(4)の問いに答えよ。　気体定数；$R=8.3×10^3$ Pa·L/(mol·K)

(1) 27℃，$8.3×10^4$ Pa における 2.0 mol の気体の体積は何 L か。（　　　　　）

(2) 0.10 mol の気体が 8.3 L の容器に入っている。温度が 27℃のとき，容器内の圧力は何 Pa か。（　　　　　）

(3) 8.3 L の容器に気体が入っている。容器内の温度が 57℃，圧力が $3.3×10^5$ Pa のとき，この気体の物質量は何 mol か。（　　　　　）

(4) 0.25 mol の気体が 8.3 L の容器に入っている。容器内の圧力が $1.0×10^5$ Pa のとき，温度は何℃か。（　　　　　）

10 ［気体の分子量］ テスト

次の(1), (2)の問いに答えよ。　気体定数；$R=8.3×10^3$ Pa·L/(mol·K)

(1) 27℃，$5.0×10^4$ Pa において 2.0 L を占める気体の質量をはかると，1.2 g であった。この気体の分子量を求めよ。（　　　　　）

(2) 27℃，$1.0×10^5$ Pa における密度が 1.12 g/L である気体の分子量を求めよ。（　　　　　）

ヒント (2) 密度 = $\frac{質量}{体積}$ の関係が使えるように，気体の状態方程式 $PV=\frac{w}{M}RT$ を変形する。

11 [理想気体と実在気体]

次の文章の空欄に，適当な語句や数値を入れよ。

理想気体は気体の①(　　　　　　　　)が厳密に成り立つ気体で，圧力を P〔Pa〕，体積を V〔L〕，物質量を n〔mol〕，気体定数を R〔Pa·L/(mol·K)〕，絶対温度を T〔K〕とすると，$\dfrac{PV}{nRT}$ の値は②(　　　　　　　　)である。ところが，実在気体の場合，分子間には引力がはたらき，また，分子自身が固有の体積をもつため，$\dfrac{PV}{nRT}$ の値は理想気体の値からずれる。

圧力を一定に保ったまま温度を下げると，分子の熱運動が弱くなり，分子間力の影響が無視できなくなる。そのため，理想気体に比べて体積が③(　　　　　　　　)くなる。したがって，$\dfrac{PV}{nRT}$ の値は理想気体の値より④(　　　　　　　　)くなる。

また，分子自身の体積が 0 である理想気体に対し，実在気体では，高圧下では分子自身の体積が無視できなくなる。そのため，理想気体に比べて体積が⑤(　　　　　　　　)くなる。したがって，$\dfrac{PV}{nRT}$ の値は理想気体の値より⑥(　　　　　　　　)くなる。

ヒント 実在気体は，高温・低圧になるほど理想気体に近づく。

12 [混合気体の分圧] テスト

次の(1)，(2)の問いに答えよ。
原子量；N=14.0，O=16.0　気体定数；$R=8.3\times10^3$ Pa·L/(mol·K)

(1) 温度を一定に保ったまま，0.70 g の窒素と 1.6 g の酸素を容器に入れたところ，混合気体の圧力が 6.0×10^5 Pa になった。窒素の分圧を求めよ。　(　　　　　　　)

(2) 大気圧が 1.0×10^5 Pa のとき，窒素の分圧は何 Pa か。ただし，空気は窒素と酸素の体積の比が 4：1 の混合気体であるとする。　(　　　　　　　)

ヒント 分圧の比 ＝ 物質量の比 ＝ 体積の比

13 [燃焼後の気体の全圧] 難

20 L の容器に，0.50 mol のメタンと 2.50 mol の酸素が入っている。この混合気体に点火してメタンを完全に燃焼させたあと，温度を 27℃にすると，容器内の圧力は何 Pa になるか。ただし，燃焼によって生じた水はすべて液体であるとし，水の体積や気体の水への溶解は無視できるものとする。　気体定数；$R=8.3\times10^3$ Pa·L/(mol·K)

(　　　　　　　)

ヒント 化学反応式は $CH_4 + 2O_2 \longrightarrow CO_2 + 2H_2O$
まず，反応後の気体の物質量の合計を求める。

3章 固体の構造

8 □ 結晶の種類とその性質

> イオン結合
> →金属元素と非金属元素間
> 共有結合
> →非金属元素間

① **イオン結晶**…イオン結合による結晶。やや硬いが,もろく,融点が比較的高い。結晶状態では電気を通さないが,液体や水溶液になると電気を通す。
  例 塩化ナトリウム(NaCl),酸化カルシウム(CaO)
② **分子結晶**…分子が分子間力や水素結合によって配列してできた結晶。**軟らかく,融点が低い。電気を通さない。** 例 ドライアイス(CO_2)
③ **共有結合の結晶**…共有結合が連続してできた結晶。硬く,融点が非常に高い。電気を通さない。C,Si,SiO_2 など。黒鉛(C)は例外で,軟らかく,電気を通す。 例 ダイヤモンド(C),水晶(SiO_2)
④ **金属結晶**…金属結合による結晶。**金属光沢**をもち,**展性・延性に富む。電気をよく通す。**

9 □ 金属の結晶構造

> 面心立方格子と六方最密構造は配位数も充填率も同じ。

結晶構造	体心立方格子	面心立方格子	六方最密構造
結晶格子			単位格子
配位数	8	12	12
単位格子中の原子数	2	4	2
充填率	68%	74%	74%

10 □ 単位格子の一辺と原子半径

> 原子半径 r は
> 体心立方格子
> →$r=\dfrac{\sqrt{3}}{4}l$
> 面心立方格子
> →$r=\dfrac{\sqrt{2}}{4}l$

金属結晶の単位格子の一辺の長さを l,原子半径を r とすると,
・体心立方格子 ➡ $(4r)^2=3l^2$
・面心立方格子 ➡ $(4r)^2=2l^2$

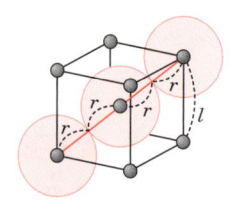

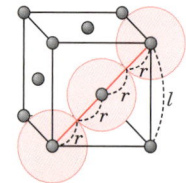

体心立方格子   面心立方格子

11 □ 結晶と非晶質(アモルファス)

① **結晶**…構成粒子が規則的に配列した固体。➡決まった融点をもつ。
② **非晶質(アモルファス)**…構成粒子が規則的に配列していない固体。➡決まった融点をもたない。 例 アモルファスシリコン,石英ガラス

基礎の基礎を固める！　(　)に適語を入れよ。　答➡別冊 p.5

8 結晶の種類とその性質　🔑 8

① (❶　　　　　) は，イオン結合による結晶であり，結晶状態では電気を通さないが，融解して(❷　　　　　)にしたり，水溶液にしたりすると電気を通す。

② **分子結晶**は，分子が(❸　　　　　)や水素結合によって配列してできた結晶。軟らかく，(❹　　　　　)が低い。

③ **共有結合の結晶**は，(❺　　　　　)結合が連続してできた結晶。(❻　　　　　)が非常に高く，極めて硬く，電気を通さない。C，(❼　　　　　)，SiO_2 がこの結晶となる。また，(❽　　　　　)は例外で，軟らかく，電気を通す。

④ **金属結晶**は(❾　　　　　)結合による結晶で，金属光沢があり，展性・延性に富み，(❿　　　　　)をよく通す。

9 金属の結晶構造　🔑 9

① (⓫　　　　　)は金属結晶構造の1つで，配位数が8であり，単位格子中の原子数が(⓬　　　　　)個である。

② **面心立方格子**は，配位数が(⓭　　　　　)であり，単位格子中の原子数が(⓮　　　　　)個である。

③ (⓯　　　　　)は金属結晶構造の1つで，配位数が12であり，単位格子中の原子数が2個である。

④ 面心立方格子と(⓰　　　　　)は配位数が12で，(⓱　　　　　)が等しい。

10 単位格子の一辺の長さと原子半径の関係　🔑 10

① **体心立方格子**…単位格子の立方体の対角線の長さは，原子半径の(⓲　　　　　)倍に等しい。単位格子の一辺の長さを l とすると，対角線の長さは(⓳　　　　　)であるから，原子半径を r とすると $(4r)^2 =$ (⓴　　　　　)のような関係がある。

② **面心立方格子**…単位格子の面の対角線の長さは，原子半径の(㉑　　　　　)倍に等しい。単位格子の一辺の長さを l，原子半径を r とすると，$(4r)^2 =$ (㉒　　　　　)のような関係がある。

11 結晶と非晶質（アモルファス）　🔑 11

固体には決まった融点をもち，構成粒子が規則的に配列した(㉓　　　　　)と，決まった融点をもたず，配列に規則性のない(㉔　　　　　)がある。

3章　固体の構造　13

テストによく出る問題を解こう！

答 ➡ 別冊 $p.5$

14 [結晶の種類]

次の(1)～(6)にあてはまるものを，あとのア～カからそれぞれ選べ。

(1) 分子結晶をつくる単体　　　　　　　　　　　　　　（　　）
(2) 分子結晶をつくる化合物　　　　　　　　　　　　　（　　）
(3) 共有結合の結晶をつくる単体　　　　　　　　　　　（　　）
(4) 共有結合の結晶をつくる化合物　　　　　　　　　　（　　）
(5) 金属結晶をつくる単体　　　　　　　　　　　　　　（　　）
(6) イオン結晶をつくる化合物　　　　　　　　　　　　（　　）

　ア CO_2　　イ Si　　ウ Au　　エ H_2
　オ $NaCl$　　カ SiO_2

15 [結晶の種類] 必修

次の(1)～(4)にあてはまるものを，あとのア～クからそれぞれ選べ。

(1) ともにイオン結晶をつくるもの　　　　　　　　　　（　　）
(2) ともに共有結合の結晶をつくるもの　　　　　　　　（　　）
(3) ともに分子結晶をつくるもの　　　　　　　　　　　（　　）
(4) ともに金属結晶をつくるもの　　　　　　　　　　　（　　）

　ア スクロース，塩化ナトリウム　　イ 鉄，マグネシウム
　ウ ナトリウム，メタン　　　　　　エ ヨウ化カリウム，酸化カルシウム
　オ ヨウ素，ドライアイス　　　　　カ 硫酸バリウム，硫酸
　キ ダイヤモンド，二酸化ケイ素　　ク 黒鉛，鉛

ヒント C や Si の単体や，SiO_2，SiC などが共有結合の結晶をつくる。

16 [結晶の種類とその性質] テスト

次のア～エから，誤っているものを選べ。　　　　　　　　（　　）

　ア 塩化ナトリウムの結晶は電気を通さないが，融解して液体にしたり，水に溶かして水溶液にしたりすると，電気を通す。
　イ 銀が光沢をもち，展性・延性に富み，電気をよく通すのは，自由電子による金属結合をしているからである。
　ウ 黒鉛は共有結合の結晶であるが，軟らかく，電気を通し，融点が低い。
　エ ドライアイスは二酸化炭素の分子からなる結晶で，昇華しやすく，もろい。

ヒント 結晶の種類とその特性に着目して考える。

17 ［金属結晶の構造］

次のア～オから，誤っているものを選べ。　　　　　　　　　　　（　　　）

- ア　多くの金属結晶の構造は，体心立方格子，面心立方格子，六方最密構造のいずれかになっている。
- イ　体心立方格子では，配位数が8，単位格子中の原子数は2である。
- ウ　体心立方格子は，面心立方格子や六方最密構造に比べて充填率が低い。
- エ　面心立方格子では，配位数が12，単位格子中の原子数は4である。
- オ　六方最密構造は，面心立方格子と配位数，単位格子中の原子数，充填率が等しい。

18 ［金属の結晶構造と原子間距離・原子量］　テスト

右の図のような単位格子をとる金属がある。この単位格子の一辺の長さを 3.5×10^{-8} cm，結晶の密度を 8.9 g/cm³ として，次の(1)～(4)の問いに答えよ。

$\sqrt{2}=1.41$　アボガドロ定数；$N_A=6.0\times10^{23}$/mol

(1) この単位格子に含まれる金属原子の数は何個か。　　　　　　（　　　）
(2) 原子間の最短距離は何 cm か。　　　　　　　　　　　　　（　　　）
(3) この単位格子の質量は何 g か。　　　　　　　　　　　　　（　　　）
(4) この金属の原子量を求めよ。　　　　　　　　　　　　　　（　　　）

ヒント
(1) 面心立方格子では，立方体の頂点に8個，面の中心に6個の原子が存在する。
(2) 面上の中心の原子と頂点の原子間の距離。原子間の距離を d [cm] とすると，面の対角線は $2d$ [cm]。
(3) 体積×密度＝質量
(4) アボガドロ数 6.0×10^{23} 個の質量が原子量である。

19 ［結晶と非晶質］

結晶と非晶質（アモルファス）に関する次の記述ア～オのうち，正しいものを1つ選べ。
　　　　　　　　　　　　　　　　　　　　　　　　　　　　　　（　　　）

- ア　非晶質とは，構成粒子が規則的に配列していない液体状の物質である。
- イ　一定の融点をもつ非晶質がある。
- ウ　非晶質の金属単体がある。
- エ　水晶は一定の融点をもたない。
- オ　ガラスやドライアイスは非晶質である。

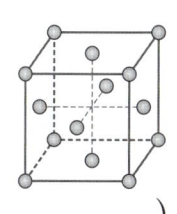

4章 溶解

⚡12 □ 溶液と溶解のしくみ

① **水和**…溶媒が水の場合，溶質は**水和イオン**や**水和分子**となって溶解する。

② **電解質**…水に溶けて電離する物質。水和イオンを生じる。水溶液は電導性。

③ **非電解質**…水に溶けても電離しない物質。水和分子を生じる。水溶液は非電導性。

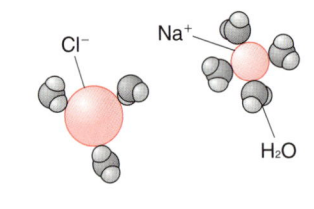

塩化ナトリウムの水和

> 水和イオン・水和分子は，イオン・分子を水分子がとり囲んだもの。

④ **水溶液の溶解性**

		溶質	
		イオン結晶・極性分子	無極性分子
溶媒	極性溶媒（水など）	溶けやすい	溶けにくい
	無極性溶媒（ベンゼンなど）	溶けにくい	溶けやすい

> 電気的な偏りがあるものどうし，ないものどうしだと，混ざりやすい。

⚡13 □ 固体の溶解度

① **溶解度**…溶媒 100 g に溶かすことのできる溶質の最大量〔g〕の値。

② **溶解度曲線**…温度による溶解度の変化を表したグラフ。

③ **結晶の析出**…溶媒が 100 g のとき，析出量は溶解度の差と同じになる。

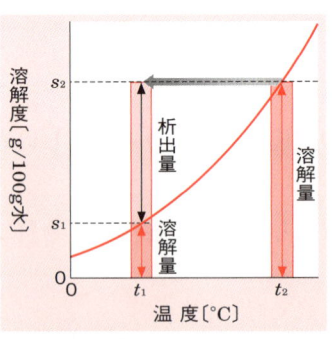

【溶解度】
溶解度が s，飽和溶液の質量が W〔g〕，飽和溶液中の溶質の質量が w〔g〕のとき，

$$\frac{s}{100+s} = \frac{w}{W}$$

↑ 溶媒 100 g の飽和溶液についての関係

【結晶の析出】
温度 t_1〔℃〕における溶解度が s_1，温度 t_2〔℃〕における溶解度が s_2 ($t_2 > t_1$)
→ t_2〔℃〕の飽和溶液 $100+s_2$〔g〕を t_1〔℃〕まで冷却すると，s_2-s_1〔g〕の結晶が析出
→ 飽和溶液が W〔g〕のときに析出する結晶の質量を x〔g〕とすると，

$$\frac{s_2-s_1}{100+s_2} = \frac{x}{W}$$

> 一般に，温度が高いほど固体の溶解度は大きい。
> →溶解度曲線は右上がり。

④ **水和物の溶解度**…無水物の質量で表す。

⑤ **再結晶**…温度による溶解度の差を利用する物質の精製操作。

🗝 14 □ 気体の溶解度

① **気体の溶解度**…気体の圧力が $1.013×10^5$ Pa（1 atm）のときに溶ける体積を，標準状態での体積に直したもので表す。温度が高いほど，気体の溶解度は小さい。

> ヘンリーの法則が成り立つのは，酸素や窒素など，溶解度が比較的小さい気体だけ。

② **ヘンリーの法則**…一定温度で一定量の溶媒に溶ける気体の質量や物質量は，気体の圧力（分圧）に比例する。

- その気体の圧力（分圧）下での体積は一定。
  ➡ 標準状態に換算した値は，その気体の圧力（分圧）に比例。

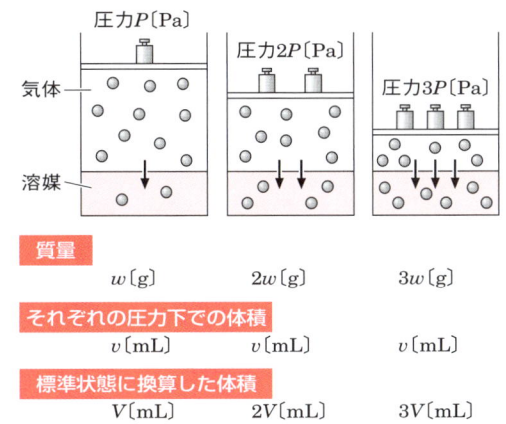

	圧力 P [Pa]	圧力 $2P$ [Pa]	圧力 $3P$ [Pa]
質量	w [g]	$2w$ [g]	$3w$ [g]
それぞれの圧力下での体積	v [mL]	v [mL]	v [mL]
標準状態に換算した体積	V [mL]	$2V$ [mL]	$3V$ [mL]

🗝 15 □ 溶液の濃度

① **質量パーセント濃度**…溶液中の溶質の質量の割合（百分率）で表す。溶媒 W [g] に溶質 w [g] が溶けているとき，溶液の質量パーセント濃度 A [%] は，

$$A\,[\%] = \frac{w}{w+W} \times 100$$

② **モル濃度**…溶液 1 L 中の溶質の物質量で表す。溶液 V [mL] 中の溶質の物質量が n [mol] であるとき，モル濃度 C [mol/L] は，

$$C\,[\mathrm{mol/L}] = n \div \frac{V}{1000} = n \times \frac{1000}{V}$$

③ **質量モル濃度**…溶媒 1 kg に溶けている溶質の物質量で表す。溶媒 W [g] に溶質 n [mol] が溶けているとき，溶液の質量モル濃度 m [mol/kg] は，

$$m\,[\mathrm{mol/kg}] = n \div \frac{W}{1000} = n \times \frac{1000}{W}$$

④ **濃度の換算**…質量パーセント濃度が A [%]，モル濃度が C [mol/L]，溶液の密度が d [g/mL]，溶質のモル質量が M [g/mol] のとき，

- 溶液 1 L（=1000 mL）の質量は，$1000d$ [g]

  ➡ 溶質の質量は，$1000d \times \dfrac{A}{100}$ [g]

  ➡ 溶質の物質量は，$1000d \times \dfrac{A}{100} \div M = 1000d \times \dfrac{A}{100} \times \dfrac{1}{M}$ [mol]

  ➡ 一方，モル濃度から，溶液 1 L 中の溶質の物質量は C [mol] だから，

  $$1000d \times \frac{A}{100} \times \frac{1}{M} = C$$

> 溶液 1 L について考えるのがポイント。

基礎の基礎を固める！　　（　）に適語を入れよ。　答➡別冊 p.7

12 溶解のしくみ　⛌12
① (❶　　　　　)…水に溶けて電離する物質。水和イオンを生じる。
② (❷　　　　　)…水に溶けても電離しない物質。水和分子を生じる。
③ 水は (❸　　　) 溶媒で，イオン結晶や (❹　　　　) 分子をよく溶かす。一方，ベンゼンは (❺　　　) 溶媒で，(❻　　　　) 分子をよく溶かす。

13 固体の溶解度　⛌13
① (❼　　　　　)…溶媒 100 g に溶かすことのできる溶質の質量〔g〕の数値。一般に，固体では，温度が高いほど大きい。
② (❽　　　　　)…温度による溶解度の変化を表したグラフ。一般に，固体では，グラフが右上がりになる。
③ (❾　　　　　)…温度による溶解度の差を利用する物質の精製操作。

14 気体の溶解度　⛌14
① 一般に，気体の溶解度は，気体の圧力（分圧）が (❿　　　　) Pa のときに溶ける体積を標準状態での体積に直したもので表す。
② 温度が高いほど，気体の溶解度は (⓫　　　) い。
③ (⓬　　　　) の法則…一定温度で一定量の溶媒に溶ける気体の質量や物質量は，気体の圧力（分圧）に比例する。
④ ヘンリーの法則より，一定温度で一定量の溶媒に溶ける気体の体積は，その圧力（分圧）のもとで測定すると，圧力（分圧）によらず (⓭　　　　) である。
⑤ ヘンリーの法則より，一定温度で一定量の溶媒に溶ける気体の体積は，標準状態に換算すると，気体の圧力（分圧）に (⓮　　　　) する。

15 溶液の濃度　⛌15
① (⓯　　　　　)…溶液の質量に対する溶質の質量の割合を百分率で表した濃度。単位には％を用いる。
② (⓰　　　　　)…溶液 1 L 中に溶けている溶質の物質量で表した濃度。単位には (⓱　　　　) を用いる。
③ (⓲　　　　　)…溶媒 1 kg 中に溶けている溶質の物質量で表した濃度。単位には (⓳　　　　) を用いる。

18　1編　物質の状態

テストによく出る問題を解こう！

答 ➡ 別冊 p.7

20 [溶解のしくみ]

次の(1)～(3)の物質について，溶解のようすとして適切なものをあとのア～ウから選べ。また，その理由をカ～クから選べ。

(1) 塩化ナトリウム　　　　　　　　溶解のようす（　　　）理由（　　　）
(2) エタノール　　　　　　　　　　溶解のようす（　　　）理由（　　　）
(3) ナフタレン　　　　　　　　　　溶解のようす（　　　）理由（　　　）

【溶解のようす】
ア　水にはよく溶けるが，ベンゼンには溶けにくい。
イ　水には溶けにくいが，ベンゼンにはよく溶ける。
ウ　水にもベンゼンにもよく溶ける。

【理由】
カ　水和が起こり，水和イオンになるから。
キ　親水性部分と疎水性部分の両方をもつから。
ク　無極性の物質であるから。

21 [固体の溶解度] 必修

硝酸カリウムは，水 100 g に 10℃で 22 g 溶ける。次の(1)～(4)の問いに答えよ。

(1) 10℃の硝酸カリウム飽和水溶液 200 g には，何 g の硝酸カリウムが溶けているか。
（　　　　　）

(2) 10℃の硝酸カリウム飽和水溶液の質量パーセント濃度は何％か。
（　　　　　）

(3) 10℃の 10％硝酸カリウム水溶液 200 g には，さらに何 g の硝酸カリウムが溶けるか。
（　　　　　）

(4) 40℃の硝酸カリウム飽和水溶液の質量パーセント濃度は 39％である。40℃における硝酸カリウムの溶解度(g/100 g 水)を求めよ。（　　　　　）

ヒント (3) まず，この水溶液中の溶媒の量と溶質の量を求める。

22 [固体の溶解度と結晶の析出] 必修

硝酸カリウムの水 100 g に対する溶解度は，60℃で 110，40℃で 64.0 である。次の(1)～(3)について，硝酸カリウムの結晶の析出量を求めよ。

(1) 60℃の水 200 g を硝酸カリウムで飽和させ，40℃に冷却したとき。
（　　　　　）

(2) 60℃の硝酸カリウム飽和水溶液 200 g を 40℃に冷却したとき。（　　　　　）

(3) 60℃の硝酸カリウム飽和水溶液 600 g を加熱して水を 100 g 蒸発させ，温度を 60℃に戻したとき。
（　　　　　）

23 ［水和物の溶解度］ 難

硫酸銅(Ⅱ)の溶解度(g/100g 水)は，20℃で 20，60℃で 40 である。次の(1)〜(5)の問いに答えよ。　式量；$CuSO_4=160$，$CuSO_4 \cdot 5H_2O=250$

(1) 60℃の硫酸銅(Ⅱ)飽和水溶液を 280 g つくるには，無水硫酸銅(Ⅱ)は何 g 必要か。
（　　　　　　）

(2) 60℃の硫酸銅(Ⅱ)飽和水溶液を 280 g つくるには，硫酸銅(Ⅱ)五水和物は何 g 必要か。
（　　　　　　）

(3) 20℃の硫酸銅(Ⅱ)飽和水溶液を 360 g つくるには，硫酸銅(Ⅱ)五水和物は何 g 必要か。
（　　　　　　）

(4) 60℃の硫酸銅(Ⅱ)飽和水溶液 280 g を 20℃まで冷却すると，硫酸銅(Ⅱ)五水和物の結晶が析出した。
① 析出した結晶の質量を x〔g〕として，20℃の飽和水溶液の質量と，その飽和水溶液中の無水硫酸銅(Ⅱ)の質量を x で表せ。　飽和水溶液の質量（　　　　　　）
無水硫酸銅(Ⅱ)の質量（　　　　　　）
② 析出した結晶の質量は何 g か。（　　　　　　）

(5) 60℃の硫酸銅(Ⅱ)飽和水溶液 210 g を 20℃まで冷却すると，硫酸銅(Ⅱ)五水和物の結晶は何 g 析出するか。（　　　　　　）

ヒント (4), (5) $\dfrac{溶解度}{100+溶解度} = \dfrac{溶けている無水物の質量}{飽和水溶液の質量}$

24 ［気体の溶解度］ 必修

標準状態(0℃，$1.0×10^5$ Pa)において，酸素は水 1 L に 0.049 L 溶ける。0℃，$2.0×10^5$ Pa において，酸素を水 1 L に接触させた。次の(1)〜(3)の問いに答えよ。
原子量；O=16.0

(1) 溶解した酸素は，0℃，$2.0×10^5$ Pa のもとでは何 L か。（　　　　　　）
(2) 溶解した酸素は，標準状態では何 L か。（　　　　　　）
(3) 溶解した酸素は何 g か。（　　　　　　）

25 ［混合気体の溶解］

標準状態(0℃，$1.0×10^5$ Pa)における水 1 L への溶解度は，窒素が 0.024 L，酸素が 0.049 L である。0℃，$4.0×10^5$ Pa において，空気を水 1 L に接触させた。空気は窒素と酸素の体積の比が 4：1 の混合気体であるとして，次の(1)，(2)の問いに答えよ。
原子量；N=14.0，O=16.0

(1) 溶解した窒素と酸素の体積は，標準状態でそれぞれ何 L か。
窒素（　　　　　　）　酸素（　　　　　　）
(2) 溶解した窒素と酸素の質量は，それぞれ何 g か。
窒素（　　　　　　）　酸素（　　　　　　）

26 [溶液の濃度] 必修

水酸化ナトリウム 24.0 g を水に溶かし，100 mL とした水溶液がある。この水溶液の密度を 1.22 g/cm³ として，次の(1)〜(6)の問いに答えよ。
原子量；H=1.0, O=16.0, Na=23.0

(1) この水溶液の質量は何 g か。 (　　　　)
(2) この水溶液の質量パーセント濃度は何％か。 (　　　　)
(3) この水溶液に含まれる水酸化ナトリウムの物質量は何 mol か。 (　　　　)
(4) この水溶液のモル濃度は何 mol/L か。 (　　　　)
(5) この水溶液に含まれる水の質量は何 g か。 (　　　　)
(6) この水溶液の質量モル濃度は何 mol/kg か。 (　　　　)

27 [モル濃度] テスト

次の(1)〜(3)の問いに答えよ。

(1) 6.0 mol/L の硫酸を希釈して，1.0 mol/L の硫酸を 360 mL つくりたい。6.0 mol/L の硫酸は何 mL 必要か。 (　　　　)

(2) 1.2 mol/L の塩化ナトリウム水溶液 200 mL と 3.6 mol/L の塩化ナトリウム水溶液 100 mL を混ぜると，何 mol/L の塩化ナトリウム水溶液ができるか。ただし，混合後の水溶液の体積は 300 mL であったとする。 (　　　　)

(3) 2.0 mol/L の硫酸と 5.0 mol/L の硫酸を混ぜ，4.5 mol/L の硫酸をつくりたい。2.0 mol/L の硫酸と 5.0 mol/L の硫酸を，どのような体積の比で混ぜればよいか。ただし，混合後の硫酸の体積は，混合前の硫酸の体積の和と等しいものとする。
(　　　　)

ヒント 希釈や混合の前後では，溶質の物質量は等しい。

28 [濃度の変換] テスト

次の(1), (2)の問いに答えよ。
原子量；H=1.0, O=16.0, Na=23.0, S=32.0, Cl=35.5

(1) 20％の水酸化ナトリウム水溶液の密度は，1.2 g/cm³ である。この水溶液のモル濃度と質量モル濃度を求めよ。
モル濃度 (　　　　)
質量モル濃度 (　　　　)

(2) 30.0％の希硫酸の密度は 1.20 g/cm³ である。この希硫酸のモル濃度と質量モル濃度を求めよ。
モル濃度 (　　　　)
質量モル濃度 (　　　　)

ヒント 水溶液 1L について考える。

5章 溶液の性質

◐ 16 □ 沸点上昇と凝固点降下

① **溶液の性質**
- **蒸気圧降下**…不揮発性物質の溶液の蒸気圧は，純溶媒より低い。
- **沸点上昇**……不揮発性物質の溶液の沸点は，純溶媒より高い。
- **凝固点降下**…溶液の凝固点は，純溶媒より低い。

② **沸点上昇度・凝固点降下度**…不揮発性物質の溶液の沸点上昇度 Δt_b，凝固点降下度 Δt_f は，溶質の種類には関係なく，溶液中の溶質粒子の質量モル濃度 m〔mol/kg〕に比例する。

$$\Delta t_b = k_b m \qquad \Delta t_f = k_f m$$

（モル沸点上昇 k_b，モル凝固点降下 k_f は，溶媒の種類によって決まる定数）

> 電解質の溶液の場合は，イオンの総数で考える。1 mol/kg の NaCl 水溶液なら，粒子の濃度は 2 mol/kg となる。

◐ 17 □ 浸透圧

① **浸透圧**…溶媒分子が半透膜を通じて溶液側に浸透するのにつり合う圧力。
② **ファントホッフの法則**…溶液のモル濃度が C〔mol/L〕，絶対温度が T〔K〕，気体定数が R〔Pa・L/(mol・K)〕のとき，浸透圧を Π〔Pa〕とすると，

$$\Pi = CRT \quad \Rightarrow \quad \Pi V = nRT$$

> 溶液の体積を V〔L〕，溶けている溶質の物質量を n〔mol〕とすると，$C = \dfrac{n}{V}$

◐ 18 □ コロイド溶液

① **コロイド溶液**…コロイド粒子が均一に分散した液体。
　　↗ 直径が $10^{-9} \sim 10^{-7}$ m の粒子
② **コロイド溶液の現象**
- **チンダル現象**…コロイド溶液に光を通すと，光の進路が明るく光る。
- **ブラウン運動**…溶媒分子の衝突により，コロイド粒子が不規則に動く。
- **電気泳動**………電圧をかけると，コロイド粒子が一方の極に移動する。

③ **透析**…半透膜を使ってコロイド溶液を精製する操作。
④ **コロイド溶液の沈殿**
- **凝析**…少量の電解質により，コロイド粒子が沈殿する。
- **塩析**…多量の電解質により，コロイド粒子が沈殿する。

⑤ **コロイドの種類**
- **疎水コロイド**…凝析するコロイド溶液。
- **親水コロイド**…塩析するコロイド溶液。
- **保護コロイド**…疎水コロイドを凝析しにくくする親水コロイド。

> コロイド粒子の電荷と反対の電荷をもち，価数が大きいイオンほど，沈殿させるはたらき（凝析力）が大。

基礎の基礎を固める！ （　）に適語を入れよ。 答⇒別冊 p.10

16 沸点上昇と凝固点降下

① (❶　　　　　　)…不揮発性物質の溶液の蒸気圧は，純溶媒より低い。
② (❷　　　　　　)…不揮発性物質の溶液の沸点は，純溶媒より高い。
　　　　　　　　純溶媒の沸点との差を(❸　　　　　　)という。
③ (❹　　　　　　)…溶液の凝固点は，純溶媒より低い。
　　　　　　　　純溶媒の凝固点との差を(❺　　　　　　)という。
④ **沸点上昇度**や**凝固点降下度**は，(❻　　　　　　)の種類には関係がなく，溶液中の溶質粒子の(❼　　　　　　)濃度に比例する。
⑤ 質量モル濃度が同じである電解質溶液と非電解質溶液を比べると，(❽　　　　　　)溶液のほうが溶液中の溶質粒子の数が多いので，沸点上昇度は(❾　　　　　　)い。

17 浸透圧

① 溶媒と溶液を**半透膜**で仕切ると，(❿　　　　　　)の分子が半透膜を通り，(⓫　　　　　　)側に浸透する。この浸透しようとする圧力につり合う圧力が(⓬　　　　　　)である。
② **浸透圧**を Π〔Pa〕，溶液のモル濃度を C〔mol/L〕，気体定数を R〔Pa·L/(mol·K)〕，絶対温度を T〔K〕とすると，$\Pi=$(⓭　　　　　　)の関係式が成り立つ。

18 コロイド溶液

① (⓮　　　　　　)…直径が $10^{-9} \sim 10^{-7}$ m の粒子。
② (⓯　　　　　　)…**コロイド粒子**が均一に分散した液体。
③ (⓰　　　　　　)…コロイド溶液に光を当てると，光の進路が明るく光る現象。
④ (⓱　　　　　　)…溶媒分子の衝突による，コロイド粒子の不規則な運動。
⑤ (⓲　　　　　　)…電圧によって，コロイド粒子が一方の極に移動する現象。
⑥ (⓳　　　　　　)…半透膜による，コロイド溶液の精製操作。
⑦ (⓴　　　　　　)…少量の電解質によってコロイド粒子が沈殿する現象。
⑧ (㉑　　　　　　)…多量の電解質によってコロイド粒子が沈殿する現象。
⑨ (㉒　　　　　　)…**凝析**するコロイド溶液。
⑩ (㉓　　　　　　)…**塩析**するコロイド溶液。
⑪ (㉔　　　　　　)…**疎水コロイド**を保護する**親水コロイド**。

5章 溶液の性質

テストによく出る問題を解こう！

答 ➡ 別冊 p.10

29 [溶液の性質]

次の(1)〜(3)について純水と砂糖水の値を比べた。純水のほうが高いものにはA，砂糖水のほうが高いものにはB，どちらも同じものにはCを記せ。

(1) 同温度における蒸気圧　　　　　　　　　　　(　　　)
(2) 沸点　　　　　　　　　　　　　　　　　　　(　　　)
(3) 凝固点　　　　　　　　　　　　　　　　　　(　　　)

30 [沸点上昇と凝固点降下]

次のア〜エのうち，誤っているものを選べ。　　　(　　　)

- ア　同じ質量モル濃度のグルコース($C_6H_{12}O_6$)の希薄水溶液とスクロース($C_{12}H_{22}O_{11}$)の希薄水溶液では，凝固点が同じである。
- イ　同じ質量モル濃度の塩化ナトリウムの希薄水溶液とグルコース($C_6H_{12}O_6$)の希薄水溶液では，沸点が同じである。
- ウ　グルコース($C_6H_{12}O_6$)の希薄水溶液の融点は，水の融点より低い。
- エ　グルコース($C_6H_{12}O_6$)の希薄水溶液の沸点は，水の沸点より高い。

31 [沸点上昇] ⮕テスト

1000 g の水に溶かしたときに沸点が最も高くなるものを，次のア〜エから選べ。

- ア　0.01 mol の尿素
- イ　0.005 mol の塩化ナトリウム　　(　　　)
- ウ　0.005 mol の塩化カリウム
- エ　0.005 mol の硫酸ナトリウム

32 [沸点上昇度と凝固点降下度] 💡必修

水 100 g に尿素 3.0 g を溶かした水溶液がある。水のモル沸点上昇を 0.52 K·kg/mol，モル凝固点降下を 1.86 K·kg/mol として，次の(1)〜(3)の問いに答えよ。

分子量；$(NH_2)_2CO=60$，$C_6H_{12}O_6=180$

(1) この水溶液の沸点上昇度は何 K か。　　　　　(　　　)
(2) この水溶液の凝固点は何℃か。　　　　　　　 (　　　)
(3) 水 100 g にグルコースを溶かし，この水溶液と同じ凝固点を示すグルコース水溶液をつくりたい。グルコースを何 g 溶かせばよいか。　(　　　)

ヒント (1) $\Delta t_b = 0.52 \times m$ (m；質量モル濃度)

33 [凝固点降下度と分子量]

ある非電解質 18.0 g を水 300 g に溶かした水溶液の凝固点は -0.62 ℃ である。この非電解質の分子量を求めよ。ただし,水のモル凝固点降下を $1.86\,\mathrm{K\cdot kg/mol}$ とする。

(   )

ヒント 水溶液の質量モル濃度 m〔mol/kg〕をモル質量 M〔g/mol〕を使って表し,$\Delta t_\mathrm{f}=k_\mathrm{f}m$ に代入する。

34 [浸透圧] テスト

次の(1)〜(3)の問いに答えよ。　気体定数; $R=8.3\times10^3\,\mathrm{Pa\cdot L/(mol\cdot K)}$
原子量; Na=23, Cl=35.5　分子量; $C_6H_{12}O_6$=180

(1) ある量のグルコースを水に溶かし,1 L の水溶液をつくった。この水溶液の浸透圧は,27℃で $2.5\times10^5\,\mathrm{Pa}$ であった。はじめに溶かしたグルコースの質量は何 g か。

(   )

(2) 37℃において,血液の浸透圧は塩化ナトリウム 0.85 g を水に溶かして 100 mL とした水溶液の浸透圧と等しいという。37℃における血液の浸透圧は何 Pa か。

(   )

(3) 0.80 g のデンプンを水に溶かし,100 mL の水溶液をつくった。この水溶液の浸透圧は,27℃で $2.5\times10^2\,\mathrm{Pa}$ であった。このデンプンの分子量を求めよ。

(   )

ヒント $\Pi=CRT$ または $\Pi V=nRT$ の関係式を使う。

35 [コロイド溶液の性質] 必修

次の(1)〜(5)の文にあてはまる現象や操作の名称を書け。

(1) 川の河口付近では,微細な泥がたまって三角州ができる。(   )
(2) 豆乳に多量のにがりを加えると固まり,豆腐ができる。(   )
(3) タバコの煙にレーザー光線を当てると,光の道筋が見える。(   )
(4) 水酸化鉄(Ⅲ)のコロイド溶液に少量の塩化ナトリウムを加えると,沈殿が生じる。

(   )

(5) 硫黄のコロイド溶液を限外顕微鏡で観察すると,コロイド粒子の不規則な運動が見られる。

(   )

36 [電気泳動と凝析]

ある物質のコロイド溶液に直流電圧をかけると,コロイド粒子が陽極に移動した。このコロイド粒子を最も少量で沈殿させることができるのは,次のア〜オのどれか。

　ア　NaCl　　　　　イ　$AlCl_3$　　　　ウ　$Mg(NO_3)_2$　　(   )
　エ　Na_3PO_4　　　オ　K_2SO_4

入試問題にチャレンジ！

答 ➡ 別冊 p.12

1 右図は、凍らせたベンゼン 1 mol に、大気圧のもとで毎分 Q kJ の熱を加え続けたときの温度変化を示す。次の設問に答えよ。

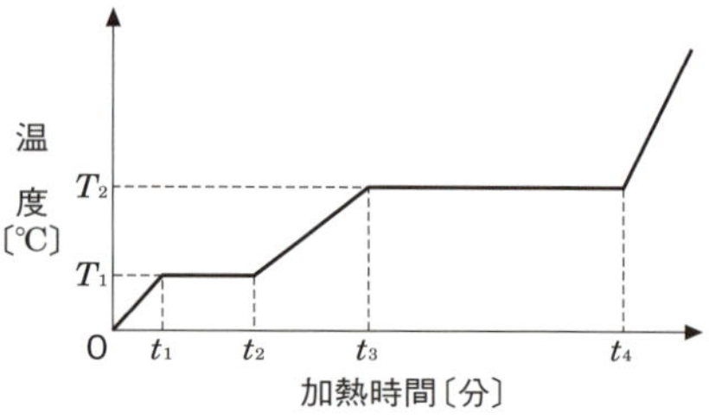

(1) t_3 と t_4 の間では、ベンゼンはどのような状態で存在しているか。ア〜オから選べ。
　ア　固体　　　イ　液体　　　ウ　気体
　エ　固体と液体　　オ　液体と気体

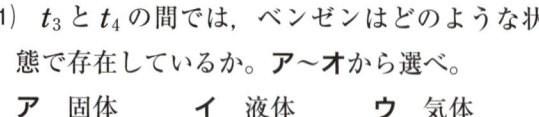

(2) 熱を加えたにもかかわらず、t_1 と t_2 の間で温度が一定である理由をア〜オから選べ。
　ア　熱がベンゼンの凝縮に使われるから
　イ　熱がベンゼンの昇華に使われるから
　ウ　熱がベンゼンの蒸発に使われるから
　エ　熱がベンゼン分子の規則正しい配列をくずすために使われたから
　オ　熱がベンゼン分子を規則正しく配列させるために使われたから

（岡山理大）

2 蒸気圧に関する次の文章中の空欄 a, b にあてはまる数値の組み合わせをア〜カのうちから選べ。

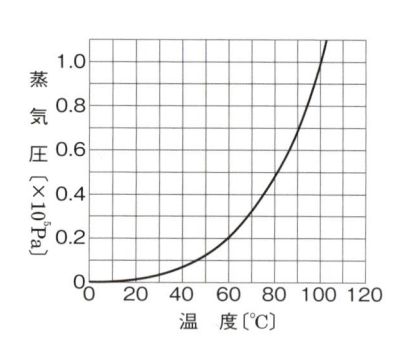

右図は水の蒸気圧曲線を示す。大気圧 $0.8×10^5$ Pa で水は（　a　）℃で沸騰する。また、水 0.10 mol を容積 22.4 L の真空容器に入れたとき、60℃において容器内の圧力は（　b　）$×10^5$ Pa である。

　ア　94, 0.10　　　イ　94, 0.12
　ウ　94, 0.20　　　エ　100, 0.10
　オ　100, 0.12　　　カ　100, 0.20

（センター試験）

3 一定体積 v の容器に気体が入っている。この気体の物質量は n_1、圧力は p_1、温度は T_1 である。次にこの容器を加熱して気体の温度を T_2 に上昇させた。その結果、圧力は高くなり p_2 となった。気体は理想気体である。以下の問いに答えよ。

(1) 体積 v、物質量 n_1、圧力 p_1、温度 T_1 である理想気体の状態方程式を書け。

(2) p_2 を、p_1、T_1、T_2 のみによって表せ。

(3) 気体の温度を T_2 に保ちながら圧力を p_2 から p_1 に戻すために、気体の一部を容器から抜き出して物質量を n_1 から n_2 へ減少させた。抜き出された物質量、すなわち n_1-n_2 を n_1、p_1、p_2 のみによって表せ。

（東京女子大）

4 理想気体について(1)～(3)の条件にあてはまるグラフをア～カのうちから1つずつ選べ。ただし，グラフの原点はすべてゼロ(0)とする。

(1) 圧力を一定とし，縦軸を体積〔L〕，横軸をセルシウス温度〔℃〕としたとき，一定量の理想気体の示すグラフ。

(2) 温度を一定とし，縦軸を圧力〔Pa〕，横軸を体積〔L〕としたとき，一定量の理想気体の示すグラフ。

(3) 縦軸を圧力〔Pa〕×体積〔L〕，横軸を絶対温度〔K〕としたとき，一定量の理想気体の示すグラフ。

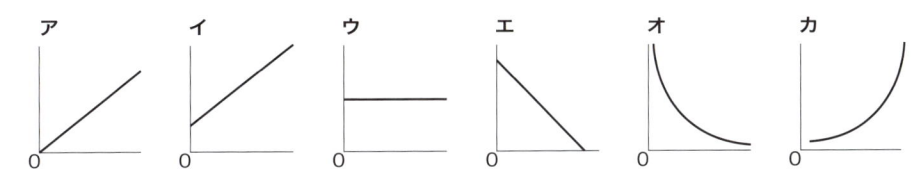

ア　イ　ウ　エ　オ　カ

(北海道工大)

5 X線を用いてナトリウムの結晶を調べたところ，単位格子の一辺が 4.28×10^{-8} cm の体心立方格子であることがわかった。次の(1)～(3)に答えよ。ただし，原子量は Na＝23，$\sqrt{2}=1.41, \sqrt{3}=1.73$，アボガドロ定数は 6.02×10^{23}/mol とする。

(1) 単位格子中に含まれるナトリウム原子(Na)の数と結晶格子の配位数として，正しい組み合わせを1つ選べ。

	ア	イ	ウ	エ	オ	カ	キ	ク
Naの数	2	2	2	2	4	4	4	4
配位数	4	6	8	12	4	6	8	12

(2) ナトリウム原子の半径〔cm〕に最も近い値を選べ。
　ア　0.7×10^{-8}　　イ　1.0×10^{-8}　　ウ　1.3×10^{-8}　　エ　1.6×10^{-8}
　オ　1.9×10^{-8}　　カ　2.1×10^{-8}　　キ　2.5×10^{-8}　　ク　2.8×10^{-8}

(3) この結晶の密度〔g/cm³〕に最も近い値を選べ。
　ア　0.1　　イ　0.2　　ウ　0.5　　エ　1.0　　オ　1.4　　カ　2.0
　キ　2.7　　ク　4.9

(星薬大)

6 20℃および50℃において，水に対する KNO_3 の溶解度は，それぞれ32および85である。この値を用いて次の(1), (2)に答えよ。

(1) 20℃における KNO_3 の飽和水溶液50g中には，何gの KNO_3 が溶けているか。最も近い数値を次から選べ。
　ア　4　　イ　8　　ウ　12　　エ　16　　オ　20

(2) 50℃における KNO_3 の飽和水溶液100gを，20℃に冷却したとき析出する KNO_3 の質量は何gか。最も近い数値を次から選べ。
　ア　18　　イ　25　　ウ　27　　エ　29　　オ　31

(福岡大)

❼ 一定量の溶媒に対し，その溶媒に対する溶解度があまり大きくない気体が溶ける場合の記述として正しいものを次のア～オのうちから2つ選べ。

　ア　溶ける気体の質量は，その気体の圧力に比例する。
　イ　溶ける気体の質量は，温度が上がると一般に増加する。
　ウ　溶ける気体の質量は，その気体の分圧を一定に保って他の気体の分圧を上げると，減少する。
　エ　溶ける気体の体積は，その気体の圧力によらず一定である。
　オ　溶ける気体の体積は，その気体の圧力に比例する。

(立教大)

❽ 沸点上昇について，正しい記述をア～オからすべて選べ。該当する選択肢がない場合は0とせよ。

　ア　不揮発性の物質が溶けた希薄溶液は，溶質の種類によっては純溶媒よりも低い沸点を示すものがある。
　イ　不揮発性の物質が溶けた希薄溶液は，同温の純溶媒よりも蒸気圧が上がるので，沸点が上昇する。
　ウ　不揮発性の物質が溶けた希薄溶液の沸点上昇度は，その濃度にかかわらず，溶質の種類によりある一定の値となる。
　エ　不揮発性の物質が溶けた希薄溶液の沸点上昇度は，その溶質と溶媒の種類にかかわらず，溶質の濃度のみで決まる。
　オ　不揮発性の物質が溶けた希薄溶液の沸点上昇度は，質量モル濃度が等しいとき，非電解質水溶液よりも電解質水溶液のほうが大きい。

(上智大)

❾ 浸透圧に関する次の文章中の下線部ア～ウについて，正しいものには○，誤っているものには×を記せ。

　中央を半透膜で仕切ったU字管の左右に，純水とデンプンの希薄水溶液を同量入れて放置すると，純水側の液面がア上がり，左右の液面の高さに差が生じた。この差は両液の温度とはイ無関係である。
　次に，純水とデンプン水溶液の両方に同量の純水を加えて放置したところ，左右の液面の高さの差はウ大きくなった。

(東京都市大)

10 右図は，原子Aの陽イオンと原子Bの陰イオンからなる結晶の単位格子を示したものである。この単位格子は一辺の長さが a の立方体である。この結晶に関する記述として正しいものを，下のア～オのうちから1つ選べ。

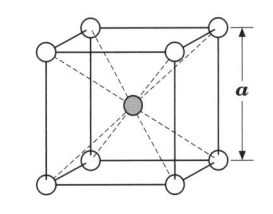

ア　陽イオンと陰イオンとの最短距離は $\sqrt{3}a$ である。
イ　単位格子の一辺の長さ a は，AとBの原子量およびアボガドロ定数だけから求められる。
ウ　組成式は AB_8 である。
エ　陽イオンに隣接する陰イオンの数と，陰イオンに隣接する陽イオンの数は等しい。
オ　この単位格子は面心立方格子とよばれる。

●Aの陽イオン
○Bの陰イオン

（センター試験）

11 次の文章A～Eのうち，誤っているものの組み合わせを下のア～オより選べ。
A　コロイド溶液に横から光を当てると，光の進路が輝いて見える。
B　コロイド粒子はろ紙を通過するが，半透膜は通過できない。
C　水酸化鉄(Ⅲ)のコロイド粒子は正電荷をもつ。
D　親水コロイドに多量の電解質を加えると，凝析が起こる。
E　疎水コロイドは少量の電解質で塩析が起こる。

　　ア　AとB　　イ　BとC　　ウ　BとD　　エ　CとD　　オ　DとE

（自治医大）

12 次の(1)，(2)について，下線を引いた部分が，a, bともに正しいものには1，aは正しいが，bが誤りのものには2，aは誤りであるが，bが正しいものには3，a, bともに誤りのものには4と記せ。

(1) a　コロイド溶液に強い光を当てると，コロイド粒子が光を強く散乱するため光の進路が明るく輝いて見える。このような現象を<u>チンダル現象</u>という。
　　b　デンプンの水溶液は親水コロイドをつくるが，これに多量の電解質を加えると沈殿する。この現象を<u>塩析</u>という。

(2) a　電解質の希薄溶液の浸透圧は，全溶質粒子の<u>モル濃度</u>に比例する。
　　b　不揮発性の非電解質を溶かした希薄溶液の沸点上昇度および凝固点降下度は，溶液の<u>質量モル濃度</u>に比例する。

（東京理大）

2編 物質の変化

1章 化学反応と熱・光

1 □ 反応熱
① 反応熱…化学変化に伴って出入りする熱。
② 発熱反応…熱を発生する反応。反応物のエネルギー＞生成物のエネルギー
③ 吸熱反応…熱を吸収する反応。反応物のエネルギー＜生成物のエネルギー

2 □ 熱化学方程式

> 右辺と左辺のエネルギーが等しくなっている。

① 熱化学方程式…化学反応式の右辺に反応熱の熱量を書き加え，左辺と右辺を等号「＝」で結んだ式。
② 熱量の表し方…着目する物質 1 mol あたりの反応熱の熱量を kJ 単位で右辺に書く。発熱反応の場合は＋，吸熱反応の場合は－をつけて示す。
③ 状態の表し方…固体，液体，気体の状態を，化学式の後の（ ）内に示す。

3 □ 反応熱の種類

> 基準とする物質 1 mol についての反応熱。

① 燃焼熱…物質 1 mol が燃焼するときの反応熱。
② 生成熱…化合物 1 mol が成分元素の単体から生成するときの反応熱。
③ 中和熱…酸と塩基が中和して H_2O 1 mol が生成するときの反応熱。
④ 溶解熱…物質 1 mol が多量の溶媒に溶解するときに出入りする熱量。

4 □ ヘスの法則
ヘスの法則…反応に伴って出入りする総熱量は，反応の途中経過に関係なく，はじめと終わりの物質の種類と状態で決まる。

5 □ 結合エネルギー

> 物質のエネルギーは結合エネルギーによる。

① 結合エネルギー…原子間の結合 1 mol を切るのに必要なエネルギー。
② 反応熱と結合エネルギーの関係
　反応熱＝生成物の結合エネルギーの総和－反応物の結合エネルギーの総和

6 □ 化学反応と光エネルギー
① 光エネルギー…光は電磁波で，波長が短いほどエネルギーが大きい。
② 光化学反応…光エネルギーによる反応。光合成，ルミノール反応など。

基礎の基礎を固める！ （　）に適語を入れよ。 答➡別冊 p.14

1 反応熱 🔑 1
① (❶　　　　　)…化学反応に伴って出入りする熱。
② (❷　　　　　)…熱を発生する反応で，反応物のエネルギーのほうが生成物のエネルギーより (❸　　　　　)い場合の反応である。
③ (❹　　　　　)…熱を吸収する反応で，反応物のエネルギーのほうが生成物のエネルギーより (❺　　　　　)い場合の反応である。

2 熱化学方程式 🔑 2
① 熱化学方程式は，反応熱の熱量を化学反応式の (❻　　　　　) 辺に書き，左辺と右辺を (❼　　　　　) で結んだ式である。
② 熱化学方程式の熱量は，着目する物質 (❽　　　　　) あたりの反応熱の熱量を (❾　　　　　) 単位で右辺に書く。

3 反応熱の種類 🔑 3
① (❿　　　　　)…物質 1 mol が燃焼するときの反応熱。
② (⓫　　　　　)…化合物 1 mol が成分元素の単体から生成するときの反応熱。
③ 中和熱…酸と塩基が中和して (⓬　　　　　) 1 mol が生成するときの反応熱。
④ (⓭　　　　　)…物質 1 mol が多量の溶媒に溶解するとき，出入りする熱量。

4 ヘスの法則 🔑 4
① ヘスの法則…反応に伴って出入りする総熱量は，反応の途中経過と (⓮　　　　　)，はじめと終わりの物質の (⓯　　　　　) と状態で決まる。

5 結合エネルギー 🔑 5
① (⓰　　　　　)…原子間の結合 1 mol を切るのに必要なエネルギー。
② (⓱　　　　　) ＝生成物の結合エネルギーの総和 − 反応物の結合エネルギーの総和

6 化学反応と光エネルギー 🔑 6
① 光は電磁波で，波長が (⓲　　　　　) いほどエネルギーが小さい。
② (⓳　　　　　)…光エネルギーによる反応。

1 章　化学反応と熱・光　　**31**

テストによく出る問題を解こう！

答 ➡ 別冊 p.14

1 [熱化学方程式①] 必修

次の(1),(2)の反応の熱化学方程式を書け。　原子量；C=12.0

(1) 炭素(黒鉛)4.0 g を空気中で完全燃焼させると，131 kJ の熱が発生した。
(　　　　　　　　　　　　)

(2) 標準状態で 5.6 L の水素を空気中で燃焼させると，72 kJ の熱が発生した。
(　　　　　　　　　　　　)

> **ヒント** 反応熱は，着目する物質 1 mol あたりの熱量で表す。(1)では炭素，(2)では水素に着目する。また，物質の状態は，原則として 25℃，$1.013×10^5$ Pa のときのものを示す。

2 [熱化学方程式②]

次の熱化学方程式について述べたア〜オの文のうち，誤っているものはどれか。
(　　　)

$$C(黒鉛) + O_2(気) = CO_2(気) + 394 \text{ kJ}$$

$$CO(気) + \frac{1}{2}O_2(気) = CO_2(気) + 283 \text{ kJ}$$

$$H_2(気) + \frac{1}{2}O_2(気) = H_2O(液) + 286 \text{ kJ}$$

ア　炭素(黒鉛)の燃焼熱は 394 kJ/mol である。
イ　一酸化炭素の燃焼熱は 283 kJ/mol である。
ウ　水素の燃焼熱は 286 kJ/mol である。
エ　二酸化炭素の生成熱は 283 kJ/mol である。
オ　水の生成熱は 286 kJ/mol である。

3 [熱化学方程式③] テスト

次の(1)〜(3)の反応の熱化学方程式を書け。　原子量；H=1.0, O=16.0, Na=23.0

(1) 気体のアンモニアの生成熱は 46 kJ/mol である。
(　　　　　　　　　　　　)

(2) 固体の水酸化ナトリウム 4.0 g を多量の水に溶かすと，4.5 kJ の熱が発生した。
(　　　　　　　　　　　　)

(3) 1.0 mol/L の希硫酸 250 mL に水酸化ナトリウム水溶液を十分に加えると，28 kJ の熱が発生した。
(　　　　　　　　　　　　)

> **ヒント** (1) 生成熱は，化合物 1 mol が成分元素の単体から生じるときの反応熱である。
> (3) 中和熱は，酸と塩基が反応して 1 mol の H_2O が生じるときの反応熱である。

4 [ヘスの法則①] テスト

次の熱化学方程式を用いて，エタノール C_2H_6O の生成熱を求めよ。（　　　　　）

$C(黒鉛) + O_2(気) = CO_2(気) + 394 \text{ kJ}$

$H_2(気) + \dfrac{1}{2}O_2(気) = H_2O(液) + 286 \text{ kJ}$

$C_2H_6O(液) + 3O_2(気) = 2CO_2(気) + 3H_2O(液) + 1368 \text{ kJ}$

5 [ヘスの法則②]

プロパン C_3H_8，二酸化炭素，水(液体)の生成熱は，それぞれ 106 kJ/mol，394 kJ/mol，286 kJ/mol である。次の(1)，(2)の問いに答えよ。

(1) プロパンの燃焼を表す熱化学方程式を書け。

（　　　　　　　　　　　　　　　）

(2) 444 kJ の熱量を発生させるには，標準状態のプロパンが何 L 必要か。

（　　　　　　　　）

6 [結合エネルギー①] 必修

H－H，Cl－Cl，H－Cl の結合エネルギーは，それぞれ 432 kJ/mol，239 kJ/mol，428 kJ/mol である。次の熱化学方程式の x の値を求めよ。（　　　　　）

$H_2(気) + Cl_2(気) = 2HCl(気) + x \text{ kJ}$

ヒント 反応物の結合エネルギーと生成物の結合エネルギーの差が反応熱である。

7 [結合エネルギー②] 難

次の熱化学方程式および H－H，O＝O の結合エネルギーが，それぞれ 432 kJ/mol，498 kJ/mol であることから，O－H の結合エネルギーを求めよ。（　　　　　）

$H_2(気) + \dfrac{1}{2}O_2(気) = H_2O(気) + 242 \text{ kJ}$

ヒント H_2O 分子には，O－H の結合が 2 つ含まれる。

8 [光エネルギー]

次の記述ア～オのうち，誤っているものを 1 つ選べ。（　　　）

ア 光も X 線も電磁波である。
イ 光の波長が長いほど，光のエネルギーが大きい。
ウ 植物は光エネルギーを吸収して二酸化炭素と水からデンプンなどを合成する。
エ 水素と塩素の混合気体に光を当てると，爆発的に化合して塩化水素を生じる。
オ 臭化銀に光を当てると，銀が遊離してくる。

2章 電池と電気分解

7 □ 電池

① **電池の原理**…2種類の金属単体を電解質水溶液に入れると電池が形成し、イオン化傾向の大きいほうの金属が負極、小さいほうの金属が正極となる。

② **ダニエル電池**…(−)Zn｜$ZnSO_4$ aq｜$CuSO_4$ aq｜Cu(+)

　負極…$Zn \longrightarrow Zn^{2+} + 2e^-$

　正極…$Cu^{2+} + 2e^- \longrightarrow Cu$

③ **ボルタ電池**…(−)Zn｜H_2SO_4 aq｜Cu(+)

④ **鉛蓄電池**…(−)Pb｜H_2SO_4 aq｜PbO_2(+)

　負極…$Pb + SO_4^{2-} \longrightarrow PbSO_4 + 2e^-$

　正極…$PbO_2 + 4H^+ + SO_4^{2-} + 2e^- \longrightarrow PbSO_4 + 2H_2O$

⑤ **燃料電池**…(−)H_2｜H_3PO_4 aq｜O_2(+)

⑥ **マンガン乾電池**…(−)Zn｜$ZnCl_2$ aq，NH_4Cl aq｜$MnO_2 \cdot C$(+)

> ボルタ電池は電圧が降下する（分極）ため、実用電池ではない。

8 □ 電気分解の生成物

① **電気分解**…電解質水溶液などに2本の電極を入れて、直流電源につなぐと、

　陽極…物質が電子を失う、**酸化反応**が起こる。

　陰極…物質が電子を受け取る、**還元反応**が起こる。

② 水溶液の電気分解生成物

電極		水溶液中のイオン	生成物(溶液中)	反応例
陽極	白金	Cl^-, I^-	Cl_2, I_2	$2Cl^- \longrightarrow Cl_2 + 2e^-$
		OH^-	O_2	$4OH^- \longrightarrow 2H_2O + O_2 + 4e^-$
		SO_4^{2-}, NO_3^-	O_2, (H^+)	$2H_2O \longrightarrow O_2 + 4H^+ + 4e^-$
	銅	SO_4^{2-}	(Cu^{2+})	$Cu \longrightarrow Cu^{2+} + 2e^-$
陰極		K^+, Ca^{2+}, Na^+, Mg^{2+}	H_2, (OH^-)	$2H_2O + 2e^- \longrightarrow H_2 + 2OH^-$
		Ag^+, Cu^{2+}	Ag, Cu	$Ag^+ + e^- \longrightarrow Ag$

> 発生・析出するのは陽極では酸素か塩素、陰極では銅・銀か水素。

9 □ 電気分解の生成量

① **ファラデーの法則**
- 電極で変化するイオンの物質量は、流れる**電気量に比例**する。
- 同じ電気量で変化するイオンの物質量は**イオンの価数に反比例**する。

② **ファラデー定数** F…電子1 mol あたりの電気量。$F = 9.65 \times 10^4$ C/mol

③ 電流・時間・電気量の関係…**電流〔A〕× 時間〔s〕= 電気量〔C〕**

基礎の基礎を固める！　（　）に適語を入れよ。　答⇒別冊 p.15

7　電　池

① 2種類の金属単体を電解質水溶液に入れると，電池が形成し，イオン化傾向の大きいほうの金属が（①　　　）極，小さいほうの金属が（②　　　）極となる。

② （③　　　　　　）…(−)Zn｜$ZnSO_4$ aq｜$CuSO_4$ aq｜Cu(+)
　（④　　　）極…$Zn \longrightarrow Zn^{2+} + 2e^-$　（⑤　　　　　　）極…$Cu^{2+} + 2e^- \longrightarrow Cu$

③ （⑥　　　　　　）…(−)Zn｜H_2SO_4 aq｜Cu(+)

④ （⑦　　　　　　）…(−)Pb｜H_2SO_4 aq｜PbO_2(+)
　負極…$Pb + SO_4^{2-} \longrightarrow$ （⑧　　　　　　）$+ 2e^-$
　正極…$PbO_2 + 4H^+ + SO_4^{2-} + 2e^- \longrightarrow$ （⑨　　　　　　）$+ 2H_2O$

⑤ （⑩　　　　　　）…(−)H_2｜H_3PO_4 aq｜O_2(+)
　（⑪　　　）極…$H_2 \longrightarrow 2H^+ + 2e^-$
　（⑫　　　）極…$\frac{1}{2}O_2 + 2H^+ + 2e^- \longrightarrow H_2O$

⑥ （⑬　　　　　　）…(−)Zn｜$ZnCl_2$ aq, NH_4Cl aq｜MnO_2·C(+)

8　電気分解の生成物

① **電気分解**…電解質水溶液に2本の電極を入れて，直流電源につなぐと
　（⑭　　　　　　）極…物質が**電子を失う**，酸化反応が起こる。
　（⑮　　　　　　）極…物質が**電子を受け取る**，還元反応が起こる。

② 白金電極を用いた水溶液の電気分解における陽極の生成物は；
　水溶液中の陰イオンが $\begin{cases} Cl^- \text{のとき}（⑯　　　　　） \\ SO_4^{2-} \text{のとき}（⑰　　　　　） \end{cases}$

③ 白金電極を用いた水溶液の電気分解における陰極の生成物は；
　水溶液中の陽イオンが $\begin{cases} Na^+ \text{のとき}（⑱　　　　　） \\ Cu^{2+} \text{のとき}（⑲　　　　　） \end{cases}$

9　電気分解の生成量

① **ファラデーの法則**…電極で変化するイオンの物質量は，流れる電気量に（⑳　　　　　）する。また，同じ電気量で変化するイオンの物質量は，そのイオンの価数に（㉑　　　　　）する。

② **ファラデー定数** F…（㉒　　　　　）あたりの電気量。
　$F =$（㉓　　　　　）C/mol

③ **電流・時間・電気量の関係**…電流〔A〕×（㉔　　　　　）＝電気量〔C〕

テストによく出る問題を解こう！

答 ➡ 別冊 p.15

9 ［電池の原理］ テスト

A，B，Cの金属板とD板を，それぞれ図のように，食塩水中に対立させて導線でつなぐと，電流が，A板とC板の場合はA板・C板からD板へ，B板の場合はD板からB板へ流れた。

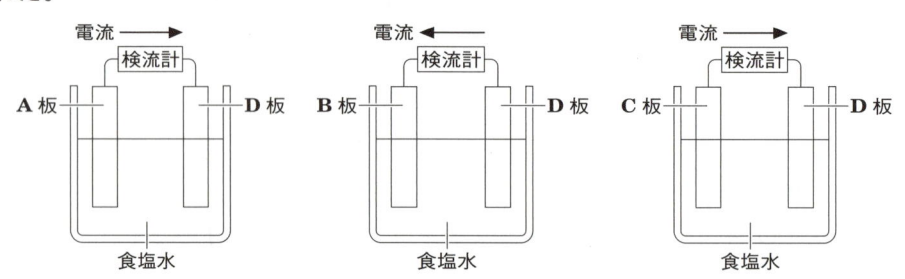

A，B，C，Dは，次の金属のいずれかである。BとDはそれぞれどの金属か，元素記号で記せ。　　　　　　　　　　　B（　　　）　D（　　　）

亜鉛，　銅，　鉄，　白金

ヒント 電流は，イオン化傾向の小さいほうの金属から大きいほうの金属に流れる。

10 ［ダニエル電池］

ダニエル電池に関する次の(1)～(3)の記述ア～エのうち，最も適しているものを1つ選べ。

(1) 放電したとき　　　　　　　　　　　　　　　　　　　（　　　）
ア　両極とも重くなる。
イ　両極とも軽くなる。
ウ　正極が重くなり，負極が軽くなる。
エ　正極が軽くなり，負極が重くなる。

(2) 電解液の濃度について起電力を大きくするには　　　　　（　　　）
ア　硫酸亜鉛水溶液の濃度を大きく，硫酸銅(Ⅱ)水溶液の濃度を小さくする。
イ　硫酸亜鉛水溶液の濃度を小さく，硫酸銅(Ⅱ)水溶液の濃度を大きくする。
ウ　両水溶液とも濃度を大きくする。
エ　両水溶液の濃度を互いに等しくする。

(3) 2種の電解液の仕切りには　　　　　　　　　　　　　（　　　）
ア　ガラス板を使う。
イ　プラスチック板を使う。
ウ　金属板を使う。
エ　素焼き板を使う。

ヒント (1), (2) $Zn \longrightarrow Zn^{2+} + 2e^-$　$Cu^{2+} + 2e^- \longrightarrow Cu$ に着目。
(3) イオンが出入りできるもの。

11 [鉛蓄電池①] 必修

鉛蓄電池に関する次の記述ア～エについて，誤っているものを選べ。　　（　　　）

ア　正極は酸化鉛(Ⅳ)，負極は鉛，電解液は希硫酸である。
イ　放電によって，電解液の密度は減少する。
ウ　放電によって，両極とも重くなる。
エ　充電によって，水が増加する。

12 [鉛蓄電池②]

鉛蓄電池の放電によって，電子が 0.2 mol 流れたとき，次の(1)，(2)を求めよ。
原子量；O＝16，S＝32

(1)　正極，負極はそれぞれ何 g 増減したか。
　　　　　　　　　　　　　　　正極（　　　　　　　）　負極（　　　　　　　）

(2)　H_2SO_4 は何 mol 減少したか。　　　　　　　　　　　　　（　　　　　　　）

ヒント　$Pb+2H_2SO_4+PbO_2 \longrightarrow 2PbSO_4+2H_2O$ に着目。

13 [種々の電池]

次の電池ア～エのうち，下の(1)～(5)にあてはまるものをすべて選べ。

ア　ダニエル電池　　　イ　燃料電池　　　ウ　鉛蓄電池
エ　マンガン乾電池

(1)　負極が亜鉛板である。　　　　　　　　　　　　　　　　（　　　　　　　）
(2)　電解液は希硫酸である。　　　　　　　　　　　　　　　（　　　　　　　）
(3)　両極とも気体である。　　　　　　　　　　　　　　　　（　　　　　　　）
(4)　放電すると，両極とも重くなる。　　　　　　　　　　　（　　　　　　　）
(5)　放電すると，水のみが生成する。　　　　　　　　　　　（　　　　　　　）

ヒント　(4) 両極に水に難溶の物質が析出する。

14 [電気分解の生成物] 必修

次の(1)～(5)の水溶液を白金電極を用いて，直流電源につないで電気分解したとき，各極で析出または発生する物質を化学式で示せ。

(1)　水酸化ナトリウム水溶液　　　　　　陽極（　　　　　）　陰極（　　　　　）
(2)　塩化ナトリウム水溶液　　　　　　　陽極（　　　　　）　陰極（　　　　　）
(3)　硝酸カリウム水溶液　　　　　　　　陽極（　　　　　）　陰極（　　　　　）
(4)　塩化銅(Ⅱ)水溶液　　　　　　　　　陽極（　　　　　）　陰極（　　　　　）
(5)　硝酸銀水溶液　　　　　　　　　　　陽極（　　　　　）　陰極（　　　　　）

15 [電気分解の生成物]

次のア～オの水溶液に，白金電極を入れて直流電源につなぎ，しばらく電流を流したときの変化について，下の(1)～(4)にあてはまるものをすべて選べ。

- ア 塩化ナトリウム水溶液
- イ 硫酸ナトリウム水溶液
- ウ 水酸化ナトリウム水溶液
- エ 硫酸銅(Ⅱ)水溶液
- オ 塩化銅(Ⅱ)水溶液

(1) 両極から気体が発生する。　　　　　　　　　　　(　　　)
(2) 水の電気分解となる。　　　　　　　　　　　　　(　　　)
(3) 電流が流れるにつれて，水溶液の酸性が強くなる。(　　　)
(4) 溶質の種類は変化しないが，その濃度が小さくなる。(　　　)

ヒント (2) 水素と酸素が発生すると電気分解となる。
(3) O_2 が発生すると，水溶液中に H^+ が生成する。

16 [電気分解における生成量①]

次のア～オの水溶液に，白金電極を入れて直流電源につなぎ，しばらく電流を流したときの両極の変化量について，下の(1), (2)にあてはまるものを選べ。
原子量；H=1.0, O=16.0, Cl=35.5, Cu=63.6, Ag=108

- ア $CuSO_4$
- イ $NaCl$
- ウ H_2SO_4
- エ $NaNO_3$
- オ $AgNO_3$

(1) 析出または発生する物質の総質量が最も大きい。　(　　　)
(2) 発生する気体の総体積(同温・同圧)が最も大きい。(　　　)

17 [電気分解における生成量②] 必修

硫酸銅(Ⅱ)水溶液を白金電極を用いて，**10.0 A** の電流で **16 分 5 秒間**電気分解した。次の(1)～(5)の問いに答えよ。
原子量；O=16.0, Cu=63.6　ファラデー定数；$F=9.65×10^4$ C/mol

(1) 流れた電気量は何Cか。　　　　　　　　　　　(　　　)
(2) 流れた電子の物質量は何molか。　　　　　　　(　　　)
(3) 陽極で何が何g析出したか。　(　　　)が(　　　)
(4) 陰極で何が何g析出したか。　(　　　)が(　　　)
(5) 析出した物質が気体の場合は，標準状態の体積は何Lか。(　　　)

ヒント (1) 電流[A]×時間[s]＝電気量[C]

18 [電気分解における電気量・発生体積・pH]

硝酸銀水溶液と硫酸銅(Ⅱ)水溶液にそれぞれ白金電極を入れ，図のように直流電源につないで電気分解したところ，硝酸銀水溶液の陰極に銀が **4.32 g** 析出した。次の(1)〜(5)の問いに答えよ。気体は水に溶けないものとする。　原子量；Ag＝108，Cu＝63.6

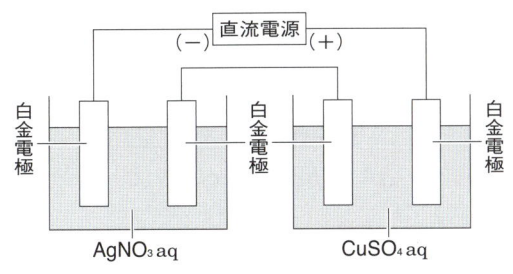

(1) 流れた電気量は何 C か。　　　　　　　　　　　　　　(　　　　　　)
(2) 流れた電流が 5.0 A とすると，電気分解した時間は約何分か。(　　　　　　)
(3) 硫酸銅(Ⅱ)水溶液の陰極に析出した銅は何 g か。　　　　(　　　　　　)
(4) 硫酸銅(Ⅱ)水溶液の陽極に発生した酸素は標準状態で何 mL か。(　　　　　　)
(5) 硫酸銅(Ⅱ)水溶液の pH はどれだけになったか。硫酸銅(Ⅱ)水溶液の体積は 400 mL とする。　　　　　　　　　　　　　　　　　　(　　　　　　)

ヒント (3) 電子が n [mol] 流れると，H^+ または OH^- が n [mol] 生成する。

19 [直列につないだ電解槽の電気分解] テスト

希硫酸，硝酸銀水溶液，塩化ナトリウム水溶液を図のように直列につなぎ，直流電源につないで電気分解したところ，希硫酸の陰極に気体が標準状態で **280 mL** 発生した。次の(1)〜(4)の問いに答えよ。ただし，気体は水に溶けないものとする。
原子量；Ag＝108　ファラデー定数；$F＝9.65×10^4$ C/mol

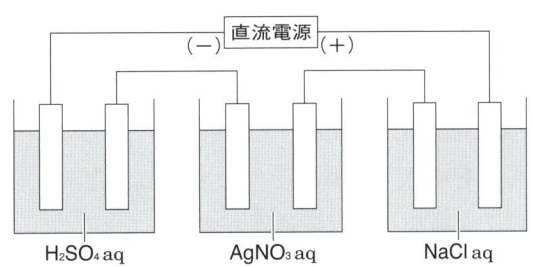

(1) 流れた電気量は何 C か。　　　　　　　　　　　　　　(　　　　　　)
(2) 希硫酸の陽極に発生した気体は標準状態で何 mL か。　　(　　　　　　)
(3) 硝酸銀水溶液の陰極に析出した金属は何 g か。　　　　　(　　　　　　)
(4) 塩化ナトリウム水溶液で発生する気体の総体積は標準状態で何 mL か。
　　　　　　　　　　　　　　　　　　　　　　　　　　(　　　　　　)

ヒント すべての極に同じ電気量が流れる。

3章 化学反応の速さ

🔑 10 □ 反応の速さ

① **反応速度**…単位時間あたりの物質の濃度の変化量で表す。

$$反応速度 = \frac{反応物の濃度の減少}{反応時間} \quad または, \quad 反応速度 = \frac{生成物の濃度の増加量}{反応時間}$$

② **反応速度式**…$aA + bB \longrightarrow cC$ の反応において，反応速度を v，速度定数を k とすると，$v = k[A]^x[B]^y$

> 反応速度式において，$a=x$，$b=y$ とは限らないことに注意。

🔑 11 □ 反応速度を変える条件

① **濃度**…反応物の濃度が大きいほど，反応速度は大きい。➡ 単位時間あたりの反応物の粒子の衝突回数が増加するため。

② **温度**…反応時の温度が高いほど，反応速度は大きい。

③ **触媒**…反応の前後で自身は変化しないが，反応速度を変化させる。

④ **その他の条件**…反応物の表面積を大きくしたり，撹拌したりすると，反応速度は大きくなる。また，光によって反応が開始したり，促進されたりするもの（**光化学反応**）もある。

> 触媒には，反応速度を大きくするもの（**正触媒**）と小さくするもの（**負触媒**）がある。単に触媒といったときは，正触媒。

🔑 12 □ 活性化エネルギー

① **活性化エネルギー**…反応を起こすのに必要なエネルギー。結合の組み換えが起こる高いエネルギー状態（**活性化状態**）にするためのエネルギー。

② **温度と活性化エネルギー**…温度が高くなると，粒子がもつエネルギーが大きくなる。そのため，活性化エネルギー以上のエネルギーをもつ粒子が増加し，反応速度が大きくなる。

③ **触媒と活性化エネルギー**…触媒は，反応のしくみを変化させ，活性化エネルギーを小さくする。そのため，活性化エネルギー以上のエネルギーをもつ粒子が増加し，反応速度が大きくなる。

> 活性化状態にある原子の複合体を，**活性錯合体**という。

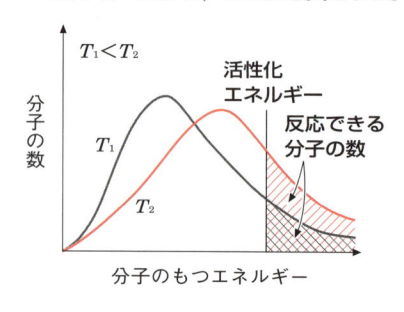

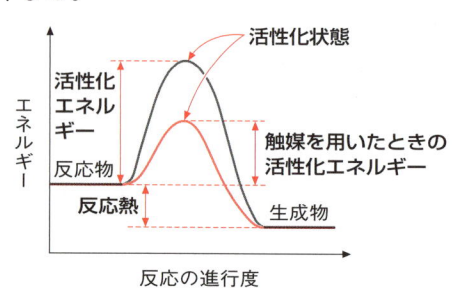

基礎の基礎を固める！

（　）に適語を入れよ。　答➡別冊 p.18

10 反応の速さ 🔑10

① 反応速度は，単位時間あたりの反応物の濃度の(❶　　　)量，または，単位時間あたりの生成物の濃度の(❷　　　)量で表す。

② (❸　　　)…反応速度と反応物の濃度の関係を表す式。

③ **反応速度式**において，反応速度が反応物の濃度の何乗に比例するかは，化学反応式の係数から決まるわけではない。たとえば，ヨウ化水素の分解反応 $2HI \longrightarrow H_2+I_2$ の反応速度式は $v=$(❹　　　)で表されるが，五酸化二窒素の分解反応 $2N_2O_5 \longrightarrow 4NO_2+O_2$ の反応速度式は，$v=k[N_2O_5]$ で表される。

11 反応速度を変える条件 🔑11

① **反応物の濃度**が大きいほど，反応速度は(❺　　　)い。これは，単位時間あたりの反応物の粒子の(❻　　　)が増えるためである。

② **反応時の温度**が高いほど，反応速度は(❼　　　)い。これは，反応物の粒子がもつエネルギーが大きくなるためである。

③ (❽　　　)…反応速度を変化させるが，自身は反応の前後で変化しない物質。

④ 反応物が固体の場合，粉砕するなどして(❾　　　)を大きくすると，反応速度が大きくなる。

⑤ (❿　　　)…光によって反応が開始したり，促進されたりする反応。

12 活性化エネルギー 🔑12

① (⓫　　　)…反応を起こすのに必要なエネルギー。

② (⓬　　　)…結合の組み換えが起こるのに十分なほどの高いエネルギー状態。

③ 温度が高くなると，(⓭　　　)以上のエネルギーをもつ粒子が増えるため，反応速度が(⓮　　　)くなる。

④ **触媒(正触媒)**は，反応のしくみを変え，**活性化エネルギー**を(⓯　　　)くする。そのため，活性化エネルギー以上のエネルギーをもつ粒子が(⓰　　　)，反応速度が(⓱　　　)くなる。

テストによく出る問題を解こう！

答 ➡ 別冊 p.18

20 [反応の速さ] テスト

ヨウ化水素の生成反応 $H_2 + I_2 \longrightarrow 2HI$ において，反応時間 20 秒で水素のモル濃度が $0.60\ \text{mol/L}$ から $0.20\ \text{mol/L}$ に減少した。次の(1)，(2)の問いに答えよ。

(1) この反応の速度を水素のモル濃度の減少量で表すと，何 mol/(L·s) か。
(　　　　　　　)

(2) この反応の速度をヨウ化水素のモル濃度の増加量で表すと，何 mol/(L·s) か。
(　　　　　　　)

ヒント 1 秒あたりの濃度の変化量で考える。反応の速さは，着目する物質によって異なる。

21 [反応速度式]

$A + B \longrightarrow C$ で表される反応の反応速度 v は，速度定数 k を用いて $v = k[A]^x[B]^y$ と表すことができる。次の(i)，(ii)をもとに x，y の値を求めよ。

(i) 物質 B の濃度は変えずに，物質 A の濃度を 2 倍にすると，反応速度は 2 倍になった。
(ii) 物質 A の濃度は変えずに，物質 B の濃度を 2 倍にすると，反応速度は 4 倍になった。

x (　　　　　　　)　y (　　　　　　　)

ヒント 反応速度が，それぞれの濃度の何乗に比例するのか考える。

22 [反応速度と速度定数] 難

$H_2 + I_2 \longrightarrow 2HI$ で表される反応の反応速度 v は，$v = k[H_2][I_2]$ で表される。次の(1)，(2)の問いに答えよ。

(1) 温度を一定に保ったまま容器の体積を $\dfrac{1}{2}$ に圧縮すると，反応速度は何倍になるか。
(　　　　　　　)

(2) $V\ [\text{L}]$ の容器に $a\ [\text{mol}]$ の H_2 と $b\ [\text{mol}]$ の I_2 を入れ，温度を一定に保ったところ，最初の 1 秒間に HI が $c\ [\text{mol}]$ 生成した。

① この間に減少した H_2 は何 mol か。(　　　　　　　)
② 1 秒後の H_2 と HI の濃度を求めよ。ただし，H_2 と I_2 の量に対して HI の量は非常に少ないものとする。　H_2 (　　　　　　　)　HI (　　　　　　　)
③ この反応の速度定数を求めよ。ただし，反応速度 v は H_2 の濃度の減少量で表すものとする。(　　　　　　　)

ヒント (1) 体積が半分になると，濃度は 2 倍になる。
(2)②, ③ H_2 と I_2 の量に対して HI の量が非常に少ないことから，$a - \dfrac{c}{2} \fallingdotseq a$, $b - \dfrac{c}{2} \fallingdotseq b$ と近似する。

23 [反応速度を変える条件①]

次の(1)～(4)について、最も関係が深いものをあとのア～エからそれぞれ選べ。
(1) 過酸化水素水に酸化マンガン(Ⅳ)を入れると、酸素が発生する。（　）
(2) 硝酸銀は、褐色のびんに入れて保存する。（　）
(3) 鉄くぎを希硝酸に入れるとゆるやかに水素が発生するが、加熱すると激しく反応するようになる。（　）
(4) 燃えているマッチ棒を酸素中に入れると、激しく燃焼する。（　）

　ア　濃度　　　イ　温度　　　ウ　触媒　　　エ　光

24 [反応速度を変える条件②]

次のア～エのうち、下線部が誤っているものはどれか。（　）
　ア　反応物の濃度が大きくなると反応の速さが大きくなるのは、反応する分子どうしが単位時間に衝突する回数が増加するためである。
　イ　温度が上昇すると反応の速さが大きくなるのは、活性化エネルギー以上のエネルギーをもつ分子の割合が増加するためである。
　ウ　触媒を用いると反応の速さが大きくなるのは、反応の経路が変わって活性化エネルギーが大きくなるためである。
　エ　固体の反応物を細かく砕くと反応の速さが大きくなるのは、反応物どうしの接触面積が増加するためである。

25 [反応経路とエネルギー]

右の図は、水素とヨウ素からヨウ化水素ができるときのエネルギーの関係を示したものである。

$$H_2 + I_2 \longrightarrow 2HI$$

なお、図中の E_1, E_2, E_3 はエネルギー値〔kJ〕を示している。次の(1), (2)の問いに答えよ。

(1) この反応について、次の①、②を E_1, E_2, E_3 を用いて表せ。
　① この反応の活性化エネルギー（　）
　② この反応の反応熱（　）
(2) 触媒を用いたときの活性化状態のエネルギー値を E_4 とする。E_1～E_4 の関係を正しく表しているものを、次のア～エから選べ。（　）
　ア　$E_4 > E_3$　　イ　$E_3 > E_4 > E_2$　　ウ　$E_2 > E_4 > E_3$　　エ　$E_1 > E_4$

ヒント (1) 活性化状態と反応物のエネルギーの差が、活性化エネルギーである。
(2) 触媒を用いると、活性化エネルギーが小さくなる。

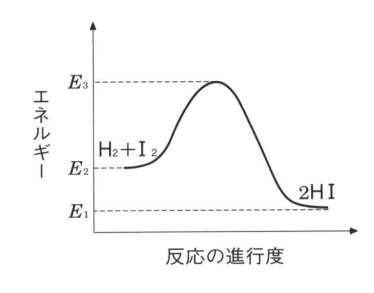

4章 化学平衡

🔑 13 □ 可逆反応と化学平衡

① 可逆反応…右向きにも左向きにも進む反応。右向きの反応を正反応，左向きの反応を逆反応という。

　　例 $N_2 + 3H_2 \rightleftarrows 2NH_3$

② 化学平衡…可逆反応において，正反応の反応速度と逆反応の反応速度が等しくなり，見かけ上は反応が停止した状態を，化学平衡の状態という。

> 化学平衡の状態は，単に平衡の状態ともよばれる。

🔑 14 □ 化学平衡の法則

可逆反応 $aA + bB \rightleftarrows cC + dD$ が平衡の状態にあるとき，次の式が成り立つ。

$$\frac{[C]^c[D]^d}{[A]^a[B]^b} = K$$

K は平衡定数とよばれ，温度によって変化する。

> 化学平衡の法則は，質量作用の法則ともよばれる。

> 平衡定数とA～Dのうちの2つの物質の濃度から，残りの物質の濃度を求められる。

🔑 15 □ 化学平衡の移動

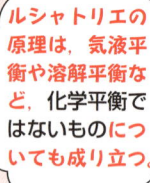

① ルシャトリエの原理（平衡移動の原理）…可逆反応が平衡状態にあるとき，反応の条件（濃度，温度，圧力など）が変化すると，その影響を打ち消す方向に平衡が移動する。

② **濃度の変化と平衡の移動**
- ある物質の濃度が増加 ➡ その物質の濃度が減少する方向に平衡が移動。
- ある物質の濃度が減少 ➡ その物質の濃度が増加する方向に平衡が移動。

③ **温度の変化と平衡の移動**
- 温度が上昇 ➡ 温度を下げる方向に平衡が移動。➡ 吸熱反応が進む。
- 温度が下降 ➡ 温度を上げる方向に平衡が移動。➡ 発熱反応が進む。

④ **圧力の変化と平衡の移動**
- 圧力が増加 ➡ 圧力が減少する方向に平衡が移動。
　　　　　　➡ 気体分子の数が減少する反応が進む。
- 圧力が減少 ➡ 圧力が増加する方向に平衡が移動。
　　　　　　➡ 気体分子の数が増加する反応が進む。

⑤ **触媒の有無と平衡の移動**…触媒は，正反応と逆反応の両方の反応速度を増加させるが，平衡は移動させない。

> ルシャトリエの原理は，気液平衡や溶解平衡など，化学平衡ではないものについても成り立つ。

基礎の基礎を固める！

( )に適語を入れよ。　答➡別冊 p.20

13 可逆反応と化学平衡 ○→13

① (❶　　　　　　)…$H_2 + I_2 \rightleftarrows 2HI$ のような，どちらの向きにも起こる反応。このとき，右向きの反応($H_2 + I_2 \longrightarrow 2HI$)を(❷　　　　　)，左向きの反応($2HI \longrightarrow H_2 + I_2$)を(❸　　　　　)という。

② (❹　　　　　　)…可逆反応において，正反応の反応速度と逆反応の反応速度が(❺　　　　　)くなり，見かけ上は反応が停止している状態。

14 化学平衡の法則 ○→14

① (❻　　　　　　)…可逆反応 $aA + bB \longrightarrow cC + dD$ が化学平衡の状態にあるとき，$\dfrac{[C]^c[D]^d}{[A]^a[B]^b}$ は一定の値をとる。この値を(❼　　　　　)という。

② 平衡定数は，(❽　　　　　)によって変化する。

15 化学平衡の移動 ○→15

① (❾　　　　　　)…可逆反応が平衡状態にあるとき，**濃度，温度，圧力**などの条件が変化すると，その影響を(❿　　　　　)向きに平衡が移動する。

② ある物質の**濃度が増加**すると，その物質の濃度が(⓫　　　　　)する向きに平衡が移動する。

③ ある物質の**濃度が減少**すると，その物質の濃度が(⓬　　　　　)する向きに平衡が移動する。

④ **温度が上昇**すると，(⓭　　　　　)反応が進み，温度を(⓮　　　　　)向きに平衡が移動する。

⑤ **温度が下降**すると，(⓯　　　　　)反応が進み，温度を(⓰　　　　　)向きに平衡が移動する。

⑥ **圧力が増加**すると，気体分子の数が(⓱　　　　　)する反応が進み，圧力を(⓲　　　　　)させる向きに平衡が移動する。

⑦ **圧力が減少**すると，気体分子の数が(⓳　　　　　)する反応が進み，圧力を(⓴　　　　　)させる向きに平衡が移動する。

⑧ **触媒**には，反応速度を変化させるはたらきは(㉑　　　　　)が，平衡を移動させるはたらきは(㉒　　　　　)。

4章 化学平衡

テストによく出る問題を解こう！

答 ➡ 別冊 p.20

26 [化学平衡の状態] テスト

次のア〜エのうち，$H_2(気) + I_2(気) \rightleftarrows 2HI(気)$ で表される可逆反応の平衡状態について正しく述べているものはどれか。　　　　　　　　　　　　　　　　（　　　）

- ア　分子の数の比が $H_2 : I_2 : HI = 1 : 1 : 2$ となった状態である。
- イ　反応が停止し，H_2，I_2，HI が一定の割合で混合している状態である。
- ウ　H_2 と I_2 から HI が生じる速さと，HI から H_2 と I_2 が生じる速さが等しくなった状態である。
- エ　化学反応式の左辺と右辺の分子の数が，互いに等しくなった状態である。

27 [化学平衡の法則①] テスト

次の(1)〜(3)の気体の反応が平衡状態にあるときの平衡定数 K を表す式を書け。

(1)　$N_2O_4 \rightleftarrows 2NO_2$　　　　　　　　　　　　　　　　　（　　　）

(2)　$2SO_2 + O_2 \rightleftarrows 2SO_3$　　　　　　　　　　　　　　（　　　）

(3)　$N_2 + 3H_2 \rightleftarrows 2NH_3$　　　　　　　　　　　　　　（　　　）

28 [化学平衡の法則②] 必修

水素とヨウ素をそれぞれ 1.0 mol ずつとり，2.0 L の容器に入れてある温度に保ったところ，ヨウ化水素が 1.6 mol 生成し，$H_2 + I_2 \rightleftarrows 2HI$ で表される平衡状態に達した。次の(1)〜(3)の問いに答えよ。ただし，物質はすべて気体の状態であるとする。

(1)　平衡状態における水素の物質量は何 mol か。　　　　　　　　（　　　）

(2)　この温度における平衡定数 K を求めよ。　　　　　　　　　　（　　　）

(3)　2.0 L の容器にヨウ化水素 2.0 mol だけを入れ，同じ温度に保った。平衡状態に達したときの水素の物質量は何 mol か。　　　　　　　　　　　　　（　　　）

ヒント　(2) まず，平衡状態における各物質のモル濃度を求める。

29 [化学平衡の法則③] 難

N_2O_4 は分解し，$N_2O_4(気) \rightleftarrows 2NO_2(気)$ で表される平衡状態に達する。N_2O_4 を 9.2 g とり，3.0 L の容器に入れて 27℃ に保ったところ，圧力が 1.0×10^5 Pa になった。この反応の 27℃ における平衡定数を求めよ。　原子量；N=14.0，O=16.0
気体定数；$R = 8.31 \times 10^3$ Pa・L/(mol・K)　　　　　　　　　　　（　　　）

ヒント　まず，最初の N_2O_4 の物質量と，平衡時の混合気体の物質量を求める。

30 [化学平衡の移動①] テスト

$N_2(気) + 3H_2(気) = 2NH_3(気) + 92\,kJ$ で表される反応が，平衡の状態にある。次の文章中の①〜⑥について，それぞれ適語を選べ。

・N_2を増やすと，平衡はN_2が①(増える，減る)方向，つまり，②(右，左)に移動する。
・温度を上げると，平衡は③(発熱，吸熱)反応の方向，つまり，④(右，左)に移動する。
・圧力を上げると，平衡は気体分子の数が⑤(増える，減る)方向，つまり，⑥(右，左)に移動する。

① (　　　　　)　② (　　　　　)　③ (　　　　　)
④ (　　　　　)　⑤ (　　　　　)　⑥ (　　　　　)

ヒント 状態を変化させると，その変化を打ち消す向きに平衡が移動する。

31 [化学平衡の移動②] 必修

次の(1)〜(5)で表される反応が平衡の状態にあるとき，《　》内の変化を与えた。平衡はどのようになるか。あとのア〜ウからそれぞれ選べ。

(1) $H_2(気) + I_2(気) = 2HI(気) + 9\,kJ$　《加圧する。》　(　　　)
(2) $N_2(気) + 3H_2(気) = 2NH_3(気) + 92\,kJ$　《NH_3を液化する。》　(　　　)
(3) $N_2O_4(気) = 2NO_2(気) - 57\,kJ$　《減圧する。》　(　　　)
(4) $N_2(気) + O_2(気) = 2NO(気) - 180\,kJ$　《温度を下げる。》　(　　　)
(5) $2SO_2(気) + O_2(気) = 2SO_3(気) + 198\,kJ$　《触媒を加える。》　(　　　)

　ア　平衡は移動しない。　　　　　イ　平衡が右に移動する。
　ウ　平衡が左に移動する。

32 [化学平衡の移動とグラフ] テスト

物質Xと物質Yから物質Zができるときの熱化学方程式は，次の式で表される。

$$x\text{X} + y\text{Y} = z\text{Z} + Q\,[kJ]$$

右の図は，いろいろな温度と圧力においてこの反応が平衡状態に達したときの，物質Zの割合を表したものである。x, y, z, Qについて成り立つ式として正しいものを，次のア〜オから選べ。

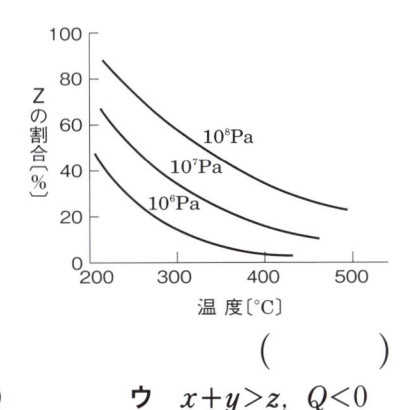

(　　　)

　ア　$x+y>z$, $Q=0$　　　イ　$x+y>z$, $Q>0$　　　ウ　$x+y>z$, $Q<0$
　エ　$x+y<z$, $Q>0$　　　オ　$x+y<z$, $Q<0$

ヒント 図より，温度を上げると物質Zの割合が減少することがわかる。また，圧力を上げると物質Zの割合が増加することがわかる。

5章 電解質水溶液の平衡

🔑 16 □ 電離平衡

① **電離平衡**…弱酸や弱塩基などの電解質を水に溶かしたとき，電離で生じたイオンと電離していない分子の間には平衡が成り立つ。

例 $CH_3COOH + H_2O \rightleftarrows CH_3COO^- + H_3O^+$

$NH_3 + H_2O \rightleftarrows NH_4^+ + OH^-$

> 電離平衡を考えるときは，水分子 H_2O を省略し，オキソニウムイオン H_3O^+ を H^+ と表すことが多い。

② **電離定数**…電離平衡における平衡定数。温度によって変化する。水のモル濃度 $[H_2O]$ を一定とみなし，その値を組みこんだ形で表す。また，酸の電離定数を K_a，塩基の電離定数を K_b で表す。

$$K_a = K[H_2O] = \frac{[CH_3COO^-][H^+]}{[CH_3COOH]} \qquad K_b = K[H_2O] = \frac{[NH_4^+][OH^-]}{[NH_3]}$$

③ **電離定数と電離度の関係**

> $1 \gg \alpha$ より，$1-\alpha \fallingdotseq 1$ と近似できる。

C [mol/L] の酢酸水溶液の電離度を α とすると，

$$CH_3COOH \rightleftarrows CH_3COO^- + H^+$$
$$C(1-\alpha) \qquad C\alpha \qquad C\alpha$$

$$K_a = \frac{[CH_3COO^-][H^+]}{[CH_3COOH]} = \frac{C\alpha \times C\alpha}{C(1-\alpha)}$$
$$= \frac{C\alpha^2}{1-\alpha} \fallingdotseq C\alpha^2$$
$$\therefore \alpha = \sqrt{\frac{K_a}{C}}$$

C [mol/L] のアンモニア水の電離度を α とすると，

$$NH_3 + H_2O \rightleftarrows NH_4^+ + OH^-$$
$$C(1-\alpha) \qquad C\alpha \qquad C\alpha$$

$$K_b = \frac{[NH_4^+][OH^-]}{[NH_3]} = \frac{C\alpha \times C\alpha}{C(1-\alpha)}$$
$$= \frac{C\alpha^2}{1-\alpha} \fallingdotseq C\alpha^2$$
$$\therefore \alpha = \sqrt{\frac{K_b}{C}}$$

🔑 17 □ 水のイオン積と pH

① **水の電離**…水は，ごくわずかではあるが，$H_2O \rightleftarrows H^+ + OH^-$ と電離している。$K = \dfrac{[H^+][OH^-]}{[H_2O]}$

このとき，$[H_2O] \gg [H^+]$，$[OH^-]$ より，$[H_2O]$ は一定とみなせる。

② **水のイオン積**…水または水溶液中で，温度一定のとき一定の値をとる。

$$[H^+][OH^-] = K[H_2O] = K_w$$

> 温度が高いほど，K_w の値は大きい。

- 25℃では，$K_w = 1.0 \times 10^{-14}$ mol²/L²

③ **水素イオン濃度(pH)**…$[H^+] = 10^{-n}$ [mol/L] のとき，pH$= n$

→ pH$= -\log[H^+]$

🔑 18 □ 電離定数と pH

[吹き出し]
$[CH_3COO^-]=[H^+]$
$[NH_4^+]=[OH^-]$
$1-\alpha \fallingdotseq 1$

C [mol/L] の酢酸水溶液の電離定数が K_a のとき,

$$K_a = \frac{[CH_3COO^-][H^+]}{[CH_3COOH]} = \frac{[H^+]^2}{C}$$

∴ $[H^+] = \sqrt{CK_a}$
∴ $pH = -\log\sqrt{CK_a}$

C [mol/L] のアンモニア水の電離定数が K_b のとき,

$$K_b = \frac{[NH_4^+][OH^-]}{[NH_3]} = \frac{[OH^-]^2}{C}$$

∴ $[OH^-] = \sqrt{CK_b}$
∴ $pH = 14 + \log\sqrt{CK_b}$

🔑 19 □ 緩衝液

① **緩衝液**…少量の酸や塩基を加えても, pH がほとんど変化しない溶液。弱酸とその塩の混合水溶液, または, 弱塩基とその塩の混合水溶液。

② **緩衝液の pH**

[吹き出し]
酢酸はほとんど電離せず, 酢酸ナトリウムはほぼ完全に電離するから,
$[CH_3COOH] \fallingdotseq C_1$ [mol/L]
$[CH_3COO^-] \fallingdotseq C_2$ [mol/L]

混合水溶液中の酢酸のモル濃度が C_1 [mol/L], 酢酸ナトリウムのモル濃度が C_2 [mol/L], 酢酸の電離定数が K_a のとき,

$$K_a = \frac{[CH_3COO^-][H^+]}{[CH_3COOH]} = \frac{C_2}{C_1}[H^+]$$

∴ $[H^+] = \dfrac{C_1 K_a}{C_2}$

∴ $pH = -\log\dfrac{C_1 K_a}{C_2}$

🔑 20 □ 塩の加水分解

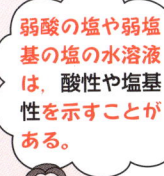

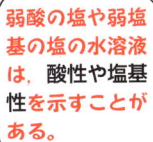

① **塩の加水分解**…弱酸の塩や弱塩基の塩の水溶液では, 生じたイオンの一部が水と反応して, もとの弱酸や弱塩基に戻る。

例 $CH_3COONa \longrightarrow CH_3COO^- + Na^+$
$CH_3COO^- + H_2O \longrightarrow CH_3COOH + OH^-$

[吹き出し] 弱酸の塩や弱塩基の塩の水溶液は, 酸性や塩基性を示すことがある。

② **加水分解定数**…塩の加水分解における平衡定数。

$$K_h = K[H_2O] = \frac{[CH_3COOH][OH^-]}{[CH_3COO^-]} = \frac{[CH_3COOH][OH^-][H^+]}{[CH_3COO^-][H^+]} = \frac{K_w}{K_a}$$

🔑 21 □ 難溶性塩の溶解平衡

① **難溶性塩の溶解平衡**…難溶性の塩はわずかに水に溶け, 溶け残りとの間には平衡が成り立つ。$A_mB_n(固) \rightleftarrows mA^{n+} + nB^{m-}$

② **溶解度積**…$K_{sp} = K[A_mB_n(固)] = [A^{n+}]^m[B^{m-}]^n$

③ **溶解度積と沈殿の生成**…A^+ と B^- から塩 AB ができるとき,
- 加えた A^+ と B^- の $[A^+][B^-] > K_{sp}$ ならば, 沈殿が生じる。
- 加えた A^+ と B^- の $[A^+][B^-] < K_{sp}$ ならば, 沈殿が生じない。

基礎の基礎を固める！　（　）に適語を入れよ。　答➡別冊 p.22

16 電離平衡と水のイオン積　🔑 16, 17

① (❶　　　　　　　)…電解質を水に溶かしたときに，電離したイオンと電離していない分子の間に成り立つ平衡。

② (❷　　　　　　　)…電離平衡における平衡定数。

③ 酢酸の電離 $CH_3COOH \rightleftarrows CH_3COO^- + H^+$ における**電離定数**を K_a とすると，

$$K_a = \frac{(❸\qquad) \times (❹\qquad)}{(❺\qquad)}$$

④ (❻　　　　　　　)…水または水溶液中の**水素イオンの濃度** $[H^+]$ と**水酸化物イオンの濃度** $[OH^-]$ の積。温度が変化しなければ一定であり，25℃での値は (❼　　　　) mol^2/L^2。

17 緩衝液　🔑 19

① (❽　　　　　　　)…少量の酸や塩基を加えても，ほとんど pH が変化しない溶液。

② (❾　　　　　)とその塩の混合水溶液や，(❿　　　　　)とその塩の混合水溶液は，**緩衝液**となる。

18 塩の加水分解　🔑 20

① (⓫　　　　　　　)…弱酸の塩や弱塩基の塩が水に溶けたとき，生じたイオンの一部が水と反応し，もとの弱酸や弱塩基に戻ること。

② 酢酸ナトリウム水溶液は，

$CH_3COONa \longrightarrow CH_3COO^- + Na^+$，$CH_3COO^- + H_2O \rightleftarrows CH_3COOH + OH^-$

のように加水分解するので，その水溶液は (⓬　　　　) 性を示す。

③ (⓭　　　　　　　)…**塩の加水分解**における平衡定数。

④ 酢酸ナトリウムの加水分解における**加水分解定数**を K_h とすると，

$$K_h = \frac{[CH_3COOH][OH^-]}{[CH_3COO^-]} = \frac{[CH_3COOH][OH^-][H^+]}{[CH_3COO^-][H^+]} = \frac{(⓮\qquad)}{(⓯\qquad)}$$

19 難溶性塩の溶解平衡　🔑 21

① (⓰　　　　　　　)…水に難溶の塩の水溶液中の各イオンのモル濃度の積で，一定温度で一定である。

② 水溶液中で A^+ と B^- を反応させるとき，$[A^+][B^-] > K_{sp}$ ならば沈殿が (⓱　　　　　)が，$[A^+][B^-] < K_{sp}$ ならば沈殿が (⓲　　　　　)。

テストによく出る問題を解こう！

答 ⇒ 別冊 p.22

33 ［水溶液の pH］ テスト

次の(1)〜(4)の水溶液の pH を求めよ。　　$\log 2 = 0.30$

(1) 0.20 mol/L の塩酸　　　　　　　　　　　　　　　　　　（　　　　　　）
(2) 0.10 mol/L の水酸化ナトリウム水溶液　　　　　　　　　（　　　　　　）
(3) 0.10 mol/L の酢酸水溶液（電離度 0.01）　　　　　　　　（　　　　　　）
(4) 0.10 mol/L のアンモニア水（電離度 0.02）　　　　　　　（　　　　　　）

> **ヒント** $[H^+]$＝（酸のモル濃度）×（電離度），$[OH^-]$＝（塩基のモル濃度）×（電離度），
> $[H^+][OH^-] = 1.0 \times 10^{-14}\ \text{mol}^2/\text{L}^2$

34 ［電離定数］ 必修

C〔mol/L〕の酢酸水溶液の電離度を α とする。次の(1)〜(3)の問いに答えよ。

(1) 次のモル濃度を C, α を用いて表せ。
　① $[CH_3COOH]$　　　　　　　　　　　　　　　　　　（　　　　　　）
　② $[CH_3COO^-]$　　　　　　　　　　　　　　　　　　（　　　　　　）
　③ $[H^+]$　　　　　　　　　　　　　　　　　　　　　（　　　　　　）
(2) この酢酸の電離定数 K_a を C, α を用いて表せ。　　（　　　　　　）
(3) この酢酸の電離度 α を K_a, C を用いて表せ。　　（　　　　　　）

35 ［電離定数と pH ①］ 必修

次の(1), (2)の問いに答えよ。　　$\log 2.3 = 0.36$, $\log 2.8 = 0.44$

(1) 0.10 mol/L の酢酸水溶液の pH を求めよ。ただし，酢酸の電離定数は 2.8×10^{-5} mol/L である。　　　　　　　　　　　　　　　　　　　　（　　　　　　）
(2) 0.10 mol/L のアンモニア水の pH を求めよ。ただし，アンモニアの電離定数は 2.3×10^{-5} mol/L である。　　　　　　　　　　　　　　　　（　　　　　　）

> **ヒント** (1) 酢酸水溶液中の酢酸イオンと水素イオンの濃度は等しい。
> (2) アンモニア水中のアンモニウムイオンと水酸化物イオンの濃度は等しい。

5章　電解質水溶液の平衡

36 ［電離定数とpH②］

0.10 mol/L のアンモニア水の pH をはかったところ，11 であった。次の(1)～(3)の問いに答えよ。

(1) このアンモニア水に含まれる水素イオンの濃度は，何 mol/L か。
（　　　　　　　）

(2) このアンモニア水に含まれる水酸化物イオンの濃度は，何 mol/L か。
（　　　　　　　）

(3) アンモニアの電離定数を求めよ。（　　　　　　　）

ヒント (2) 水素イオンの濃度と水のイオン積から求める。
(3) アンモニア水に含まれる水酸化物イオンとアンモニウムイオンの濃度は等しい。

37 ［緩衝液］

次のア～オから，緩衝液ではないものをすべて選べ。（　　　　　　　）

ア　酢酸と酢酸ナトリウムの混合水溶液
イ　塩化水素と塩化ナトリウムの混合水溶液
ウ　アンモニアと塩化アンモニウムの混合水溶液
エ　ギ酸とギ酸カリウムの混合水溶液
オ　水酸化カリウムと硝酸カリウムの混合水溶液

ヒント 弱酸とその塩の混合水溶液や，弱塩基とその塩の混合水溶液は，緩衝作用を示す。

38 ［緩衝液のpH①］

0.20 mol/L の酢酸水溶液 500 mL に酢酸ナトリウム 0.10 mol を溶かした。酢酸の電離定数を 3.0×10^{-5} mol/L として，次の(1)～(4)の問いに答えよ。　log3=0.48

(1) この混合水溶液中の酢酸の濃度は何 mol/L か。（　　　　　　　）
(2) この混合水溶液中の酢酸イオンの濃度は何 mol/L か。（　　　　　　　）
(3) この混合水溶液中の水素イオンの濃度は何 mol/L か。（　　　　　　　）
(4) この混合水溶液の pH を求めよ。（　　　　　　　）

ヒント 酢酸ナトリウムは完全に電離している。また，酢酸の電離度は非常に小さい。

39 ［緩衝液のpH②］

0.10 mol/L の酢酸水溶液 200 mL に 0.10 mol/L の酢酸ナトリウム水溶液 200 mL を加えた混合水溶液の pH を求めよ。ただし，酢酸の電離定数を 3.0×10^{-5} mol/L とする。log3=0.48
（　　　　　　　）

ヒント 混合水溶液の体積が 400 mL であることに注意する。

40 [塩の加水分解とpH]

酢酸ナトリウムは，水溶液中で(i)式のように完全に電離し，電離で生じた酢酸イオンの一部は，(ii)式のように加水分解する。次の(1)，(2)の問いに答えよ。 $\log 3 = 0.48$

$CH_3COONa \longrightarrow CH_3COO^- + Na^+$ ……………………(i)

$CH_3COO^- + H_2O \rightleftarrows CH_3COOH + OH^-$ ……………………(ii)

(1) (ii)式の平衡定数(加水分解定数)を K_h とする。
① K_h を $[CH_3COO^-]$，$[CH_3COOH]$，$[OH^-]$ で表せ。 (　　　　　)
② 酢酸の電離定数を K_a，水のイオン積を K_w とする。K_h を K_a，K_w で表せ。
 (　　　　　)

(2) 酢酸ナトリウム水溶液の濃度が $0.10\ mol/L$ のとき，次の①～③を求めよ。酢酸の電離定数を $3.0 \times 10^{-5}\ mol/L$，水のイオン積を $1.0 \times 10^{-14}\ mol^2/L^2$ とする。
① 加水分解定数 (　　　　　)
② 水酸化物イオンの濃度 (　　　　　)
③ pH (　　　　　)

41 [混合水溶液のpH] 難

$0.10\ mol/L$ の酢酸水溶液 $25.0\ mL$ に，$0.10\ mol/L$ の水酸化ナトリウム水溶液を滴下する。滴下量が次の①～③のとき，水溶液のpHを求めよ。ただし，酢酸の電離定数を $3.0 \times 10^{-5}\ mol/L$ とする。　$\log 2 = 0.30$，$\log 3 = 0.48$

① $15.0\ mL$ (　　　　　)
② $25.0\ mL$ (　　　　　)
③ $35.0\ mL$ (　　　　　)

42 [溶解度積]

次の(1)，(2)の問いに答えよ。　原子量；C=12.0，O=16.0，Ca=40.0

(1) 25℃の水1Lに，塩化銀は $1.3 \times 10^{-5}\ mol$ 溶ける。25℃における塩化銀の溶解度積を求めよ。 (　　　　　)

(2) 25℃の水1Lに，炭酸カルシウムは $0.80\ g$ 溶ける。25℃における炭酸カルシウムの溶解度積を求めよ。 (　　　　　)

43 [沈殿生成の判定]

Fe^{2+}，Cu^{2+}，Zn^{2+} をそれぞれ $0.10\ mol/L$ の濃度で含む水溶液がある。この水溶液に硫化水素を通し，S^{2-} の濃度を $1.2 \times 10^{-22}\ mol/L$ に保つと，沈殿が生じた。この沈殿の化学式を書け。ただし，FeSの溶解度積を $5.0 \times 10^{-18}\ mol^2/L^2$，CuSの溶解度積を $6.0 \times 10^{-30}\ mol^2/L^2$，ZnSの溶解度積を $2.0 \times 10^{-18}\ mol^2/L^2$ とする。 (　　　　　)

5章 電解質水溶液の平衡

入試問題にチャレンジ！

答 → 別冊 p.26

1 次の選択肢ア〜オのうち，正しい記述はどれか。
ア　水（液体）と水蒸気の生成熱は異なる。
イ　同一の物質であれば，融解熱と蒸発熱は常に等しい。
ウ　反応熱とは，反応物の生成熱の総和から生成物の生成熱の総和を引いた値である。
エ　溶解熱とは，物質 1 mol を多量の溶媒に溶かしたとき発生する熱量で，常に正の値である。
オ　強酸と強塩基の希薄溶液の中和熱は，酸と塩基の種類に強く依存する。　　（上智大）

2 次の熱化学方程式を用いて，下の(1)〜(3)の空欄に適する数値を記せ。

$$C(黒鉛) + O_2 = CO_2 + 394 \text{ kJ} \qquad H_2 + \frac{1}{2}O_2 = H_2O + 286 \text{ kJ}$$

$$C_2H_6 + \frac{7}{2}O_2 = 2CO_2 + 3H_2O(液) + 1560 \text{ kJ}$$

$$C_2H_4 + H_2 = C_2H_6 + 136 \text{ kJ}$$

(1) エタンの生成熱は（　）kJ/mol である。
(2) エチレンの生成熱は（　）kJ/mol である。
(3) エチレンの燃焼熱は（　）kJ/mol である。　　（慶応大）

3 電池の記述ア〜カのうち正しいものを選べ。
ア　鉛蓄電池は一次電池である。
イ　二次電池は放電できるが，充電できない。
ウ　鉛蓄電池を充電すると，両極とも質量が増える。
エ　鉛蓄電池を充電すると，電解液の密度は小さくなる。
オ　充電可能な電池では，充電すると起電力が回復する。
カ　充電可能な電池を充電する際には，外部電源の正極と電池の負極を接続する。

（名城大）

4 二次電池はどれか。正しい組み合わせを下のア〜オから選べ。
A：(−)Cd｜KOH aq｜NiO(OH)(+)
B：(−)Pb｜H_2SO_4 aq｜PbO_2(+)
C：(−)Zn｜KOH aq｜MnO_2(+)
D：(−)Zn｜$ZnCl_2$ aq｜NH_4Cl aq｜MnO_2·C(+)
E：(−)Li｜$LiClO_4$＋有機溶媒｜MnO_2(+)
　　ア　AとB　　イ　AとE　　ウ　BとC　　エ　CとD　　オ　DとE　　（自治医大）

5 白金電極を用いて，硫酸銅(Ⅱ)水溶液を 1.0 A の電流で 5 分間電気分解したとき，発生する気体の物質量はいくらか。次のア～クのうちから最も近いものを 1 つ選べ。ただし，ファラデー定数は 9.65×10^4 C/mol とする。

ア 1.6×10^{-4}　イ 3.9×10^{-4}　ウ 7.8×10^{-4}　エ 1.6×10^{-3}
オ 3.9×10^{-3}　カ 7.8×10^{-3}　キ 1.6×10^{-2}　ク 3.9×10^{-2}

（東京都市大）

6 電気分解に関する次の記述を読んで，(1)，(2)に答えよ。

次の a～d の各水溶液を，白金電極を用いて 9.65×10^2 C の電気量で電気分解した。
　a　ヨウ化カリウム水溶液　　b　硝酸銀水溶液
　c　水酸化ナトリウム水溶液　d　塩酸

(1) 電気分解で水素が発生する水溶液のみをすべて含む組み合わせはどれか。

ア a, b　　イ a, c　　ウ a, d　　エ b, c
オ b, d　　カ c, d　　キ a, b, c　ク a, b, d
ケ a, c, d　コ b, c, d

(2) 両極で発生する気体の物質量〔mol〕の総和が最も大きい水溶液とその物質量の正しい組み合わせはどれか。ただし，発生する気体の水への溶解は無視するものとする。また，析出物により電気分解は阻害されないものとする。

	水溶液	物質量〔mol〕		水溶液	物質量〔mol〕		水溶液	物質量〔mol〕
ア	a	5.0×10^{-3}	イ	a	7.5×10^{-3}	ウ	b	2.5×10^{-3}
エ	b	5.0×10^{-3}	オ	c	7.5×10^{-3}	カ	c	1.0×10^{-2}
キ	d	1.0×10^{-2}	ク	d	1.5×10^{-2}			

（神戸薬大）

7 気体 X と気体 Y から気体 Z を生じる反応は次の平衡式で示される。ただし，気体定数は $R = 8.3 \times 10^3$ Pa·L/(mol·K) とする。

$$X + 2Y \rightleftarrows 2Z$$

圧力計が装着された 2 L の密閉容器を真空にした後，これに室温 27 ℃ で 0.20 mol の気体 X と 0.28 mol の気体 Y を入れて温度による反応の変化を観察した。

(1) 27 ℃ で気体 X，Y を密閉容器に入れたとき，反応が起こらないとすれば，圧力計は何 hPa を指すか。次より最も近い数値を選べ。

ア 2.0×10^2　イ 5.0×10^2　ウ 1.0×10^3　エ 3.0×10^3　オ 6.0×10^3

(2) 容器の温度を 600 ℃ にした後，十分な時間をおいて平衡状態を成立させたとき，気体 Z が 0.20 mol 生じていた。この温度での平衡定数 K_c に最も近い数値を選べ。

ア 25　イ 50　ウ 100　エ 125　オ 250

（東邦大）

8 次の化学反応に関する記述のうち，正しいもののみをすべて含む組み合わせはア～コのうちどれか。

a 化学反応は，活性化状態を経由して進行する。
b 活性化エネルギーが大きいほど，反応速度は小さくなる。
c 触媒を加えると，反応熱が小さくなる。
d 正反応が発熱反応であるとき，正反応の活性化エネルギーのほうが，逆反応の活性化エネルギーよりも大きい。

ア a, b　　イ a, c　　ウ a, d　　エ b, c　　オ b, d
カ c, d　　キ a, b, c　　ク a, b, d　　ケ a, c, d　　コ b, c, d

(神戸薬大)

9 次の反応が平衡状態にあるとき，下の(1)，(2)に答えよ。

$$N_2 + 3H_2 \rightleftarrows 2NH_3$$

(1) 温度と体積を一定に保ったまま，さらに窒素を加えると平衡はどちらに移動するか。次のア～ウのなかから1つ選べ。

ア アンモニアが生成する方向に移動する。　　イ 変わらない
ウ アンモニアが分解する方向に移動する。

(2) 温度と体積を一定に保ったまま，ヘリウムを加えると平衡はどちらに移動するか。次のア～ウのなかから1つ選べ。

ア アンモニアが生成する方向に移動する。　　イ 変わらない
ウ アンモニアが分解する方向に移動する。

(新潟大)

10 次の文を読んで，下の(1)，(2)に答えよ。

濃度 c [mol/L] のギ酸水溶液で，ギ酸の電離度を α とすると，電離平衡におけるギ酸および各イオンの濃度は次のようになる。

$$HCOOH \rightleftarrows H^+ + HCOO^-$$

電離平衡時の濃度 [mol/L]　（ a ）　　（ b ）　（ b ）

したがって，ギ酸の電離定数 $K_a =$（ c ）

ここで，電離度 α が1に比べて非常に小さい場合，$1-\alpha \fallingdotseq 1$ より，$\alpha =$（ d ）。この式から，一般に温度が一定の場合，ギ酸のような弱酸では，濃度 c が小さくなるほど，電離度が（ A ）なる。

(1) 文章中の空欄 a～d にあてはまる数式を次のア～シから選べ。

ア $c\alpha$　イ $c^2\alpha$　ウ $c^3\alpha$　エ $c^2\alpha^2$　オ $c-\alpha$　カ $c(1-\alpha)$
キ $\dfrac{c\alpha}{1-\alpha}$　ク $\dfrac{c^2\alpha}{1-\alpha}$　ケ $\dfrac{c\alpha^2}{1-\alpha}$　コ $\sqrt{K_a}$　サ $\sqrt{\dfrac{K_a}{c}}$　シ $\sqrt{\dfrac{c}{K_a}}$

(2) 文章中の空欄 A にあてはまる語句を次のア～ウから選べ。

ア 小さく　　イ 大きく　　ウ 変わらなく

(千葉工大)

11 酢酸水溶液 10 mL に指示薬フェノールフタレイン溶液を 2〜3 滴加え，0.20 mol/L の水酸化ナトリウム水溶液を滴下した。水酸化ナトリウム水溶液 15 mL を滴下したところ，水溶液が赤く変色した。次の(1)〜(3)に答えよ。　log2＝0.30

(1) 酢酸水溶液のモル濃度を求めよ。
(2) 電離度 $\alpha = 1.00 \times 10^{-2}$ として，電離定数 K_a の値を有効数字 2 桁で求めよ。
(3) 中和点における pH の値を有効数字 2 桁で求めよ。
(金沢大)

12 次の文を読み，下記の(1)〜(3)に答えよ。　log2＝0.30
　アンモニア水溶液中では，次の電離平衡反応式が成り立ち，その平衡定数は $K_b = 4.0 \times 10^{-5}$ mol/L とする。

$$NH_3 + H_2O \rightleftarrows NH_4^+ + OH^-$$

(1) 塩化アンモニウムを水に溶かして，濃度 0.10 mol/L の塩化アンモニウム水溶液 100 mL をつくった。この水溶液中での加水分解反応のイオン反応式と電離定数の値をそれぞれ記せ。
(2) 0.10 mol/L 塩化アンモニウム水溶液の pH として，最も近い数値を次から選べ。
　　ア 5.0　　イ 5.3　　ウ 5.8　　エ 6.3　　オ 6.8
(3) 次の操作を行ったとき，生成する溶解が緩衝作用を示さないものはどれか。
　　ア アンモニアと塩化アンモニウムの混合水溶液に少量の塩酸を加えた。
　　イ ギ酸とギ酸ナトリウムの混合水溶液に水酸化ナトリウム水溶液を加えた。
　　ウ 硫酸水素ナトリウムと硫酸ナトリウムの混合水溶液に少量の塩酸を加えた。
　　エ 炭酸と炭酸ナトリウムの混合水溶液に少量の水酸化ナトリウム水溶液を加えた。
　　オ 酢酸と酢酸ナトリウムの混合水溶液を水で希釈した。
(立教大)

13 次の文章を読み，下の(1)，(2)の問いに答えよ。
　酢酸の電離定数：$K_a = 2.80 \times 10^{-5}$ mol/L　log2.8＝0.447
　弱酸と（　a　）の混合溶液に少量の酸や塩基を加えても pH がほとんど変化しないとき，この溶液は（　b　）作用をもっているという。例えば，酢酸と酢酸ナトリウムの混合水溶液中では，酢酸は次のように電離し，電離平衡が保たれている。

$$CH_3COOH \rightleftarrows CH_3COO^- + H^+$$

　一方，酢酸ナトリウムは完全に電離している。そして，混合溶液中には（　①　）が多量に存在するため，少量の酸を加えると，（　Ⅰ　）の反応が進み，混合溶液中に（　②　）が多量に存在するため，少量の塩基を加えると，（　Ⅱ　）の反応が進む。したがって，この溶液に酸を加えても塩基を加えても，pH はほとんど変化しない。

(1) a，b に語句を，①，② に化学式を，Ⅰ，Ⅱ に化学反応式を書け。
(2) 0.200 mol/L の酢酸溶液と 0.200 mol/L の酢酸ナトリウム溶液を等量加えて混合液をつくった。この混合溶液の pH を求めよ。
(徳島大)

3編 無機物質

1章 非金属元素の性質

◎-1 □ 希ガス・ハロゲン

① **希ガス**…18族元素。空気中にわずかに存在。他の原子と化学結合しにくく，単体は**単原子分子**。価電子の数は **0**。

> 希ガス
> He, Ne, Ar, Kr, Xe
> ハロゲン
> F, Cl, Br, I

② **ハロゲン**…17族元素。価電子の数は **7** で，1価の陰イオンになりやすい。

③ ハロゲンの単体の比較

	フッ素 F_2	塩素 Cl_2	臭素 Br_2	ヨウ素 I_2
常温での状態	淡黄色の気体	黄緑色の気体	赤褐色の液体	黒紫色の固体
酸化力	強 ←			→ 弱
水との反応	激しく反応	少し溶ける	わずかに溶ける	溶けない
H_2 との反応	冷暗所でも爆発的に化合	光を当てると爆発的に化合	高温で反応	高温でゆるやかに反応

④ **塩素 Cl_2**…刺激臭をもつ有毒な気体。**強い酸化力**をもつ。水素や金属と激しく反応。漂白・殺菌作用。**ヨウ化カリウムデンプン紙を青変**。
- 製法…$MnO_2 + 4HCl \xrightarrow{加熱} MnCl_2 + 2H_2O + Cl_2$
  $CaCl(ClO) \cdot H_2O + 2HCl \longrightarrow CaCl_2 + 2H_2O + Cl_2$

> HCl, HBr, HI は強酸である。

⑤ **ヨウ素 I_2**…**昇華性**の固体。**デンプン水溶液の青変**により検出（ヨウ素デンプン反応）。

⑥ **フッ化水素 HF**…他のハロゲン化水素に比べ，**沸点が異常に高い**。水溶液（フッ化水素酸）は**弱酸**で，ガラスを溶かす。

⑦ **塩化水素 HCl の製法**…$NaCl + H_2SO_4 \xrightarrow{加熱} NaHSO_4 + HCl$

◎-2 □ 酸素・硫黄

① **オゾン O_3**…淡青色で，特有のにおいをもつ。**強い酸化力**をもつ。

② **硫黄の同素体**…斜方硫黄 S_8・単斜硫黄 S_8 は二硫化炭素 CS_2 に可溶。ゴム状硫黄 S_x は CS_2 に不溶。常温では斜方硫黄が最も安定。

> 16族元素は価電子の数が6で，2価の陰イオンになりやすい。

③ **硫化水素 H_2S**…無色で腐卵臭をもつ有毒な気体。**還元性**をもつ。種々の**金属イオンを沈殿**させる。
- 製法…$FeS + H_2SO_4 \longrightarrow FeSO_4 + H_2S$

④ **二酸化硫黄 SO_2**…無色で刺激臭をもつ有毒な気体。**還元性**をもつ。
- 製法…$Cu + 2H_2SO_4 \xrightarrow{加熱} CuSO_4 + 2H_2O + SO_2$
  $NaHSO_3 + H_2SO_4 \longrightarrow NaHSO_4 + H_2O + SO_2$

⑤ 硫酸 H_2SO_4…**不揮発性**の液体。濃硫酸は**吸湿性・脱水作用**をもつ。また，熱濃硫酸は**強い酸化力**をもつ。
- 製法(**接触法**)…$2SO_2 + O_2 \longrightarrow 2SO_3$(触媒；$V_2O_5$)
  $SO_3 + H_2O \longrightarrow H_2SO_4$

3 □ 窒素・リン

① アンモニア NH_3 の製法
  $N_2 + 3H_2 \rightleftarrows 2NH_3$ (**ハーバー・ボッシュ法**，触媒；Fe_3O_4 など)
  $2NH_4Cl + Ca(OH)_2 \xrightarrow{加熱} 2NH_3 + CaCl_2 + 2H_2O$

② 一酸化窒素 NO…無色の気体で，水に難溶。空気中で NO_2 に変化。
- 製法…$3Cu + 8HNO_3$(希硝酸) $\longrightarrow 3Cu(NO_3)_2 + 4H_2O + 2NO$

③ 二酸化窒素 NO_2…**赤褐色**で刺激臭の有毒な気体。水に溶けて硝酸を生成。
- 製法…$Cu + 4HNO_3$(濃硝酸) $\longrightarrow Cu(NO_3)_2 + 2H_2O + 2NO_2$

④ 硝酸 HNO_3…**強い酸化力**をもち，Cu, Ag と反応する。濃硝酸は Fe, Al と**不動態**をつくる。**オストワルト法**によって製造する。
  $4NH_3 + 5O_2 \longrightarrow 4NO + 6H_2O$(触媒；Pt)
  $2NO + O_2 \longrightarrow 2NO_2$ $3NO_2 + H_2O \longrightarrow 2HNO_3 + NO$

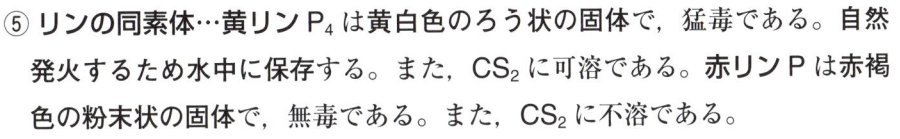

> 十酸化四リンは，五酸化二リンともいう。

⑤ リンの同素体…黄リン P_4 は黄白色のろう状の固体で，猛毒である。自然発火するため水中に保存する。また，CS_2 に可溶である。赤リン P は赤褐色の粉末状の固体で，無毒である。また，CS_2 に不溶である。

⑥ 十酸化四リン P_4O_{10}…白色粉末。吸湿性をもつ。

⑦ リン酸 H_3PO_4…無色の結晶。**潮解性**をもつ。
- 製法…$P_4O_{10} + 6H_2O \xrightarrow{加熱} 4H_3PO_4$

4 □ 炭素・ケイ素

> C, Si, SiO_2 は共有結合の結晶である。

① 炭素の同素体…ダイヤモンド，黒鉛，フラーレンなど。ダイヤモンドは硬く，電気を通さないが，黒鉛は軟らかく，電気を通す。

② ケイ素 Si…ダイヤモンドと同じ構造をもつ。半導体の性質を示す。

③ 二酸化炭素 CO_2 の製法…$CaCO_3 + 2HCl \longrightarrow CaCl_2 + H_2O + CO_2$

④ 二酸化ケイ素 SiO_2…水晶や石英の主成分。

5 □ 気体の捕集

> ソーダ石灰は CaO と NaOH の混合物。

① 捕集法…水に難溶な気体は**水上置換**。水に可溶な気体は，空気より軽ければ**上方置換**，空気より重ければ**下方置換**。

② 乾燥剤…濃硫酸や P_4O_{10} は酸性の乾燥剤。$CaCl_2$ は中性の乾燥剤。CaO やソーダ石灰は塩基性の乾燥剤。

基礎の基礎を固める！　（　）に適語を入れよ。　答⇒別冊 p.29

1 ハロゲン 🔑1

① ハロゲンの単体の融点・沸点は，原子番号の（❶　　　）いものほど高い。また，酸化力は，原子番号の（❷　　　）いものほど強い。

② 塩素は，（❸　　　）色で刺激臭をもつ気体である。**強い酸化力**をもつため，（❹　　　）や金属と激しく反応したり，（❺　　　）・**殺菌作用**を示したりする。

③ **フッ化水素**は，他のハロゲン化水素に比べて沸点が異常に（❻　　　）い。また，他のハロゲン化水素の水溶液とは異なり，（❼　　　）酸である。

2 酸素・硫黄 🔑2

① オゾンは，酸素の（❽　　　）で，（❾　　　）色で特有のにおいをもつ気体である。

② 硫黄の同素体には，分子式が S_8 で表される（❿　　　）と**単斜硫黄**，分子式が S_x で表される（⓫　　　）がある。

③ （⓬　　　）は，**硫化鉄（Ⅱ）に希硫酸**を加えると発生する，無色で（⓭　　　）臭をもつ有毒な気体である。（⓮　　　）性をもち，種々の金属イオンを沈殿させる。

④ （⓯　　　）は，**亜硫酸水素ナトリウムに希硫酸**を加えると発生する，無色で刺激臭をもつ気体で，（⓰　　　）性をもつ。

⑤ 硫酸は（⓱　　　）性の液体で，濃硫酸には**吸湿性**や（⓲　　　）作用がある。熱濃硫酸は強い（⓳　　　）力をもち，**銅や銀**などの金属を溶かす。

3 窒素・リン 🔑3

① アンモニアを実験室でつくるときは，（⓴　　　）と（㉑　　　）の混合物を加熱する。

② 窒素と水素を直接化合させるアンモニアの製法を（㉒　　　）という。

③ アンモニアを原料とした硝酸の工業的製法を（㉓　　　）という。硝酸は強い（㉔　　　）力をもつ。

④ 黄リンは（㉕　　　）色の固体で，自然発火するため（㉖　　　）中に保存する。

4 炭素・ケイ素 🔑4

① 炭素の同素体には，硬くて電気を通さない（㉗　　　），軟らかくて電気を通す（㉘　　　），分子式が C_{60} などで表される（㉙　　　）がある。

② 二酸化ケイ素は（㉚　　　）や**石英**の主成分である。

テストによく出る問題を解こう！

答 ➡ 別冊 p.29

1 [水素]

次の(1), (2)の問いに答えよ。

(1) 次のア〜エのうち，水素を発生しないものはどれか。　（　　　）
  - ア　水を電気分解する。
  - イ　亜鉛に希硫酸を加える。
  - ウ　銅に塩酸を加える。
  - エ　水に固体のナトリウムを加える。

(2) 次のア〜エのうち，水素の性質ではないものはどれか。　（　　　）
  - ア　無色・無臭の気体。
  - イ　気体のなかで密度が最も小さい。
  - ウ　空気中で燃える。
  - エ　水によく溶ける。

ヒント (1) 水素よりイオン化傾向の大きい金属に酸を加えると，水素が発生する。

2 [塩素の製法] 難

右の図の装置を用いて塩素を発生させ，捕集したい。次の(1)〜(4)の問いに答えよ。

(1) フラスコ内で起こる変化を化学反応式で表せ。
  （　　　　　　　　　　　　　）

(2) 洗気びんAおよびBに入れる物質名を記せ。
  A（　　　　　） B（　　　　　）

(3) a, b, cのガラス管中の気体を化学式で示せ。
  a（　　　　　） b（　　　　　） c（　　　　　）

(4) 発生した塩素の捕集方法の名称を記せ。　（　　　）

ヒント 洗気びんで不純物を除く。

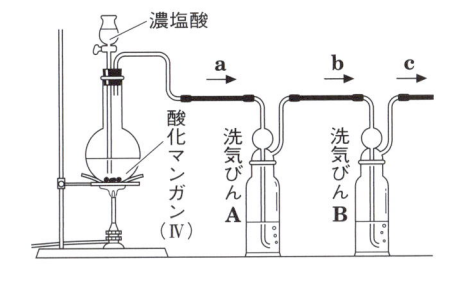

3 [ハロゲンの性質] 必修

次の(1)〜(6)にあてはまる物質を，あとのア〜カから選べ。

(1) 常温で赤褐色の液体である。　（　　　）
(2) 水溶液は強い酸性を示し，アンモニアにふれると白煙を生じる。　（　　　）
(3) 水と激しく反応して酸素を発生する。　（　　　）
(4) 黒紫色の昇華性の結晶で，デンプン水溶液に加えると青色になる。　（　　　）
(5) その水溶液はガラスを溶かすので，ポリエチレン容器に保存する。　（　　　）
(6) 黄緑色の刺激臭のある気体で，ヨウ化カリウムデンプン紙を青色にする。
  （　　　）

- ア　フッ素
- イ　塩素
- ウ　臭素
- エ　ヨウ素
- オ　フッ化水素
- カ　塩化水素

1章　非金属元素の性質　61

4 [ハロゲン化水素]

次の(1)～(4)の文のうち，HF だけにあてはまるものには **A**，HCl だけにあてはまるものには **B**，HF と HCl の両方にあてはまるものには **C** を記せ。

(1) 水によく溶ける。　　　（　　）　　(2) 標準状態で液体である。（　　）
(3) 水溶液は強い酸性を示す。（　　）　　(4) 水溶液はガラスを溶かす。（　　）

ヒント HF は他のハロゲン化水素とは異なる性質を示す。

5 [酸素とオゾン]

次のア～エの文のうち，誤っているものはどれか。　　　　　　　　（　　）

ア　酸素とオゾンは互いに同素体の関係にある。
イ　酸素もオゾンも無色・無臭である。
ウ　酸素に紫外線を照射すると，オゾンが生成する。
エ　酸素よりオゾンのほうが強い酸化作用を示す。

6 [硫黄の同素体]

次の硫黄の同素体に関する表の空欄①～⑥をうめよ。

同素体	①	単斜硫黄	②
分子式	③	④	S_x
CS_2 に対する溶解	溶ける	⑤	⑥

7 [硫化水素と二酸化硫黄]

次の(1)～(5)の文について，硫化水素だけにあてはまるものには **A**，二酸化硫黄だけにあてはまるものには **B**，硫化水素と二酸化硫黄の両方にあてはまるものには **C** を記せ。

(1) 腐卵臭をもつ。　　　　（　　）　　(2) 還元性を示す。　　　　（　　）
(3) 水に溶け，弱酸性を示す。（　　）　　(4) 銅と濃硫酸の加熱で生成。（　　）
(5) 種々の金属イオンを沈殿させる。（　　）

8 [硫　酸]

次のア～オの反応について，あとの(1)，(2)の問いに答えよ。

ア　亜鉛に硫酸を加え，水素を発生させた。
イ　銅に硫酸を加えて加熱し，二酸化硫黄を発生させた。
ウ　塩化ナトリウムに硫酸を加えて加熱し，塩化水素を発生させた。
エ　硫化鉄(Ⅱ)に硫酸を加え，硫化水素を発生させた。
オ　スクロースに硫酸を加えると，黒色になった。

(1) 希硫酸についての反応をすべて選べ。　　　　　　　　　　（　　　　）
(2) 濃硫酸がもつ次の性質①～③と最も関連が深いものを選べ。
　① 不揮発性（　　）　② 脱水作用（　　）　③ 酸化力（　　）

9 [アンモニア]

塩化アンモニウムと水酸化カルシウムの混合物を用いてアンモニアを発生させた。次の(1)〜(4)の問いに答えよ。

(1) 実験装置のうち，反応部分として適当なものを**ア〜ウ**から，気体の捕集部分として適当なものを**エ〜カ**から選べ。　　反応部分（　　）　捕集部分（　　）

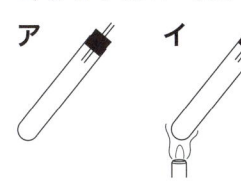

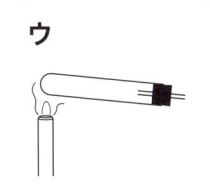

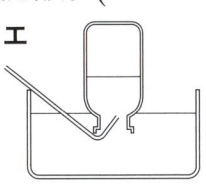

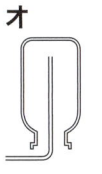

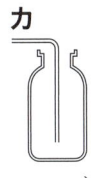

(2) この反応を，化学反応式で示せ。（　　　　　　　　　　　　　　　）

(3) アンモニアの乾燥剤として適当なものを，次の**ア〜エ**から選べ。（　　）
　ア 濃硫酸　　**イ** 十酸化四リン　　**ウ** ソーダ石灰　　**エ** 塩化カルシウム

(4) アンモニアを検出する試薬として適当でないものを，次の**ア〜エ**から選べ。
（　　）
　ア フェノールフタレイン溶液　　**イ** 濃塩酸　　**ウ** 赤色リトマス紙
　エ ヨウ化カリウムデンプン紙

10 [硝酸の性質]

硝酸について述べた次の**ア〜エ**の文のうち，誤っているものはどれか。（　　）
　ア 褐色びんに保存する。　　**イ** 強い酸化作用をもつ強酸である。
　ウ Al や Fe は希硝酸でも濃硝酸でも溶ける。
　エ Cu や Ag は希硝酸でも濃硝酸でも溶ける。

11 [黄リンと赤リン] 必修

次の(1)〜(4)の文について，黄リンだけにあてはまるものには **A**，赤リンだけにあてはまるものには **B**，黄リンと赤リンの両方にあてはまるものには **C** を記せ。
(1) 水中に保存する。（　　）
(2) 無毒である。（　　）
(3) 分子式は P_4 である。（　　）
(4) 空気中で燃焼させると，十酸化四リンになる。（　　）

12 [一酸化炭素と二酸化炭素]

次の(1)〜(5)の文について，一酸化炭素だけにあてはまるものには **A**，二酸化炭素だけにあてはまるものには **B**，一酸化炭素と二酸化炭素の両方にあてはまるものには **C** を記せ。
(1) 無色・無臭の気体である。（　　）　(2) 有毒である。（　　）
(3) 水に溶け，弱酸性を示す。（　　）　(4) 空気中で燃焼する。（　　）
(5) 石灰水を白濁させる。（　　）

2章 典型金属元素とその化合物

> 水素は1族元素であるが, アルカリ金属ではない。

⚙6 □ アルカリ金属

① **アルカリ金属**…1族元素。価電子が1個で, **1価の陽イオン**になりやすい。

② **単体の性質**…空気中ですみやかに酸化される。冷水と激しく反応し, 水素を発生する。➡石油中に保存。

③ **炎色反応**…Li；赤色, **Na；黄色**, **K；赤紫色**

④ **炭酸ナトリウム** Na_2CO_3…白色の粉末。水に溶けて塩基性を示す。
 - 製法…**アンモニアソーダ法**（ソルベー法）
  $NaCl + NH_3 + CO_2 + H_2O \longrightarrow NaHCO_3 + NH_4Cl$
  $2NaHCO_3 \xrightarrow{加熱} Na_2CO_3 + H_2O + CO_2$
 - **風解**…$Na_2CO_3 \cdot 10H_2O$ は空気中で水和水を失い $Na_2CO_3 \cdot H_2O$ となる。

⑤ **水酸化ナトリウム** $NaOH$, **水酸化カリウム** KOH…**潮解性**をもつ白色の固体。水に溶けて**強い塩基性**を示す。CO_2 を吸収して炭酸塩となる。

⚙7 □ 2族元素

> $Be(OH)_2$, $Mg(OH)_2$ は弱塩基。$Ca(OH)_2$, $Ba(OH)_2$ は強塩基。

① **2族元素**…価電子が2個で, **2価の陽イオン**になりやすい。

② **アルカリ土類金属**…2族元素のうち Be, Mg を除く, Ca, Sr, Ba, Ra。

③ **単体の水との反応**…Be は反応しない。Mg は熱水と反応。Ca, Sr, Ba, Ra は冷水とも反応。

④ **水酸化物**…$Be(OH)_2$, $Mg(OH)_2$ は水に不溶。$Ca(OH)_2$ は水に少し溶け, 水溶液は**石灰水**とよばれる。$Ba(OH)_2$ は水によく溶ける。

⑤ **炎色反応**…Ca；橙赤色, Sr；紅色, Ba；黄緑色

⑥ **カルシウムの化合物**
$CaCO_3 \xrightarrow{強熱} \underset{(生石灰)}{CaO} \xrightarrow{H_2O} \underset{(消石灰)}{Ca(OH)_2} \xrightarrow{CO_2} \underset{白色沈殿}{CaCO_3} \xrightarrow{CO_2} Ca(HCO_3)_2$

⚙8 □ 両性元素

> Pb^{2+} を含む沈殿の色
> ・$PbCl_2$ ➡白色
> ・$PbSO_4$ ➡白色
> ・$PbCrO_4$ ➡黄色

① **両性元素**…Al, Zn, Sn, Pb ➡酸・強塩基のいずれとも反応する。

② Al^{3+}, Zn^{2+} **と強塩基との反応**…少量で $Al(OH)_3$, $Zn(OH)_2$ の沈殿, 過剰で $[Al(OH)_4]^-$, $[Zn(OH)_4]^{2-}$ となって**溶解**。

③ Zn^{2+} **とアンモニア水との反応**…少量で $Zn(OH)_2$ の沈殿, 過剰で $[Zn(NH_3)_4]^{2+}$ となって**溶解**。

④ Pb^{2+} と Cl^-, SO_4^{2-}, CrO_4^{2-} の反応…$PbCl_2$, $PbSO_4$, $PbCrO_4$ の沈殿。

基礎の基礎を固める！

( )に適語を入れよ。 答⇒別冊 p.32

5 アルカリ金属

① アルカリ金属は，1族の水素以外の元素で，その原子の価電子が(❶　　　　　)個であり，1価の(❷　　　　　)になりやすい。

② アルカリ金属は，空気中ですみやかに酸化し，水と激しく反応して水素を発生するため，(❸　　　　　)中に保存する。

③ Na_2CO_3 は，(❹　　　　　)の飽和水溶液に CO_2 と NH_3 を吹きこみ，生じた(❺　　　　　)を加熱してつくる。

④ $Na_2CO_3 \cdot 10H_2O$ の結晶を空気中に放置すると，水和水を失って $Na_2CO_3 \cdot H_2O$ の粉末となる。この現象を(❻　　　　　)という。

⑤ NaOH，KOH は，(❼　　　　　)性をもつ固体で，空気中に放置すると水分を吸収して溶ける。水溶液は，強い(❽　　　　　)性を示す。

6 2族元素

① 2族元素は，価電子が(❾　　　　　)個で，2価の陽イオンになりやすい。

② (❿　　　　　)金属…2族元素のうち Be，Mg を除く，Ca，Sr，Ba，Ra。

③ Be，Mg，Ca の単体のうち，水と反応しないものは(⓫　　　　　)，熱水と反応するものは(⓬　　　　　)，冷水と反応するものは(⓭　　　　　)である。

④ $CaCO_3$ を強熱すると(⓮　　　　　)になり，これに水を加えると $Ca(OH)_2$ になる。

⑤ 石灰水に CO_2 を吹きこむと(⓯　　　　　)が沈殿する。さらに CO_2 を吹きこむと(⓰　　　　　)となって沈殿が消える。

7 両性元素

① 両性元素の単体は，酸にも(⓱　　　　　)にも水素を発生して溶ける。

② Al^{3+} を含む水溶液に，NaOH 水溶液を加えると(⓲　　　　　)となって沈殿するが，過剰に加えると $[Al(OH)_4]^-$ となって沈殿が溶ける。

③ Zn^{2+} を含む水溶液に，アンモニア水を加えると $Zn(OH)_2$ となって沈殿するが，過剰に加えると(⓳　　　　　)となって沈殿が溶ける。

④ Pb^{2+} を含む水溶液に，塩酸を加えると(⓴　　　　　)の沈殿を生じ，硫酸を加えると(㉑　　　　　)の沈殿を生じる。また，K_2CrO_4 水溶液を加えると，黄色の(㉒　　　　　)の沈殿を生じる。

2章 典型金属元素とその化合物

テストによく出る問題を解こう！

答 ➡ 別冊 p.32

13 ［アルカリ金属］

次の(1), (2)の問いに答えよ。

(1) アルカリ金属について述べた次の**ア～エ**の文のうち，誤っているものはどれか。
 ア 価電子の数が1である。　　　　**イ** 1価の陽イオンになりやすい。　（　　　）
 ウ 天然に単体として存在する。　　**エ** 特有の色の炎色反応を示す。

(2) Li, Na, Kの単体について述べた次の**ア～オ**の文のうち，誤っているものはどれか。
 ア 密度は水より小さい。　　　　　**イ** 石油中に保存する。　　　　　　（　　　）
 ウ 軟らかく，容易に切れる。　　　**エ** 空気中で金属光沢をもつ。
 オ 水と激しく反応して水素を発生する。

14 ［炭酸ナトリウムの製法］ 🗒テスト

次の文章を読んで，あとの(1), (2)の問いに答えよ。

　炭酸ナトリウムの工業的製法では，まず，a 飽和塩化ナトリウム水溶液に二酸化炭素とアンモニアを吹きこみ，沈殿を生じさせる。この b 沈殿をとり出し，加熱すると，炭酸ナトリウムが得られる。

(1) 下線部 **a**，**b** の変化を，化学反応式で示せ。
$$a\ (\qquad\qquad\qquad\qquad)$$
$$b\ (\qquad\qquad\qquad\qquad)$$
(2) このような炭酸ナトリウムの製法を何というか。　（　　　　　　　　）

15 ［アルカリ金属の化合物］

次の(1)～(4)の文にあてはまる物質を，あとの**ア～カ**から選べ。
(1) 加熱すると容易に分解して CO_2 を発生する。　　　　　　　　　　　　（　　　）
(2) 空気中に放置すると潮解し，炎色反応は赤紫色である。　　　　　　　（　　　）
(3) 空気中に放置すると風解する。　　　　　　　　　　　　　　　　　　（　　　）
(4) 白色粉末で，水によく溶けて塩基性を示し，酸を加えると CO_2 を発生する。（　　　）

　ア NaCl　　**イ** Na_2CO_3　　**ウ** $Na_2CO_3 \cdot 10H_2O$　　**エ** $NaHCO_3$
　オ NaOH　　**カ** KOH

16 ［2族元素とその化合物］ 💡必修

次の(1)～(5)の文について，Mg だけにあてはまるものには **A**，Ba だけにあてはまるものには **B**，どちらにもあてはまるものには **C** を記せ。

(1) 単体は冷水と反応する。（　　　）　(2) 2価の陽イオンになりやすい。（　　　）
(3) 水酸化物は水に溶ける。（　　　）　(4) 硫酸塩は水に溶ける。（　　　）
(5) 特有の炎色反応を示さない。（　　　）

17 [カルシウムの化合物] 必修

次の化学反応式の( )に適当な化学式を入れよ。

$CaCO_3 \longrightarrow$ ①( ) $+ CO_2$
①( ) $+ H_2O \longrightarrow$ ②( )
②( ) $+ CO_2 \longrightarrow$ ③( ) $+ H_2O$
③( ) $+ CO_2 + H_2O \longrightarrow$ ④( )

18 [アルミニウムの反応] 難

次の(1)～(4)の反応を化学反応式で表せ。

(1) アルミニウムに塩酸を加えると水素が発生した。
( )

(2) アルミニウムに水酸化ナトリウム水溶液を加えると水素が発生した。
( )

(3) 酸化アルミニウムに塩酸を加えた。
( )

(4) 酸化アルミニウムに水酸化ナトリウム水溶液を加えた。
( )

ヒント AlやAl₂O₃に塩酸を加えると$AlCl_3$が生じる。また，水酸化ナトリウム水溶液を加えると$Na[Al(OH)_4]$が生じる。

19 [両性元素] テスト

次の(1)～(3)の文は，Al^{3+}，Zn^{2+}，Pb^{2+}，Sn^{2+} のどれにあてはまるか。すべてにあてはまる場合は「共通」と記せ。

(1) 塩酸を加えると白色沈殿を生じる。 ( )
(2) アンモニア水を加えていくと，少量では沈殿し，過剰に加えると，その沈殿が溶ける。
( )
(3) 水酸化ナトリウム水溶液を加えていくと，少量では沈殿し，過剰に加えると，その沈殿が溶ける。 ( )

20 [Pb^{2+}の反応] テスト

Pb^{2+}を含む水溶液に次の(1)～(5)のものを加えると，どのような反応が起こるか。あとのア～エから選べ。

(1) 希塩酸 ( )　(2) 希硫酸 ( )
(3) 希硝酸 ( )　(4) 硫化水素水 ( )
(5) クロム酸カリウム水溶液 ( )

ア 黄色沈殿を生じる。　イ 黒色沈殿を生じる。
ウ 白色沈殿を生じる。　エ 沈殿を生じない。

3章 遷移元素とその化合物

9 ☐ 遷移元素

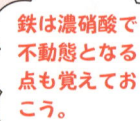

> 鉄は濃硝酸で不動態となる点も覚えておこう。

① **遷移元素**…周期表の **3～11族** の元素。複数の酸化数をとるものが多い。

② 鉄 Fe…コークスから生じた CO により鉄鉱石を還元して，単体を得る。

	OH^-	$[Fe(CN)_6]^{4-}$	$[Fe(CN)_6]^{3-}$	SCN^-
Fe^{2+}（淡緑色）	$Fe(OH)_2$ 緑白色沈殿	—	濃青色沈殿	—
Fe^{3+}（黄～黄褐色）	$Fe(OH)_3$ 赤褐色沈殿	濃青色沈殿	—	血赤色溶液

> 遷移元素の水溶液や結晶は有色のものが多い。

③ 銅 Cu…粗銅の **電解精錬** によって，純銅を得る。

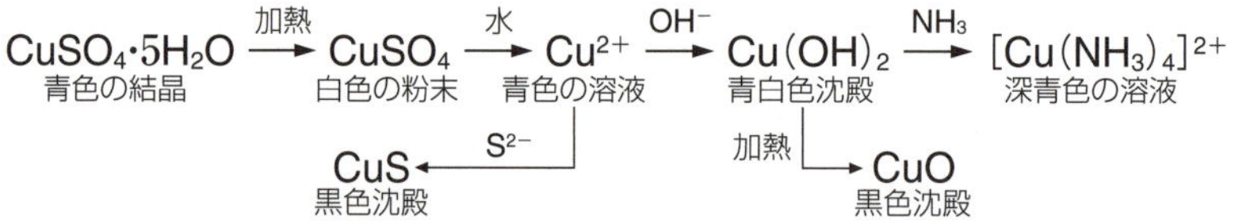

$CuSO_4 \cdot 5H_2O$（青色の結晶）$\xrightarrow{加熱}$ $CuSO_4$（白色の粉末）$\xrightarrow{水}$ Cu^{2+}（青色の溶液）$\xrightarrow{OH^-}$ $Cu(OH)_2$（青白色沈殿）$\xrightarrow{NH_3}$ $[Cu(NH_3)_4]^{2+}$（深青色の溶液）

$Cu^{2+} \xrightarrow{S^{2-}}$ CuS（黒色沈殿）

$Cu(OH)_2 \xrightarrow{加熱}$ CuO（黒色沈殿）

④ 銀 Ag…熱・電気の良導体。

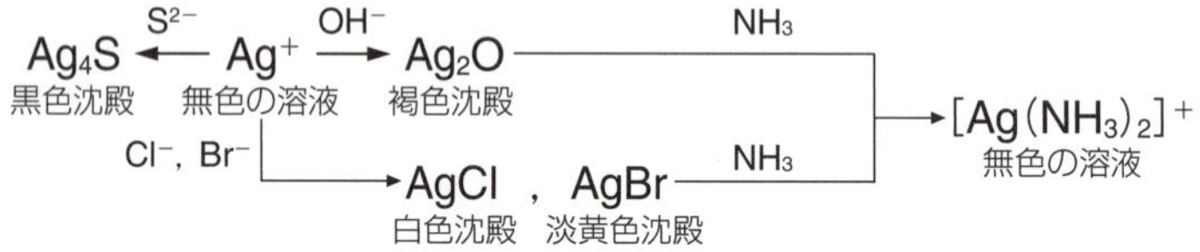

Ag_2S（黒色沈殿）$\xleftarrow{S^{2-}}$ Ag^+（無色の溶液）$\xrightarrow{OH^-}$ Ag_2O（褐色沈殿）$\xrightarrow{NH_3}$ $[Ag(NH_3)_2]^+$（無色の溶液）

$Ag^+ \xrightarrow{Cl^-, Br^-}$ AgCl（白色沈殿），AgBr（淡黄色沈殿）$\xrightarrow{NH_3}$ $[Ag(NH_3)_2]^+$

⑤ **クロム Cr**…空気中で酸化被膜（不動態）をつくるので安定。

クロム酸イオン（黄）$CrO_4^{2-} \underset{OH^-}{\overset{H^+}{\rightleftharpoons}}$ ニクロム酸イオン（赤橙）$Cr_2O_7^{2-}$

⑥ **マンガン Mn**…**酸化マンガン(Ⅳ)** MnO_2 は酸化剤や触媒として利用される。
過マンガン酸カリウム $KMnO_2$ は酸性水溶液中で強い酸化作用を示す。

10 ☐ 金属イオンの反応

> S^{2-} は H_2S であることが多い。水溶液の酸性・塩基性に注意。

① Cl^- で沈殿…$Ag^+ \rightarrow$ AgCl（白），$Pb^{2+} \rightarrow PbCl_2$（白）

② SO_4^{2-} で沈殿…$Ba^{2+} \rightarrow BaSO_4$（白），$Pb^{2+} \rightarrow PbSO_4$（白）

③ S^{2-} で沈殿
- 塩基性～中性で沈殿…$Fe^{2+} \rightarrow$ FeS（黒），$Zn^{2+} \rightarrow$ **ZnS（白）**
- 酸性でも沈殿…$Cu^{2+} \rightarrow$ CuS（黒），$Pb^{2+} \rightarrow$ PbS（黒），$Ag^+ \rightarrow Ag_2S$（黒）

④ NaOH 水溶液　少量で沈殿，過剰で沈殿が溶ける。…**両性元素のイオン**
- $Al^{3+} \rightarrow Al(OH)_3$（白）$\rightarrow [Al(OH)_4]^-$ 　・$Zn^{2+} \rightarrow Zn(OH)_2$（白）$\rightarrow [Zn(OH)_4]^{2-}$

⑤ アンモニア水　少量で沈殿，過剰で沈殿が溶ける。…**Cu^{2+}，Zn^{2+}，Ag^+**
- $Cu^{2+} \rightarrow Cu(OH)_2$（青白）$\rightarrow [Cu(NH_3)_4]^{2+}$（深青）
- $Zn^{2+} \rightarrow Zn(OH)_2$（白）$\rightarrow [Zn(NH_3)_4]^{2+}$ 　・$Ag^+ \rightarrow$ **Ag_2O（褐）** $\rightarrow [Ag(NH_3)_2]^+$

基礎の基礎を固める！

（　）に適語を入れよ。　答 ➡ 別冊 p.34

8 遷移元素 ⚙9

① 遷移元素は，周期表の3〜(①　　　)族の元素で，**複数の酸化数**をとるものが多い。また，水溶液や結晶は(②　　　)のものが多い。

② 鉄は，コークスから生じた(③　　　)により**鉄鉱石を還元**して単体を得る。

③ Fe^{2+} を含む水溶液に NaOH 水溶液を加えると，(④　　　)色の沈殿を生じ，$K_3[Fe(CN)_6]$ 水溶液を加えると(⑤　　　)色の沈殿を生じる。

④ Fe^{3+} を含む水溶液に NaOH 水溶液を加えると，(⑥　　　)色の沈殿を生じ，$K_4[Fe(CN)_6]$ 水溶液を加えると(⑦　　　)色の沈殿を生じる。

⑤ **銅の製錬**では，炉から得られた粗銅を(⑧　　　)によって純銅とする。

⑥ 青色の結晶である $CuSO_4 \cdot 5H_2O$ を加熱すると，白色の粉末である(⑨　　　)が得られる。この粉末を水に溶かすと(⑩　　　)色の水溶液となる。

⑦ Cu^{2+} を含む水溶液に，NaOH 水溶液を加えると，(⑪　　　)色の沈殿 $Cu(OH)_2$ を生じる。$Cu(OH)_2$ を加熱すると，黒色の(⑫　　　)となり，また，$Cu(OH)_2$ にアンモニア水を加えると，沈殿は溶けて(⑬　　　)色の水溶液となる。

⑧ Ag^+ を含む水溶液に，アンモニア水を加えると，(⑭　　　)色の沈殿を生じ，さらに，アンモニア水を加えると(⑮　　　)色の水溶液となる。

⑨ Ag^+ を含む水溶液に，塩酸を加えると白色の(⑯　　　)を生じる。

⑩ クロム酸カリウムは水に溶けて(⑰　　　)色の $Cr_2O_4^{2-}$ を生じる。$Cr_2O_4^{2-}$ は，**水溶液を酸性にすると赤橙色**の(⑱　　　)になる。

⑪ マンガンの化合物である(⑲　　　)は，**酸性水溶液中で強い酸化作用**を示す。

9 金属イオンの反応 ⚙10

① 金属イオンで，Cl^- を加えると沈殿するのは(⑳　　　)と Pb^{2+} である。

② 金属イオンで，SO_4^{2-} を加えると沈殿するのは Ba^{2+} と(㉑　　　)である。

③ Cu^{2+}，Zn^{2+}，Pb^{2+}，Fe^{2+} を含む水溶液に，H_2S を通じたとき
　a 水溶液が**酸性で沈殿**するのは Pb^{2+} と(㉒　　　)である。
　b 水溶液が酸性では沈殿しないが，**塩基性にしたとき沈殿**するのは，Zn^{2+} と(㉓　　　)で，白色沈殿の化学式は(㉔　　　)である。

④ NaOH 水溶液を少量加えると沈殿し，過剰に加えると沈殿が溶けるのは Al^{3+} などの(㉕　　　)元素のイオンである。

⑤ Cu^{2+}，Zn^{2+}，Fe^{3+}，Ag^+ を含む水溶液に，アンモニア水を加えるとき，少量加えると沈殿し，過剰に加えると沈殿が溶けるのは Cu^{2+}，Ag^+，(㉖　　　)であり，深青色の溶液となるのは(㉗　　　)である。

3章 遷移元素とその化合物　69

テストによく出る問題を解こう！

答 ➡ 別冊 p.34

21 [遷移元素]

遷移元素について述べた次のア〜エの文のうち，誤っているものはどれか。（　　　）

- ア　すべて金属元素である。
- イ　ほとんどが重金属である。
- ウ　複数の酸化数をもつ元素がある。
- エ　水溶液中のイオンはすべて色をもつ。

22 [鉄と鉄イオン] 必修

次の実験1〜3を行った。あとの(1), (2)の問いに答えよ。

[実験1]　鉄片に塩酸を加えると，溶けて淡緑色の溶液となった。
[実験2]　実験1の溶液の一部をとり，塩素を通じると，溶液の色は黄褐色になった。
[実験3]　実験1, 2の溶液をとり，それぞれに水酸化ナトリウム水溶液を加えた。

(1) 実験1, 2で起こった変化を，化学反応式で表せ。

実験1（　　　　　　　　　　　）
実験2（　　　　　　　　　　　）

(2) 実験3では，それぞれの溶液にどのような変化が起こったか。

実験1（　　　　　　　　　　　）
実験2（　　　　　　　　　　　）

ヒント 実験2の塩素 Cl_2 は酸化剤である。

23 [銅とその化合物] テスト

次の実験1〜4を行った。あとの(1), (2)の問いに答えよ。

[実験1]　銅に濃硫酸を加えて加熱すると，青色の溶液ができた。
[実験2]　実験1の溶液の一部をとって濃縮すると，$_a$青色の結晶が生成した。この青色の結晶を加熱すると，$_b$白色の粉末になった。
[実験3]　実験1の溶液の一部をとって水酸化ナトリウム水溶液を加えると，$_c$青白色の沈殿を生じた。この沈殿の一部をとり出して加熱すると，$_d$黒色になった。
[実験4]　実験3で残った青白色の沈殿に過剰のアンモニア水を加えると，$_e$深青色の溶液になった。

(1) 実験1の変化を化学反応式で表せ。　（　　　　　　　　　　　）
(2) a〜eの物質・イオンを化学式で示せ。　a（　　　）b（　　　）
　c（　　　）d（　　　）e（　　　）

ヒント Cu^{2+} が水和すると青色になる。

24 [Ag⁺の反応]

硝酸銀水溶液に次の(1)〜(4)の操作を行うと，どのような反応が起こるか。あとのア〜エから選べ。

(1) 硫化水素を通じる。　　　　　　　　　　　　　　　（　　）
(2) 塩酸を加える。　　　　　　　　　　　　　　　　　（　　）
(3) 水酸化ナトリウム水溶液を加える。　　　　　　　　（　　）
(4) アンモニア水を加える。　　　　　　　　　　　　　（　　）

　ア　白色沈殿を生じる。
　イ　黒色沈殿を生じる。
　ウ　褐色沈殿を生じる。
　エ　少量加えると褐色沈殿を生じるが，過剰に加えると沈殿が溶ける。

25 [金属イオンの沈殿反応]

次の(1)〜(6)について，〔　〕内の操作を行ったときに沈殿するイオンを選べ。

(1) Ba^{2+}, Ag^+, Cu^{2+}　〔希塩酸を加える〕　　　　　　　　（　　）
(2) Ba^{2+}, Cu^{2+}, Mg^{2+}　〔希硫酸を加える〕　　　　　　（　　）
(3) Ca^{2+}, Fe^{2+}, Na^+　〔塩基性条件下でH_2Sを通じる〕　（　　）
(4) Fe^{2+}, Zn^{2+}, Pb^{2+}　〔酸性条件下でH_2Sを通じる〕（　　）
(5) Al^{3+}, Cu^{2+}, Pb^{2+}　〔NaOH水溶液を過剰に加える〕 （　　）
(6) Al^{3+}, Zn^{2+}, Ag^+　〔NH_3水溶液を過剰に加える〕 （　　）

26 [金属イオンの分離]

次の(1), (2)の問いに答えよ。

(1) Cu^{2+}, Ag^+, Fe^{2+}を含む水溶液を，図1のようにして分離した。沈殿A，Bの化学式を書け。また，ろ液Xに含まれている金属イオンの化学式を書け。
　　　A（　　　　　）
　　　B（　　　　　）
　　　X（　　　　　）

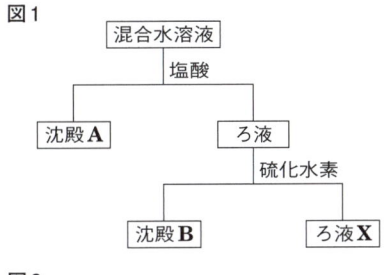

(2) Al^{3+}, Zn^{2+}, Fe^{3+}を含む水溶液を，図2のようにして分離した。沈殿Aの化学式を書け。また，ろ液X，Yに含まれている金属イオンの化学式を書け。
　　　A（　　　　　）
　　　X（　　　　　）
　　　Y（　　　　　）

図1

混合水溶液 → 塩酸 → 沈殿A／ろ液 → 硫化水素 → 沈殿B／ろ液X

図2

混合水溶液 → アンモニア水(過剰) → 沈殿／ろ液X
沈殿 → 水酸化ナトリウム水溶液(過剰) → 沈殿A／ろ液Y

3章　遷移元素とその化合物

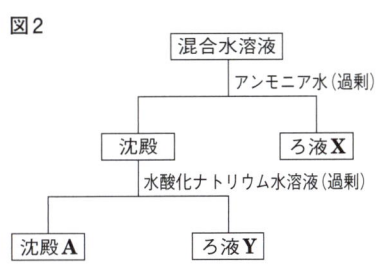

4章 無機物質と人間生活

🔑 11 □ 金属の製錬

> 人類は，アルミニウムを知ってからまだ200年しか経っていない。

① 金属の分類…密度が 4～5 g/cm³ 以下の金属を **軽金属**，密度が 4～5 g/cm³ より大きい金属を **重金属** という。空気中で容易にさびる金属を **卑金属**，安定でさびない金属を **貴金属** という。

② 金属の利用…化合力の小さい金属から順に利用。
Au，Ag ➡ Cu（青銅器時代）➡ Fe（鉄器時代）➡ Al（19世紀から）

③ 鉄の製錬…溶鉱炉に鉄鉱石・コークス・石灰石を入れて熱風を送ると，鉄鉱石は還元されて鉄となる。この鉄は C を約 4% 含み，**銑鉄** という。
鉄鉱石の反応；$Fe_2O_3 + 3CO \longrightarrow 2Fe + 3CO_2$（CO はコークスから生成）
銑鉄を転炉に入れ，酸素を吹きこみ，**炭素含量を減らして鋼** とする。

④ 銅の製錬…溶鉱炉に黄銅鉱・コークス・石灰石を入れて熱風を送って硫化銅(I)とし，さらに転炉で熱風を送って **粗銅** とする。粗銅を電解製錬して **純銅** を得る。

⑤ アルミニウムの製錬…ボーキサイトを精製し，純粋な酸化アルミニウム（アルミナ）Al_2O_3 とした後，アルミナと氷晶石の混合物を **融解塩電解** する。

🔑 12 □ 金属の腐食とその防止

> トタンでは，Zn のほうがイオン化傾向が大きいため，傷がついて Fe が露出しても Zn が先に酸化され，さびにくい。

① 金属の腐食…金属の表面がその金属の酸化物や水酸化物などに変化する現象。腐食により生じた酸化物や水酸化物がさびである。

② 鉄の腐食…鉄はさびやすく，空気中に放置すると Fe_2O_3 などを生じる。

③ 銅の腐食…銅は比較的安定な金属であるが，長く風雨にさらすと，表面に **緑青**（$CuCO_3 \cdot 3Cu(OH)_2$ など）が生じる。

④ めっき…金属の表面を，別の金属でおおうこと。
例 **トタン**；鉄板に亜鉛をめっき，**ブリキ**；鉄板にスズをめっき。

🔑 13 □ セラミックス

① **セラミックス**…ガラス・陶磁器・セメントなど無機物質を高温に熱してつくられたもので，**窯業** 製品ともいう。

② ガラス…ソーダ石灰ガラスはケイ砂，炭酸ナトリウム，石灰石が原料。

③ 陶磁器…土器，陶器，磁器があり，原料や焼くときの温度が異なる。

④ セメント…建築材料用のポルトランドセメントは石灰石，粘土，鉱さい，少量のセッコウなどが原料。

基礎の基礎を固める！ ( )に適語を入れよ。　答➡別冊 p.36

10 金属の製錬　🔑 11

① 密度が 4〜5 g/cm³ 以下の金属を (❶　　　　　) といい，密度がそれより大きい金属を (❷　　　　　) という。

② 空気中で容易にさびる金属を**卑金属**といい，空気中で安定でさびない金属を (❸　　　　　) という。

③ 金属は，化合力の (❹　　　　　) い金属から利用された。化合力の最も小さい Au，Ag，つづいて Cu, Fe で，最も大きい (❺　　　　　) の順に利用された。

④ 鉄の製錬は，溶鉱炉に鉄鉱石・コークス・石灰石を入れて熱風を送る。鉄鉱石は (❻　　　　　) されて鉄となる。この鉄は C を多く含み (❼　　　　　) という。

⑤ (❽　　　　　)…銑鉄を転炉に入れて，酸素を吹きこみ，**炭素含量を減らした鉄**。

⑥ 銅の製錬は，溶鉱炉に黄銅鉱・コークス・石灰石を入れて熱風を送って，硫化銅（Ⅰ）とし，さらに転炉で熱風を送って (❾　　　　　) とする。

⑦ アルミニウムの製錬は，ボーキサイトを精製してアルミナ Al₂O₃ とした後，アルミナと (❿　　　　　) の混合物を (⓫　　　　　) する。

11 金属の腐食とその防止　🔑 12

① 金属の腐食は，金属の表面がその金属の (⓬　　　　　) や水酸化物などに変化する現象。

② 鉄はさびやすく，空気中に放置すると (⓭　　　　　) などを生じる。

③ 銅は比較的安定な金属であるが，長く風雨にさらすと表面に (⓮　　　　　) という緑色のさびが生じる。

④ (⓯　　　　　)…金属の表面を，別の金属でおおうこと。

⑤ ｛ (⓰　　　　　)…鉄板に亜鉛をめっきしたもの。
　　(⓱　　　　　)…鉄板にスズをめっきしたもの。

12 セラミックス　🔑 13

① (⓲　　　　　)…ガラス・陶磁器・セメントなど無機物質を高温で熱してつくられたもので，**窯業製品**ともいう。

② 窓などによく使われるソーダ石灰ガラスは，ケイ砂，(⓳　　　　　)，石灰石が原料である。

③ (⓴　　　　　)…土器，陶器，磁器がある。

④ 建築材料用のポルトランドセメントは，(㉑　　　　　)，粘土，鉱さいに少量のセッコウなどが原料である。

4章　無機物質と人間生活　73

テストによく出る問題を解こう！

答 ➡ 別冊 p.36

27 ［金属の製錬と利用］

次の(1)～(4)にあてはまる金属を下から1つ選び，元素記号で記せ。
(1) 現在われわれが最も多く使用している金属。　　　　　　　（　　　）
(2) 人類が初めて製錬した金属。　　　　　　　　　　　　　　（　　　）
(3) 人類が古くから使用していたと考えられる，化学的に非常に安定な金属。（　　　）
(4) 人類が19世紀になってから知った金属。　　　　　　　　　（　　　）

　　　金　　　アルミニウム　　　銅　　　鉄

ヒント 化合力の小さいものほど古くから使用している。

28 ［金属の製錬と化合力の大小］

次のA～Dは金属である。次の(1)～(4)の記述から化合力の大小を推定し，化合力の大きいものから順に記せ。　　　　　　　　　　　　　　（　　　　　　　　　　　）
(1) Aは，化合物から融解塩電解によってのみ得られる。
(2) Bは，天然に単体として存在している。
(3) Cは，酸化物からCOの還元によって取り出す。
(4) Dは，硫化物に熱風を送って取り出す。

ヒント 化合力の小さいものほど単体を取り出しやすい。

29 ［鉄の製錬］ 🜄 難

次の文章を読んで，あとの(1)～(4)の問いに答えよ。

　溶鉱炉に，鉄鉱石，コークス，石灰石を入れ，下から高温の空気を送りこむと，コークスの反応によって生成する一酸化炭素の（　ア　）作用により，ₐ鉄が得られる。この鉄は（　イ　）を約4%含み，硬くてもろいが，これを転炉に移し，酸素を吹きこんで炭素や不純物を取り除くと強靭なᵦ鉄が得られる。

(1) 文中の空欄ア，イに適する語句を書け。　　　ア（　　　　　　　）
　　　　　　　　　　　　　　　　　　　　　　　イ（　　　　　　　）
(2) コークスから一酸化炭素を生じる反応を，2段階の化学反応式で表せ。
　　　　　　　　　　　　　　　　　　　　　（　　　　　　　　　　　）
　　　　　　　　　　　　　　　　　　　　　（　　　　　　　　　　　）
(3) 鉄鉱石の成分であるFe_2O_3から，一酸化炭素により鉄が生成する反応を，化学反応式で表せ。　　　　　　　　　　　　　　　　　（　　　　　　　　　　　）
(4) 文中の下線部a，bの鉄を何というか。　　　a（　　　　　　　）
　　　　　　　　　　　　　　　　　　　　　　　b（　　　　　　　）

ヒント (2) C ⟶ CO_2 ⟶ CO と変化する。

30 [銅とアルミニウムの製錬]

次の(1)～(5)のそれぞれの操作によって生成する物質名を書け。
(1) 溶鉱炉に黄銅鉱，コークス，石灰石を入れて熱風を送った。（　　　）
(2) (1)で生成したものを転炉に入れて熱風を送った。（　　　）
(3) (2)で生成したものを電解精錬した。（　　　）
(4) ボーキサイトに水酸化ナトリウム水溶液を加え，生成した水酸化アルミニウムを加熱した。（　　　）
(5) (4)で生成したものと氷晶石の混合物を融解塩電解したとき，陰極に析出した。（　　　）

ヒント 黄銅鉱の主成分は $CuFeS_2$。「製錬」は化合物から単体として取り出す操作，「精錬」は純度を高くする操作。

31 [金属の腐食とその防止]

次の記述のうち，正しいものには〇，誤っているものには×を記せ。
(1) 金属の腐食とは，さびるともいい，金属が空気中で還元される現象である。（　　　）
(2) 鉄はさびやすく，空気中で，Fe_2O_3 や $FeO(OH)$ などに変化する。（　　　）
(3) 銅は，イオン化傾向が小さく比較的安定な金属であるが，長く風雨にさらすと，表面に緑青が生じる。（　　　）
(4) 金属の表面を別の金属でおおうことをめっきするという。（　　　）
(5) 鉄板を，スズでめっきしたものをトタン，亜鉛でめっきしたものをブリキという。（　　　）

32 [セラミックス]

次の(1)～(3)についての記述ア～ウについて，誤っているものを選べ。
(1) セラミックスについて：（　　　）
　ア　成分元素にケイ素が含まれる。
　イ　窯業製品ともいう。
　ウ　ガラスやドライアイスはセラミックスである。
(2) ガラスについて：（　　　）
　ア　セラミックスの1つである。
　イ　ソーダ石灰ガラスの主な原料には，セッコウがある。
　ウ　成分元素にケイ素がある。
(3) セメントについて：（　　　）
　ア　セラミックスに属さない。
　イ　ポルトランドセメントは建築材料として用いられる。
　ウ　ポルトランドセメントの原料には粘土や石灰石がある。

入試問題にチャレンジ！

答 ⇒ 別冊 p.37

1 ハロゲンの単体や化合物に関する次の記述ア〜オのうち，正しいものを1つ選べ。

ア　ハロゲンの単体は，ヨウ素以外は，いずれも常温・常圧で気体である。
イ　単体の酸化力は，ヨウ素＞臭素＞塩素＞フッ素の順に強く，原子番号が大きいものほど酸化力が強い。
ウ　ハロゲン化水素は，いずれも常温で有色の気体である。
エ　フッ化水素は，他のハロゲン化水素に比べて沸点が著しく高い。
オ　塩化水素は，塩化ナトリウムに濃硫酸を加えて加熱すると発生し，水上置換で捕集する。

(東邦大)

2 酸素と硫黄とそれらの化合物について，(1)〜(3)の問いに答えよ。

(1) a 酸素の単体には2種類の同素体が存在する。それらの分子式を書け。
　　b これらのうち，無色無臭の同素体を，実験室で過酸化水素 (H_2O_2) から生成する場合の化学反応式を書け。
(2) a 硫黄の粉末を空気中で加熱すると，青い炎をあげて燃焼した。その際生成する気体 A の名称と分子式を書け。
　　b 気体 A の水溶液を，水酸化ナトリウム水溶液で完全に中和した。生じた塩を水に溶解させた場合，その水溶液は，酸性，中性，アルカリ性のいずれになるか。
(3) a 硫化鉄(Ⅱ)に希塩酸を加えた場合に，生成する気体 B の名称と分子式を書け。
　　b 気体 B の水溶液に気体 A を吹きこんだときの変化を化学反応式で書け。

(電通大改)

3 硝酸に関する次の記述で，正しいものの組み合わせをア〜コから選べ。

a　濃硝酸中でニッケルが溶けないのは，表面にち密な酸化被膜が形成されるためである。
b　硝酸の製造において，一酸化窒素の酸化に触媒が必要である。
c　工業的に硝酸を合成するとき，4 mol のアンモニアから 2 mol の硝酸が得られる。
d　硝酸は光で分解され，二酸化窒素を生成する。
e　硝酸は強い酸性を示すとともに還元力もあるため，銅や銀は硝酸に溶ける。

ア a, b　　イ a, c　　ウ a, d　　エ a, e　　オ b, c
カ b, d　　キ b, e　　ク c, d　　ケ c, e　　コ d, e

(日本大)

❹ 窒素酸化物に関する次の記述ア～オのうち，正しいものを選べ。
　ア　一酸化窒素は，赤褐色の有毒な気体である。
　イ　一酸化窒素は，実験室では鉄に希硝酸を加えて発生させ，上方置換にて捕集する。
　ウ　一酸化窒素は，濃塩酸をつけたガラス棒を近づけると，白煙を生じることから検出できる。
　エ　二酸化窒素は，水に溶けにくい無色の気体である。
　オ　二酸化窒素は，実験室では銅に濃硝酸を加えて発生させ，下方置換にて捕集する。
(名城大)

❺ 次の記述ア～オのうち，その内容が正しいものはどれか。
　ア　ケイ素は，地殻中に最も多く含まれる元素である。
　イ　ケイ素は，炭素と同族であるが，ケイ素の単体の結晶はダイヤモンドと異なる構造をしている。
　ウ　二酸化ケイ素の結晶は，軟らかく融点が低い。
　エ　二酸化ケイ素は，半導体として用いられる。
　オ　乾燥剤として知られるシリカゲルは，ケイ酸を加熱脱水したものからつくられる。
(立教大)

❻ 気体ア～カに関する次の文を読み，あとの設問に答えよ。
　ア　価電子をもたない第3周期18族の反応性に乏しい元素の気体で，ランプの封入ガスとして利用される。
　イ　亜鉛や鉄に希塩酸を加えると発生する。
　ウ　硫化鉄(Ⅱ)に希塩酸を加えると発生する。鉛(Ⅱ)イオンを含む水溶液に通じると，黒色沈殿が生じた。
　エ　銅に，濃い窒素のオキソ酸Aを加えると発生する。刺激臭のある赤褐色の気体である。この気体は空気より重く，水に溶けると，その溶液は強酸性を示す。
　オ　銀に，熱せられた濃い硫黄のオキソ酸Bを加えると発生する。刺激臭のある無色の気体である。この気体は空気より重く，水に溶けると，その溶液は弱酸性を示す。
　カ　塩化アンモニウムに水酸化カルシウムを加えて加熱すると発生する。空気より軽い無色で刺激臭のある気体である。
　(1) 気体ア～カを化学式で記せ。
　(2) 下線部のオキソ酸Aとオキソ酸Bを化学式で記せ。
(岡山理大)

❼ 次のイオンを含む水溶液のうち，中性または塩基性のときのみ，硫化水素を通じて黒色沈殿を生じるのはどれか。下のア～オより選べ。
　A Ag^+　B Zn^{2+}　C Pb^{2+}　D Fe^{2+}　E Ni^{2+}
　ア　AとB　イ　BとC　ウ　CとD　エ　DとE　オ　EとA
(自治医大)

❽ 単体である金属ナトリウムは，灯油より密度が大きく，水よりも密度が小さい。今，ビーカーに水と灯油を静かに注ぎ上下2層とした。このビーカーの液面の上に金属ナトリウムの小片を静かに置いた後の現象として，最も適切なものはどれか。

　ア　ナトリウムは上層に浮き，そのまま黒く変色した。
　イ　ナトリウムはビーカーの底まで沈み，激しく運動しながら消失した。
　ウ　ナトリウムは2層の境目まで沈んだ後，そのままの状態を保ちつづけた。
　エ　ナトリウムは上層に浮き，発火して灯油の層が燃えはじめた。
　オ　ナトリウムはビーカーの底まで沈み，発熱しながら消失した。
　カ　ナトリウムは上層の中で浮き沈みを繰り返し，やがて消失した。

（星薬大）

❾ カルシウム化合物に関する次の文を読み，空欄ア～エには最も適する語句を，空欄a～dには化学式を入れて，文を完成させよ。

　消石灰〔 a 〕は水にわずかに溶けて，その水溶液は（ ア ）性を示す。この水溶液を一般に（ イ ）といい，これに炭酸ガスを吹きこむと（ ウ ）色の沈殿〔 b 〕が生成する。ここに，さらに炭酸ガスを吹きこむと〔 c 〕が生成して，沈殿〔 b 〕は溶解する。
　〔 b 〕を強熱すると炭酸ガスが発生し，〔 d 〕が生成する。〔 d 〕は一般に（ エ ）といわれる。これに水を加えると発熱して消石灰となる。

（岡山理大）

❿ 以下の(1)，(2)の問いに答えよ。解答は与えられた選択肢のなかから最も適したものを1つだけ選べ。

(1) 次の金属イオンa～eのうち，その水溶液に少量のアンモニア水を加えると沈殿を生じ，さらに過剰量加えてもその沈殿が溶けないものの組み合わせはどれか。
　a Al^{3+}　　b Zn^{2+}　　c Pb^{2+}　　d Cu^{2+}　　e Ag^+
　ア a,b　　イ a,c　　ウ a,d　　エ a,e　　オ b,c
　カ b,d　　キ b,e　　ク c,d　　ケ c,e　　コ d,e

(2) 次の金属イオンa～eのうち，その水溶液に少量の水酸化ナトリウム水溶液を加えると沈殿を生じ，さらに過剰量加えてもその沈殿が溶けないものの組み合わせはどれか。
　a Al^{3+}　　b Zn^{2+}　　c Pb^{2+}　　d Cu^{2+}　　e Ag^+
　ア a,b　　イ a,c　　ウ a,d　　エ a,e　　オ b,c
　カ b,d　　キ b,e　　ク c,d　　ケ c,e　　コ d,e

（東邦大）

⑪ 4本の試験管にそれぞれ Ag^+，Cu^{2+}，Zn^{2+} および Al^{3+} を含む水溶液が入れてある。次の記述ア～オのうち，誤っているものはどれか。

　ア 各試験管に希硝酸を入れて弱酸性にして硫化水素ガスを通じたとき，黒色の沈殿が生じるのは Ag^+ および Cu^{2+} を含む溶液である。

　イ 各試験管に希塩酸を加えて酸性にしたとき，白色の沈殿が生じるのは Ag^+ を含む水溶液だけである。

　ウ 各試験管にアンモニア水を加えて塩基性にしたとき，すべての試験管に沈殿が生じるが，さらにアンモニア水を加えたとき，その沈殿が溶けるのは Ag^+，Zn^{2+} および Cu^{2+} を含む水溶液である。

　エ 各試験管に水酸化ナトリウム水溶液を加えて塩基性にしたとき，すべての試験管に沈殿が生じるが，さらに水酸化ナトリウム水溶液を加えたとき，その沈殿が溶けるのは Ag^+，Zn^{2+} および Al^{3+} を含む水溶液である。

　オ 4本の試験管の中で有色のものは Cu^{2+} を含む溶液だけである。

（芝浦工大）

⑫ 次の元素の説明として，最も適切なものをア～クより選べ。どの説明もあてはまらない場合は×を記せ。ただし，すべて記述は常温における性質，反応である。

〔元素〕　Al　Ca　Cu　F　Fe　I　Mn　Ne　P　Pb

〔元素の説明〕

　ア 非金属元素である。単体を空気中で燃焼させると吸湿性の高い白色の粉末を生じる。

　イ 非金属元素である。単体はほかの元素と反応しない気体である。

　ウ 非金属元素である。単体は水と激しく反応して酸素を発生する。

　エ 典型元素かつ金属元素である。単体は，塩酸および濃い水酸化ナトリウム水溶液と反応し，どちらの場合も水素を発生するが，沈殿は生じない。

　オ 典型元素かつ金属元素である。2価のイオンは，塩酸中で白色の沈殿を生じる。

　カ 典型元素かつ金属元素である。単体は水と反応し，水素を発生する。

　キ 遷移元素である。2価のイオンは，アンモニア水中で緑白色の沈殿を生じる。

　ク 遷移元素である。2価のイオンは，水酸化ナトリウム水溶液中で青白色の沈殿を生じる。

（慶応大）

⑬ 私たちの身のまわりの物質に関する次の記述ア～オのうち，正しいものを2つ選べ。

　ア アルミナは白色粉末で水に溶けにくく，天然に産するルビーの主成分である。

　イ 銑鉄は融解した銅に酸素を吹きこんで炭素の含有量を低くした鉄で，強靭で弾力があるので，建築材料などに用いられる。

　ウ 硫酸バリウムは水によく溶ける白色固体で，X線をさえぎるので，X線撮影で消化管の造影剤として用いられる。

　エ 生石灰は水と反応するとき，多量に吸熱するので，瞬間冷却パックに利用される。

　オ トタンは，鋼板の表面を亜鉛でうすくおおったものである。

（東邦大改）

4編 有機化合物

1章 有機化合物の特徴

🔑1 □ 有機化合物の特徴

① 成分元素は C, H, O, N などが中心で種類が少ないが，化合物の種類は非常に多い。

② 水に溶けにくく，有機溶媒に溶けやすいものが多い。

> ほかにも，融点が低い，非電解質が多い，などの特徴がある。

🔑2 □ 異性体

① 異性体…分子式は同じで，構造の違いにより性質が異なるもの。

② 構造異性体…構造式が異なる異性体。

③ 立体異性体…構造式は同じだが，立体的な配置が異なる異性体。

- 幾何異性体（シス・トランス異性体）…C 原子間に二重結合があり，その両側に結合する原子・原子団が異なるとき，シス形とトランス形の異性体が存在する。

- 光学異性体…4 つの結合の手に 4 種類の原子・原子団が結合した C 原子（不斉炭素原子）があるとき，光学異性体が存在する。

> 不斉炭素原子は C* のように表す。

幾何異性体（シス・トランス異性体）

シス形 / トランス形

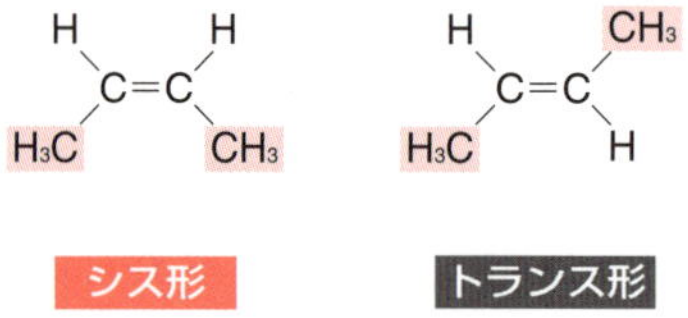

光学異性体

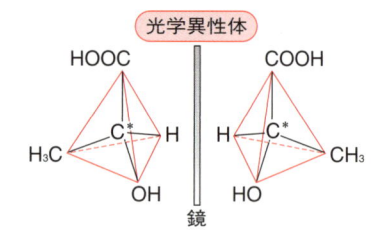

🔑3 □ 有機化合物の分析

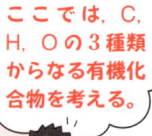

① 元素分析…燃焼時に生成する H_2O を $CaCl_2$ 管，CO_2 をソーダ石灰管で吸収し，吸収した H_2O，CO_2 の質量から試料中の C，H，O の質量を求める。

- C の質量＝CO_2 の質量 × $\dfrac{12.0}{44.0}$
- H の質量＝H_2O の質量 × $\dfrac{2.0}{18.0}$
- O の質量＝試料の質量－（C の質量＋H の質量）

> 【注意】ここでは，C，H，O の 3 種類からなる有機化合物を考える。

② 組成式の決定

$$\dfrac{\text{C の質量}}{12.0} : \dfrac{\text{H の質量}}{1.0} : \dfrac{\text{O の質量}}{16.0} = a : b : c \Rightarrow \text{組成式は } C_aH_bO_c$$

③ 分子式の決定…組成式を整数倍すると分子式が得られる。

④ 構造式の決定…官能基の情報などから決定する。

基礎の基礎を固める！

（　）に適語を入れよ。　答 ➡ 別冊 p.40

1 有機化合物の特徴 🔑 1

① 有機化合物を構成する元素は（❶　　　　），H，O，N が中心で，成分元素の種類は少ないが，化合物の種類は非常に多い。

② 有機化合物は一般に，（❷　　　　）に溶けにくく（❸　　　　）に溶けやすい，融点が（❹　　　　）い，非電解質が多い，などの特徴をもつ。

2 異性体 🔑 2

① （❺　　　　）が同じで，構造の違いによって性質が異なるものを，互いに**異性体**であるという。

② 異性体のうち，（❻　　　　）が異なるものを**構造異性体**といい，原子・原子団の立体的な配置が異なるものを（❼　　　　）という。

③ 炭素原子間に（❽　　　　）結合があり，その両側に結合する原子・原子団が異なる場合に存在する立体異性体を（❾　　　　）という。

④ 有機化合物中の炭素原子のうち，4つの結合の手に4種類の原子・原子団が結合したものを（❿　　　　）という。

⑤ 不斉炭素原子をもつ有機化合物がもつ立体異性体を（⓫　　　　）という。

3 有機化合物の分析 🔑 3

【C，H，O の3種類の元素からなる試料の場合】

① 試料を燃焼管内で完全燃焼させ，生成する H_2O を（⓬　　　　）管，CO_2 を（⓭　　　　）管に吸収させる。

② 生成した H_2O，CO_2 の質量をもとに，試料中の C，H，O の質量を求める。

- C の質量＝（⓮　　　　）の質量 $\times \dfrac{（⓯　　　　）の原子量}{（⓰　　　　）の分子量}$

- H の質量＝（⓱　　　　）の質量 $\times \dfrac{（⓲　　　　）の原子量 \times 2}{（⓳　　　　）の分子量}$

- O の質量＝試料の質量－(C の質量＋H の質量)

③ $\dfrac{C の質量}{（⓴　　　）の原子量} : \dfrac{H の質量}{（㉑　　　）の原子量} : \dfrac{O の質量}{（㉒　　　）の原子量} = a : b : c$

のとき，組成式は $C_aH_bO_c$ である。

④ 組成式を整数倍すると（㉓　　　　）が得られる。

テストによく出る問題を解こう！

答 ➡ 別冊 p.40

1 [有機化合物の特徴]

有機化合物について述べた次のア〜カの文のうち，誤っているものをすべて選べ。

（　　　　　　）

- ア　炭素の化合物である。
- イ　おもな成分元素は C, H, O, N である。
- ウ　融点の低いものが多い。
- エ　水に溶けやすいものが多い。
- オ　物質の種類が無機化合物に比べて非常に多い。
- カ　電解質が多い。

2 [構造式と構造異性体]

次のア〜オの物質について，あとの(1)，(2)の問いに答えよ。

(1) 互いに同じ物質であるのはどれとどれか。　（　　　　　　）
(2) 互いに構造異性体であるのはどれとどれか。　（　　　　　　）

ヒント　(1) 分子式も構造式も同じ。　(2) 分子式は同じで構造式が異なる。

3 [構造異性体の数] テスト

次の(1)〜(3)の化合物には構造異性体が何種類存在するか。

(1)　C_5H_{12}　（　　　　　　）　(2)　C_2H_6O　（　　　　　　）
(3)　C_4H_9Cl　（　　　　　　）

ヒント　原子価は，H と Cl が 1，O が 2，C が 4 である。

4 [幾何異性体] 必修

次のア〜オの物質のうち，幾何異性体が存在するものをすべて選べ。（　　　　　　）

ヒント　二重結合の両側に結合している原子・原子団が互いに異なるものを選ぶ。

5 [光学異性体]

次のア～オの物質のうち，光学異性体が存在するものをすべて選べ。（　　　）

ア　CH₃-CH(H)(H)-COOH　イ　CH₃-CH(H)(CH₃)-COOH　ウ　CH₃-C(H)(OH)-COOH

エ　CH₃-CH₂-C(H)(CH₃)-COOH　オ　CH₃-CH₂-C(H)(CH₂-CH₃)-COOH

ヒント 4つの結合の手に4種類の原子・原子団が結合している炭素原子が含まれているもの。

6 [元素分析] 必修

次の(1), (2)の問いに答えよ。　原子量；H＝1.0, C＝12.0, O＝16.0

(1) C, H, Oの3元素だけからなる有機化合物Aを1.50gとり，完全燃焼させたところ，二酸化炭素2.20gと水0.90gが生じた。有機化合物A 1.50g中のC, H, Oの質量を求めよ。　C（　　　）H（　　　）O（　　　）

(2) C, H, Oの3元素だけからなる有機化合物Bを40.0mgとり，燃焼管内で完全燃焼させて塩化カルシウム管とソーダ石灰管を通過させたところ，塩化カルシウム管の質量は45.0mg，ソーダ石灰管の質量は55.0mg増加した。有機化合物B 40.0mg中のC, H, Oの質量を求めよ。

C（　　　）H（　　　）O（　　　）

7 [組成式の決定]

次の(1), (2)について，組成式を求めよ。　原子量；H＝1.0, C＝12.0, O＝16.0

(1) 炭素3.60mg，水素0.90mg，酸素4.80mg　　　　　　　（　　　）

(2) 炭素85.7%，水素14.3%　　　　　　　　　　　　　　（　　　）

8 [分子式の決定]

次の(1), (2)について，分子式を求めよ。　原子量；H＝1.0, C＝12.0, O＝16.0

(1) 組成式CH₂，分子量42.0　　　　　　　　　　　　　（　　　）

(2) 組成式CH₂O，分子量180　　　　　　　　　　　　　（　　　）

9 [有機化合物の分析] テスト

次の(1), (2)の問いに答えよ。　原子量；H＝1.0, C＝12.0, O＝16.0

(1) C, H, Oからなる有機化合物を36.0mgとり，空気中で完全燃焼させたところ，二酸化炭素が52.8mg，水が21.6mg生じた。また，別の実験から，分子量は60.0で，カルボキシ基－COOHをもつことがわかった。この有機化合物の構造式を示せ。

（　　　）

(2) ある有機化合物について元素分析を行ったところ，炭素52.2%，水素13.0%，酸素34.8%であった。また，分子量を測定したところ46.0であった。この有機化合物の構造式として考えられるものをすべて書け。（　　　）

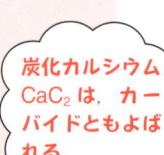

2章 脂肪族炭化水素

4 □ アルカン

> 一般式が同じで構造や性質が類似している一群の化合物を同族体という。

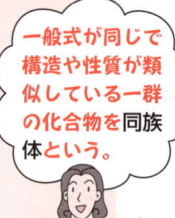

① **アルカン**…鎖式(鎖状)飽和炭化水素。一般式 C_nH_{2n+2}

② 構造…メタン CH_4 は正四面体構造である。

③ **置換反応**…分子中の原子が，他の原子や原子団に置き換わる。

$$CH_4 \xrightarrow{Cl_2} CH_3Cl \xrightarrow{Cl_2} CH_2Cl_2 \xrightarrow{Cl_2} CHCl_3 \xrightarrow{Cl_2} CCl_4$$
メタン　クロロメタン　ジクロロメタン　トリクロロメタン　テトラクロロメタン
（塩化メチル）　（塩化メチレン）　（クロロホルム）　（四塩化炭素）

④ シクロアルカン…環式(環状)飽和炭化水素。一般式 C_nH_{2n} ($n≧3$)

5 □ アルケン

① **アルケン**…C原子間の二重結合を1つ含む鎖式炭化水素。

一般式 C_nH_{2n} ($n≧2$)

② 構造…$>C=C<$ の部分に結合している4個の原子は，同一平面上にある。
- エチレン $CH_2=CH_2$ の場合…すべての原子が同一平面上にある。
- $CHR=CHR'$ (または $R=R'$) の場合…幾何異性体が存在する。

③ **エチレンの製法**…$CH_3CH_2OH \longrightarrow CH_2=CH_2 + H_2O$

④ **付加反応**…二重結合の部分に他の原子・原子団が結合する。

> 付加反応によって臭素水の色が消える。

- $CH_2=CH_2 + Br_2 \longrightarrow CH_2Br-CH_2Br$
  1, 2-ジブロモエタン
- $CH_2=CH_2 + H_2O \longrightarrow CH_3CH_2OH$
  エタノール

⑤ **付加重合**…多数の分子が付加反応によって次々と結合する。

$$nCH_2=CH_2 \longrightarrow {+CH_2-CH_2+}_n$$
ポリエチレン

6 □ アルキン

① **アルキン**…C原子間の三重結合を1つ含む鎖式炭化水素。

一般式 C_nH_{2n-2} ($n≧2$)

② 構造…アセチレン $CH≡CH$ は直線構造である。

③ **アセチレンの製法**…$CaC_2 + 2H_2O \longrightarrow Ca(OH)_2 + C_2H_2$

> 炭化カルシウム CaC_2 は，カーバイドともよばれる。

④ 付加反応
- $CH≡CH + CH_3COOH \longrightarrow CH_2=CHOCOCH_3$
  酢酸ビニル
- $CH≡CH + H_2O \longrightarrow CH_3CHO$
  アセトアルデヒド
- $CH≡CH + HCl \longrightarrow CH_2=CHCl$
  塩化ビニル
- $3CH≡CH \longrightarrow C_6H_6$
  ベンゼン

基礎の基礎を固める！　（　）に適語を入れよ。　答➡別冊 p.42

4　アルカン

① **アルカン**は，一般式が（①　　　）で表される鎖式の（②　　　）炭化水素である。
② 一般式が同じで，**構造や性質が類似している一群の化合物**を（③　　　）という。
③ メタン CH_4 は，（④　　　）の中心に C 原子，各頂点に 4 個の H 原子を配置した構造である。
④ アルカンは化学的に安定しているが，光を当てると，Cl_2 などのハロゲン元素の単体と（⑤　　　）反応を起こす。
⑤ （⑥　　　）は，一般式が C_nH_{2n} で表される**環式の飽和炭化水素**である。

5　アルケン

① **アルケン**は，一般式が（⑦　　　）で表される**鎖式の不飽和炭化水素**で，分子中に C 原子間の（⑧　　　）を 1 つもつ。
② 二重結合は平面構造であるから，エチレン $CH_2=CH_2$ では，分子中のすべての原子は（⑨　　　）上にある。
③ $CHR=CHR'$ で表されるアルケンには，（⑩　　　）異性体が存在する。
④ アルケンのように，不飽和結合をもつ化合物では，（⑪　　　）反応が起こりやすい。
⑤ アルケンに臭素を作用させると，付加反応によって臭素水の色が（⑫　　　）。
⑥ エチレンに水を作用させると，付加反応によって（⑬　　　）が生成する。
⑦ エチレンが（⑭　　　）すると，**ポリエチレン**が生成する。

6　アルキン

① **アルキン**は，一般式が（⑮　　　）で表される**鎖式の不飽和炭化水素**で，分子中に C 原子間の（⑯　　　）を 1 つもつ。
② アセチレンは（⑰　　　）構造の物質である。
③ （⑱　　　）に水を加えると，アセチレンが生成する。
④ アセチレンに水を付加すると，（⑲　　　）が生成する。
⑤ アセチレンに塩化水素を付加すると，（⑳　　　）が生成する。
⑥ アセチレンに酢酸を付加すると，（㉑　　　）が生成する。
⑦ 3 分子のアセチレンを触媒を用いて反応させると，（㉒　　　）が生成する。

2 章　脂肪族炭化水素

テストによく出る問題を解こう！

答 ➡ 別冊 $p.42$

10 [アルカン]

次のア～オのうち，2つの物質がともにアルカンである組み合わせはどれか。（　　　）

- ア　CH_4, C_3H_6
- イ　C_2H_4, C_3H_8
- ウ　C_2H_6, C_4H_8
- エ　C_3H_8, C_5H_{12}
- オ　C_4H_8, C_5H_{12}

11 [アルカンの構造・性質] 必修

アルカンについて述べた次の(1)～(5)の文のうち，正しいものには○，誤っているものには×を記せ。

(1) 原子間の結合はすべて単結合であり，環状に結合しているものはない。（　　　）
(2) 一般式の n が3以上のものには異性体が存在する。（　　　）
(3) 常温で，液体のものや固体のものがある。（　　　）
(4) メタンは正四面体構造であり，異性体がない。（　　　）
(5) 炭素原子どうしは鎖状に結合し，枝分かれしているものはない。（　　　）

12 [アルカンの名称・構造] テスト

次の(1)～(3)の物質の名称を書け。また，(4)，(5)の物質の構造式（略式）を示せ。

(1) $CH_3-CH_2-CH_2-CH_3$　（　　　）

(2) $CH_3-CH-CH_2-CH_3$
　　　　　$\,|$
　　　　　CH_3　（　　　）

(3) 　　　CH_3
　　　　　$\,|$
　　　CH_3-C-CH_3
　　　　　$\,|$
　　　　　CH_3　（　　　）

(4) ペンタン（　　　）
(5) 2-メチルペンタン（　　　）

ヒント 最も長い炭素鎖を基準に命名。CH_3- はメチル基。

13 [シクロアルカンとアルケン]

分子式 C_4H_8 の物質について，(1)，(2)にあてはまる構造式（略式）をすべて書け。

(1) 臭素水に加えると，臭素水の赤紫色が消えるもの。
　　　　　　（　　　）
(2) 臭素水に加えても，臭素水の色が変化しないもの。
　　　　　　（　　　）

14 [臭素水の脱色]

次のア～オの物質のうち，臭素水を加えたときに臭素水の色が消えるものをすべて選べ。
　　　　　　（　　　）

- ア　シクロヘキサン
- イ　2-ヘキセン
- ウ　ペンタン
- エ　1-ブテン
- オ　2-メチルブタン

15 ［アルケンの構造］

次の(1)～(3)にあてはまる物質を，あとのア～オからすべて選べ。

(1) 分子中のすべての原子が同一平面上にある。　　　(　　　)
(2) 分子中のすべての炭素原子が同一平面上にある。　(　　　)
(3) 幾何異性体が存在する。　　　　　　　　　　　　(　　　)

ア　$CH_2=CH_2$　　　イ　$CH_3-CH=CH_2$　　　ウ　$CH_3-CH=CH-CH_3$
エ　$CH_2=CH-CH_2-CH_3$　　　オ　$CH_3-CH=CH-CH_2-CH_3$

16 ［アセチレンの反応］ テスト

次のア～エのアセチレンの反応のうち，誤っているものはどれか。(　　　)

ア　$CH\equiv CH + H_2 \longrightarrow CH_2=CH_2$　　　イ　$CH\equiv CH + HCl \longrightarrow CH_2=CHCl$
ウ　$CH\equiv CH + H_2O \longrightarrow CH_2=CH-OH$
エ　$CH\equiv CH + CH_3COOH \longrightarrow CH_2=CH-OCOCH_3$

17 ［炭化水素の一般式］

次のア～ウの文のうち，誤っているものはどれか。(　　　)

ア　分子式 C_nH_{2n+2} で表される化合物はアルカンである。
イ　分子式 C_nH_{2n} で表される化合物はアルケンかシクロアルカンである。
ウ　分子式 C_nH_{2n-2} で表される化合物はアルキンである。

18 ［炭化水素の構造］

次の(1)～(3)にあてはまる物質を，あとのア～カからすべて選べ。

(1) 分子中のすべての原子が直線上にある。　　　　(　　　)
(2) 正四面体構造である。　　　　　　　　　　　　(　　　)
(3) 分子中のすべての原子が同一平面上にある。　　(　　　)

ア　メタン　　　イ　エタン　　　ウ　エチレン　　　エ　プロペン
オ　シクロブタン　　　カ　アセチレン

19 ［化学反応式］ テスト

次の(1)～(4)の反応を化学反応式で表せ。ただし，化学式は示性式で表せ。

(1) メタンと塩素の混合気体に紫外線を照射するとクロロメタンが生じた。
　　　　　　　　　　　　　　　　(　　　　　　　　　　　)
(2) エチレンにリン酸を触媒として水を作用させた。
　　　　　　　　　　　　　　　　(　　　　　　　　　　　)
(3) アセチレンに硫酸水銀(Ⅱ)を触媒として水を作用させた。
　　　　　　　　　　　　　　　　(　　　　　　　　　　　)
(4) 炭化カルシウムに水を滴下した。　(　　　　　　　　　　　)

3章 酸素を含む脂肪族化合物

7 アルコールとエーテル

① **アルコール** R-OH…脂肪族炭化水素基に**ヒドロキシ基-OH**が結合。

② **性質**…Naと反応して水素を発生(OH基の性質)。

③ **アルコールの価数**…分子に含まれる**OH基の数**。

　例　1価…C_2H_5OH　　2価…$C_2H_4(OH)_2$　　3価…$C_3H_5(OH)_3$

④ **アルコールの酸化**…OH基が結合している炭素に，何個の炭化水素基が結合しているかによって，反応が異なる。

分類	構造	酸化のされ方
第一級アルコール	$R-CH_2-OH$	**アルデヒド** R-CHO になる。 ➡ さらに酸化されると**カルボン酸** R-COOH になる。
第二級アルコール	$\begin{matrix}R_1\\R_2\end{matrix}\!\!>\!\!CH-OH$	**ケトン** $\begin{matrix}R_1\\R_2\end{matrix}\!\!>\!\!C=O$ になる。
第三級アルコール	$\begin{matrix}R_1\\R_2-C-OH\\R_3\end{matrix}$	酸化されない。

⑤ **エタノール** C_2H_5OH **の製法**

・エチレンに水を付加。　$C_2H_4 + H_2O \xrightarrow{H_3PO_4(触媒)} C_2H_5OH$

・糖類の**アルコール発酵**。　例　$C_6H_{12}O_6 \longrightarrow 2C_2H_5OH + 2CO_2$

⑥ **エタノールと濃硫酸の反応**

・120～130℃…$2C_2H_5OH \xrightarrow{濃H_2SO_4} C_2H_5OC_2H_5 + H_2O$

・160～170℃…$C_2H_5OH \xrightarrow{濃H_2SO_4} C_2H_4 + H_2O$

> 低温では分子間，高温では分子内で脱水反応が起こる。

⑦ **エーテル** R_1-O-R_2…エーテル結合をもつ。アルコールの異性体で，同じ分子式のアルコールに比べて融点・沸点が低い。

⑧ **ジエチルエーテル** $C_2H_5OC_2H_5$…揮発性の液体。有機溶媒として利用。

8 アルデヒド

① **アルデヒド** R-CHO…**アルデヒド基-CHO**をもつ。

② **製法**…第一級アルコールの酸化。　例　$CH_3OH + (O) \longrightarrow HCHO + H_2O$

③ **性質**…還元性をもつ。➡ **銀鏡反応，フェーリング液を還元**

④ **アルデヒドの酸化**…酸化されてカルボン酸になる。

⑤ **アセトアルデヒド** CH_3CHO…エタノールの酸化や，アセチレンへの水の付加によって生成。無色の液体で，酸化されると酢酸になる。

9 ケトン

① ケトン $\begin{matrix}R_1\\R_2\end{matrix}\!\!>\!\!CO$ …カルボニル基 $>\!\!C=O$ に2個の炭化水素基が結合。

② 製法…第二級アルコールの酸化。

③ ヨードホルム反応…CH_3CO-,$CH_3CH(OH)-$ の構造をもつ物質に $NaOH$,I_2 を加えて温めると,ヨードホルム CHI_3 の黄色沈殿が生成。

④ アセトン CH_3COCH_3…2-プロパノールの酸化や酢酸カルシウムの乾留により生成。芳香のある液体で,水によく溶ける。有機溶媒として利用。

10 カルボン酸

> 1価の鎖状カルボン酸を脂肪酸という。

① カルボン酸 $R-COOH$…カルボキシ基 $-COOH$ をもつ。

② 製法…アルデヒドの酸化。 例 $CH_3CHO + (O) \longrightarrow CH_3COOH$

③ 性質…低級脂肪酸は水に溶け,弱酸性を示す。

④ ギ酸 $HCOOH$…アルデヒド基をもつ。➡ 還元性

⑤ 酢酸 CH_3COOH…食酢の主成分。高純度の酢酸(氷酢酸)は冬季に凍る。

⑥ 無水酢酸 $(CH_3CO)_2O$…2分子の酢酸が脱水縮合して生成。

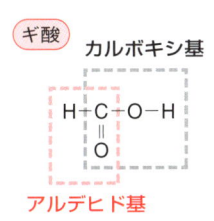

ギ酸 カルボキシ基
$H-C-O-H$
$\parallel$
O
アルデヒド基

11 エステル

> エステルは,水に溶けにくく,芳香をもつものが多い。

① エステル R_1COOR_2…エステル結合 $-COO-$ をもつ。

② エステル化…オキシ酸とアルコールから水がとれてエステルが生成。
  例 $CH_3COOH + C_2H_5OH \longrightarrow CH_3COOC_2H_5 + H_2O$

③ けん化…エステルを強塩基水溶液と加熱すると,カルボン酸の塩とアルコールを生じる。

12 油脂とセッケン

> 油脂の構造
> $R_1-COO-CH_2$
> $R_2-COO-CH$
> $R_3-COO-CH_2$

① 油脂…高級脂肪酸とグリセリンのエステル。

② 飽和脂肪酸…一般式 $C_nH_{2n+1}COOH$ 例 $C_{17}H_{35}COOH$

③ 不飽和脂肪酸…一般式 $C_nH_{2n+1-2m}COOH$(二重結合が m 個のとき)
  例 $C_{17}H_{33}COOH$(二重結合が1個),$C_{17}H_{31}COOH$(二重結合が2個)

④ 油脂の分類…｜脂肪…常温で固体。飽和脂肪酸を多く含む。
              ｜脂肪油…常温で液体。不飽和脂肪酸を多く含む。

⑤ 油脂の反応…｜油脂1molをけん化 ➡ KOH や $NaOH$ は3mol反応。
              ｜二重結合を n 個もつ油脂1mol ➡ H_2 や I_2 は n [mol]付加。

⑥ セッケン $RCOONa$…油脂を $NaOH$ 水溶液でけん化すると生成。

基礎の基礎を固める！

( )に適語を入れよ。　答➡別冊 p.44

7 アルコールとエーテル　🔑7

① アルコールは（❶　　　　　）基をもつため，Na を加えると水素を発生する。
② アルコールは，分子中の（❷　　　　　）基の数により，**1価アルコール**，**2価アルコール**，**3価アルコール**などに分類される。
③ アルコールは，OH 基が結合している C 原子に何個の（❸　　　　　）基が結合しているかにより，**第一級アルコール**，**第二級アルコール**，**第三級アルコール**に分類される。
④ 第一級アルコールを酸化すると（❹　　　　　）が得られ，これをさらに酸化すると（❺　　　　　）が得られる。
⑤ 第二級アルコールを酸化すると（❻　　　　　）が得られる。
⑥ エタノールに濃硫酸を加え，**約 130 ℃**で加熱すると，（❼　　　　　）が得られる。また，**約 170 ℃**で加熱すると，（❽　　　　　）が得られる。
⑦ エーテルは，同じ分子式のアルコールと（❾　　　　　）の関係にあるが，両者を比べると，エーテルのほうがアルコールより沸点が（❿　　　　　）い。

8 アルデヒドとケトン　🔑8, 9

① アルデヒドは，アルデヒド基をもつため（⓫　　　　　）性を示す。
② アルデヒドの還元性は，（⓬　　　　　）反応や（⓭　　　　　）液の還元によって確認できる。
③ ケトンは，（⓮　　　　　）基に 2 個の炭化水素基が結合した化合物である。
④ **ヨードホルム反応**は，CH_3CO- や（⓯　　　　　）の構造をもつ物質を検出する反応である。

9 カルボン酸，エステル，油脂とセッケン　🔑10〜12

① カルボン酸は（⓰　　　　　）基をもつ化合物である。
② 低級脂肪酸は水に溶け，（⓱　　　　　）性を示す。
③ ギ酸は（⓲　　　　　）基をもつため還元性を示す。
④ エステルは，オキシ酸と（⓳　　　　　）から H_2O がとれた形の化合物である。
⑤ 油脂は，高級脂肪酸と（⓴　　　　　）からなるエステルである。
⑥ 炭素原子間の二重結合を含まない脂肪酸を（㉑　　　　　）といい，この脂肪酸を成分とするエステルを多く含む油脂は常温で固体で，（㉒　　　　　）とよばれる。
⑦ セッケンは，油脂を（㉓　　　　　）水溶液で**けん化**してつくられる。

90　4編　有機化合物

テストによく出る問題を解こう！

答 ⇒ 別冊 p.44

20 ［アルコールの価数］

次の表の空欄①～⑤をうめよ。

価数	①	2価	④
名称	エタノール	③	グリセリン
示性式	②	$C_2H_4(OH)_2$	⑤

ヒント アルコールの価数は，分子中の OH 基の数。

21 ［アルコールの酸化］ 必修

次の(1)～(3)にあてはまるアルコールを，あとのア～オからすべて選べ。

(1) 酸化するとアルデヒドになる。　　　　　　　　（　　　　　）
(2) 酸化するとケトンになる。　　　　　　　　　　（　　　　　）
(3) 酸化されにくい。　　　　　　　　　　　　　　（　　　　　）

　ア　$CH_3CH_2CH(OH)CH_3$　　　イ　$(CH_3)_3COH$　　　ウ　$CH_3CH_2CH_2OH$
　エ　$(CH_3)_2CHCH_2OH$　　　　オ　$(CH_3)_2CHOH$

22 ［アルコールの反応］ テスト

次の(1)～(5)の反応を化学反応式で表せ。ただし，化学式は示性式で表せ。

(1) 空気中で加熱した銅線をメタノールの蒸気にふれさせた。
　　　　　　　　　　　　　　　　（　　　　　　　　　　　　　　　　）
(2) エタノールに固体のナトリウムを加えた。
　　　　　　　　　　　　　　　　（　　　　　　　　　　　　　　　　）
(3) エチレンにリン酸を触媒として水を付加した。
　　　　　　　　　　　　　　　　（　　　　　　　　　　　　　　　　）
(4) エタノールに濃硫酸を加えて約 130℃ で加熱した。
　　　　　　　　　　　　　　　　（　　　　　　　　　　　　　　　　）
(5) エタノールに濃硫酸を加えて約 170℃ で加熱した。
　　　　　　　　　　　　　　　　（　　　　　　　　　　　　　　　　）

23 ［アルコールとエーテル①］

分子式 C_3H_8O で表される化合物について，次の(1)～(3)にあてはまるものの構造式（略式）を書け。

(1) Na を加えると水素が発生し，酸化するとアルデヒドになる。（　　　　　）
(2) Na を加えると水素が発生し，酸化するとケトンになる。　　（　　　　　）
(3) Na を加えても水素が発生しない。　　　　　　　　　　　　（　　　　　）

3章　酸素を含む脂肪族化合物

24 [アルコールとエーテル②] テスト

分子式が $C_4H_{10}O$ で表される化合物 A～C について，次のⅠ～Ⅲのことがわかっている。それぞれの物質の構造式（略式）を示せ。

A (　　　　　　　) B (　　　　　　　) C (　　　　　　　)

Ⅰ　それぞれにナトリウムを加えると，A と B からは気体が発生したが，C からは気体が発生しなかった。
Ⅱ　A は酸化されにくい物質である。また，B には光学異性体が存在する。
Ⅲ　C はエタノールと濃硫酸の混合物を 130℃ に加熱したときに生じる物質と同じである。

25 [アルデヒドとケトン]

次の(1)～(7)の文のうち，アルデヒドだけにあてはまるものには A，ケトンだけにあてはまるものには B，アルデヒドとケトンのどちらにもあてはまるものには C を記せ。

(1) カルボニル基をもつ。　(　　　)　(2) 酸化されにくい。　(　　　)
(3) 銀鏡反応を示す。　(　　　)　(4) 低級のものは水に溶ける。　(　　　)
(5) フェーリング液を還元する。　(　　　)
(6) 第二級アルコールの酸化で生じる。　(　　　)
(7) 酸化するとカルボン酸になる。　(　　　)

26 [ヨードホルム反応] テスト

次のア～ケの化合物のうち，ヨードホルム反応を示すものをすべて選べ。　(　　　　　　　)

ア　CH_3OH　　　　　　イ　C_2H_5OH　　　　　ウ　$CH_3CH_2CH_2OH$
エ　$CH_3CH(OH)CH_3$　　オ　$HCHO$　　　　　　カ　CH_3CHO
キ　CH_3CH_2CHO　　　ク　CH_3COCH_3　　　ケ　$CH_3COCH_2CH_3$

ヒント　ヨードホルム反応を示すものは，$CH_3CH(OH)-$ または CH_3CO- の構造をもつ。

27 [ギ酸の性質]

次のア～オの文のうち，ギ酸にあてはまるものをすべて選べ。　(　　　　　　　)

ア　水に溶けて酸性を示す。　　　イ　濃度の高いものは冬季に凍る。
ウ　低級脂肪酸である。　　　　　エ　銀鏡反応を示す。
オ　エタノールを酸化すると得られる。

28 [エステル]

エステルについて述べた次のア～エの文のうち，誤っているものはどれか。　(　　　　　　　)

ア　水に溶けにくく，芳香をもつ。　　　イ　$-O-CO-$ の結合をもつものが多い。
ウ　水酸化ナトリウム水溶液と加熱すると，酸とアルコールとなる。
エ　オキシ酸とアルコールから水がとれた構造をもつ。

29 [脂肪酸とエステル] テスト

分子式が $C_3H_6O_2$ で表される物質について，次の(1)～(3)にあてはまる化合物の示性式を書け。

(1) 水に溶けて酸性を示した。　　　　　　　　　　（　　　　　　）
(2) けん化すると，メタノールが生じた。　　　　　（　　　　　　）
(3) 加水分解すると，還元性を示すカルボン酸が生じた。（　　　　　　）

> ヒント (2) エステルをけん化すると，カルボン酸の塩とアルコールが生じる。
> 　　　 (3) 還元性を示すカルボン酸はギ酸である。

30 [脂肪族化合物の性質]

次の(1)～(6)にあてはまる化合物を，あとのア～コから（　）に示した数だけ選べ。

(1) 水に溶けにくい。(2)　　　　　　　　　　　　（　　　　　　）
(2) 水に溶けて酸性を示す。(2)　　　　　　　　　（　　　　　　）
(3) 水溶液は中性で，ナトリウムを加えると気体が発生する。(3)（　　　　　　）
(4) フェーリング液を還元する。(3)　　　　　　　（　　　　　　）
(5) ヨードホルム反応を示す。(4)　　　　　　　　（　　　　　　）
(6) NaOH 水溶液を加えて加熱すると，二層の溶液が均一になる。(1)（　　　　　　）

　　ア　ギ酸　　　　イ　エタノール　　　ウ　ホルムアルデヒド　　エ　アセトン
　　オ　ジエチルエーテル　　カ　メタノール　　キ　酢酸エチル　　ク　酢酸
　　ケ　アセトアルデヒド　　コ　2-プロパノール

31 [油脂の構造と性質]

油脂について正しく述べているものを次のア～オからすべて選べ。（　　　　　　）

　ア　油脂は，高級脂肪酸とグリセリンからなるエステルである。
　イ　油脂は，水やエーテルに溶けにくい。
　ウ　構成する脂肪酸の不飽和度が大きいほど，油脂の融点は高い。
　エ　脂肪は常温で固体で，飽和脂肪酸からなる油脂を多く含む。
　オ　不飽和結合を多くもつ油脂に水素を付加すると，硬化油が得られる。

32 [油脂の反応量] テスト

リノール酸 $C_{17}H_{31}COOH$ のみからなる油脂について，次の(1)～(3)の問いに答えよ。
原子量；H＝1.0，O＝16.0，Na＝23.0

(1) リノール酸1分子には，二重結合が何個含まれるか。（　　　　　　）
(2) この油脂1molには，標準状態の水素は何L付加するか。（　　　　　　）
(3) この油脂1molをけん化するには，NaOHが何g必要か。（　　　　　　）

> ヒント (1) 飽和脂肪酸の分子式は $C_nH_{2n+1}COOH$ である。
> 　　　 (2) 二重結合1つに対して，水素1分子が付加する。
> 　　　 (3) 油脂1分子には，エステル結合が3つ含まれる。

4章 芳香族化合物

⚙13 □ 芳香族炭化水素

① 芳香族炭化水素…ベンゼン環をもつ炭化水素。

② ベンゼン C_6H_6…環構造が正六角形で，すべての原子が同一平面上にある。芳香をもつ無色の液体で，有機溶媒として利用される。

③ ベンゼンの反応…付加反応より **置換反応を起こしやすい。**

・置換反応

・**スルホン化**…⌬ + H_2SO_4 ⟶ ⌬—SO_3H + H_2O
　　　　　　　　　　　　　　　　　　　ベンゼンスルホン酸

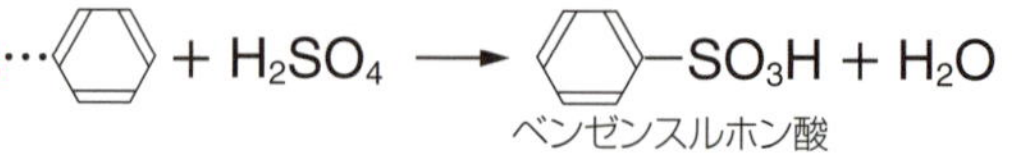

・**ニトロ化**…⌬ + HNO_3 $\xrightarrow{H_2SO_4}$ ⌬—NO_2 + H_2O
　　　　　　　　　　　　　　　　　　ニトロベンゼン

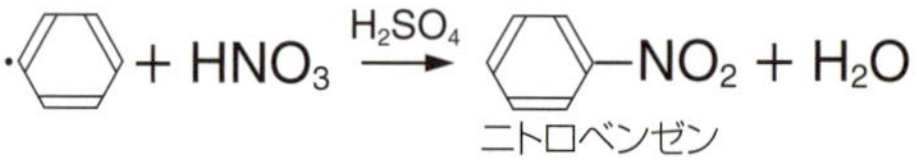

・**塩素化**…⌬ + Cl_2 $\xrightarrow{Fe(触媒)}$ ⌬—Cl + HCl
　　　　　　　　　　　　　　　　クロロベンゼン

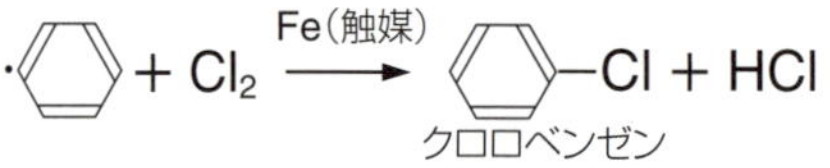

・付加反応…⌬ + $3Cl_2$ $\xrightarrow{光}$ $C_6H_6Cl_6$
　　　　　　　　　　　　　　　　ヘキサクロロシクロヘキサン

④ 芳香族炭化水素の酸化…側鎖が酸化されて—COOH となる。

例 ⌬—CH_3 ⟶ ⌬—COOH　　⌬—CH_2—CH_3 ⟶ ⌬—COOH

⑤ ベンゼンの二置換体… o-（オルト），m-（メタ），p-（パラ）の3種類の異性体が存在する。

> 側鎖が酸化されると，C 原子の数に関係なく—COOH となる。

⚙14 □ フェノール類

① フェノール類…ベンゼン環に OH 基が結合した化合物。

② フェノール類の性質…**弱酸**である。塩化鉄（Ⅲ）水溶液によって **青紫〜赤紫色** に呈色する。

③ フェノールの製法（アルカリ融解法とクメン法）

・⌬ $\xrightarrow[\text{スルホン化}]{\text{濃}H_2SO_4}$ ⌬—SO_3H $\xrightarrow[\text{アルカリ融解}]{NaOH}$ ⌬—ONa $\xrightarrow{CO_2}$ ⌬—OH

・⌬ $\xrightarrow{CH_2=CHCH_3}$ ⌬—CH(CH_3)$_2$ $\xrightarrow{酸化}$ ⌬—C(CH_3)$_2$OOH $\xrightarrow[\text{分解}]{\text{希}H_2SO_4}$ ⌬—OH + CH_3COCH_3

> クメン法では，フェノールと同時にアセトンも生成する。

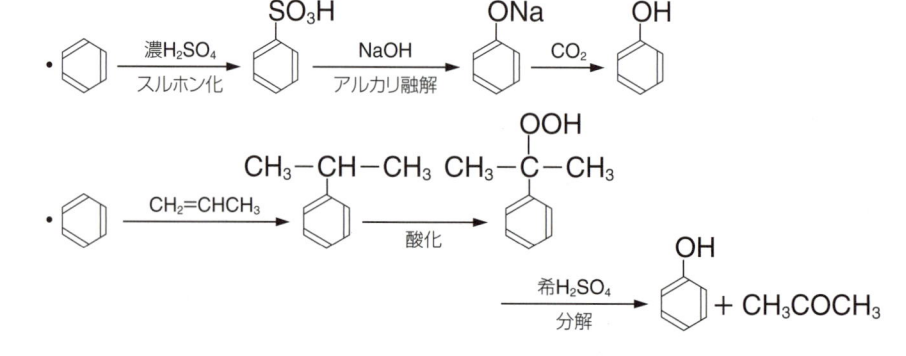

🔑 15 □ 芳香族カルボン酸

① **芳香族カルボン酸**…ベンゼン環にCOOH基が結合した化合物。

② **安息香酸** C_6H_5COOH…昇華性の無色の結晶。

③ **フタル酸** $C_6H_4(COOH)_2$…フタル酸を加熱すると，2個のカルボキシ基からH_2Oが脱離して，**無水フタル酸**が生成する。

④ **サリチル酸** $C_6H_4(OH)COOH$…フェノール類とカルボン酸の両方の性質をもつ。

・製法…ナトリウムフェノキシドに，高温・高圧でCO_2を作用させる。

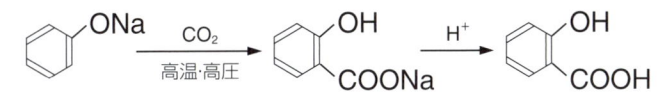

〔ONa〕 —CO_2/高温・高圧→ 〔OH, COONa〕 —H^+→ 〔OH, COOH〕

・反応…メタノールや無水酢酸と反応し，エステルをつくる。

〔COOH, OCOCH_3〕 ←$(CH_3CO)_2O$— 〔COOH, OH〕 —CH_3OH→ 〔COOCH_3, OH〕

アセチルサリチル酸（解熱剤）　サリチル酸　サリチル酸メチル（消炎剤）

⑤ **酸の強弱**…塩酸＞スルホン酸＞カルボン酸＞炭酸＞フェノール類

🔑 16 □ 芳香族アミン

① **芳香族アミン**…アンモニアのH原子を，芳香族炭化水素基で置き換えた構造の化合物。

② **アニリン** $C_6H_5NH_2$

・製法…ニトロベンゼンをスズと塩酸で還元し，NaOH水溶液を加える。

〔—NO_2〕 —Sn, HCl→ 〔—NH_3Cl〕 —NaOH→ 〔—NH_2〕

・性質

　・**弱塩基**で，塩酸に溶ける。

　　〔—NH_2〕 + HCl ⟶ 〔—$NH_3^+Cl^-$〕

　・無色の油状の液体であるが，酸化されやすく，空気中で褐色を帯びる。

　・**さらし粉水溶液で赤紫色**を呈する。

　・硫酸酸性の**二クロム酸カリウム水溶液で黒色沈殿**を生じる。

　・無水酢酸と反応して，**アセトアニリド**を生じる。

　　〔—NH_2〕 + $(CH_3CO)_2O$ ⟶ 〔—$NH-CO-CH_3$〕 + CH_3COOH

③ **アゾ化合物の合成**

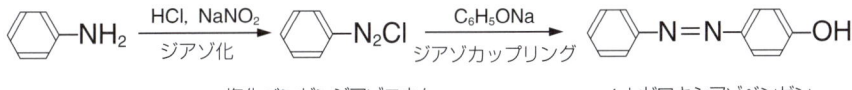

〔—NH_2〕 —HCl, $NaNO_2$/ジアゾ化→ 〔—N_2Cl〕 —C_6H_5ONa/ジアゾカップリング→ 〔—$N=N-$〕—OH

塩化ベンゼンジアゾニウム　　　　p-ヒドロキシアゾベンゼン

4章　芳香族化合物

基礎の基礎を固める！ （　）に適語を入れよ。　答 ➡ 別冊 p.47

10 芳香族炭化水素　⌘ 13

① ベンゼンの分子は（❶　　　　　　　）形で，分子内のすべての原子が同一平面上にある。
② ベンゼンは，（❷　　　　　　）反応より（❸　　　　　　）反応を起こしやすい。
③ 芳香族炭化水素を酸化すると，側鎖の炭化水素基が（❹　　　　　　　）基に変化する。

11 フェノール類　⌘ 14

① フェノール類は（❺　　　　　　）性の物質なので，塩基性の水溶液と中和反応を起こす。また，無水酢酸と反応して（❻　　　　　　）をつくる。
② フェノール類に（❼　　　　　　）水溶液を加えると，青紫〜赤紫色に呈色する。
③ ベンゼンに濃硫酸を作用させると（❽　　　　　　　）が得られる。これをアルカリ融解した後，（❾　　　　　　　）を加えるとフェノールが生じる。
④ ベンゼンに（❿　　　　　　）を反応させるとクメンが生じる。クメンを酸化した後，希硫酸を加えて分解すると，フェノールと（⓫　　　　　　　）が得られる。このようなフェノールの製法を（⓬　　　　　　）という。

12 芳香族カルボン酸　⌘ 15

① フタル酸を加熱すると（⓭　　　　　　　）が得られる。
② ナトリウムフェノキシドに高温・高圧で二酸化炭素を作用させ，さらに酸を作用させると（⓮　　　　　　　）が得られる。
③ 消炎剤として利用される（⓯　　　　　　　）は，サリチル酸にメタノールを作用させると得られる。
④ 解熱剤として利用される（⓰　　　　　　　）は，サリチル酸に無水酢酸を作用させると得られる。

13 芳香族アミン　⌘ 16

① ベンゼンに濃硝酸と濃硫酸を加えて加熱すると（⓱　　　　　　　）が得られる。これにスズと塩酸を加えて加熱後，NaOH 水溶液を加えると，（⓲　　　　　　　）が得られる。
② アニリンにさらし粉水溶液を加えると（⓳　　　　　　）色を呈し，また，硫酸酸性のニクロム酸カリウム水溶液を加えると（⓴　　　　　　）色沈殿が生じる。
③ アニリンに無水酢酸を作用させると，無色・無臭の結晶である（㉑　　　　　　　）が得られる。

4編　有機化合物

テストによく出る問題を解こう！

答 ➡ 別冊 p.47

33 ［ベンゼン］ 必修

ベンゼンについて述べた次のア～エの文のうち，誤っているものはどれか。（　　　）

ア　分子内の炭素原子の位置は，正六角形になっている。
イ　炭素原子間の結合距離は，単結合より短く，二重結合より長い。
ウ　分子内のすべての原子は，同一平面上にある。
エ　置換反応より付加反応のほうが起こりやすい。

34 ［ベンゼンの反応］ テスト

次の①～⑤の反応について，あとの(1)，(2)の問いに答えよ。

① ベンゼンに濃硫酸を加えて加熱した。
② ニッケルを触媒として，ベンゼンに水素を作用させた。
③ ベンゼンに濃硝酸と濃硫酸を加えて加熱した。
④ 紫外線を当てながら，ベンゼンに塩素を作用させた。
⑤ 鉄を触媒として，ベンゼンに塩素を作用させた。

(1) それぞれの反応で生成する物質の名称と示性式を書け。
　① 名称（　　　　　　　）示性式（　　　　　　　）
　② 名称（　　　　　　　）示性式（　　　　　　　）
　③ 名称（　　　　　　　）示性式（　　　　　　　）
　④ 名称（　　　　　　　）示性式（　　　　　　　）
　⑤ 名称（　　　　　　　）示性式（　　　　　　　）

(2) それぞれの反応の種類を，次のア～エから選べ。
　①（　　　）②（　　　）③（　　　）
　④（　　　）⑤（　　　）

ア　付加　　イ　ニトロ化　　ウ　ハロゲン化　　エ　スルホン化

35 ［芳香族炭化水素の酸化］

次の(1)，(2)にあてはまる物質を，あとのア～オからすべて選べ。

(1) 酸化すると安息香酸になるもの。　　　　　（　　　　）
(2) 酸化するとフタル酸になるもの。　　　　　（　　　　）

ア　CH_3-（ベンゼン環）
イ　CH_3-（ベンゼン環）-CH_3（オルト）
ウ　CH_3-（ベンゼン環）-CH_3（メタ）
エ　CH_3-（ベンゼン環）-CH_3（パラ）
オ　CH_2CH_3-（ベンゼン環）

ヒント 芳香族炭化水素を酸化すると，側鎖が－COOHになる。

4章　芳香族化合物

36 ［フェノール類の構造］

次のア〜オの物質のうち，塩化鉄(Ⅲ)水溶液によって呈色しないものをすべて選べ。
（　　　　　）

ア　フェノール（C₆H₅-OH）　イ　o-クレゾール（CH₃-C₆H₄-OH）　ウ　ベンジルアルコール（C₆H₅-CH₂OH）　エ　安息香酸（C₆H₅-COOH）　オ　2-ナフトール

ヒント　フェノール類が呈色する。フェノール類は，ベンゼン環にOH基が結合した化合物。

37 ［フェノールとエタノール］ 必修

次の(1)〜(5)の文について，フェノールだけにあてはまるものには**A**，エタノールだけにあてはまるものには**B**，両方にあてはまるものには**C**を記せ。

(1) 水によく溶け，水溶液は中性である。　　　　　　　　　　　（　　　）
(2) 塩化鉄(Ⅲ)水溶液を加えると，赤紫色を呈する。　　　　　　（　　　）
(3) 金属ナトリウムを加えると，水素を発生する。　　　　　　　（　　　）
(4) 塩基の水溶液と中和して塩となる。　　　　　　　　　　　　（　　　）
(5) 無水酢酸と反応してエステルとなる。　　　　　　　　　　　（　　　）

38 ［芳香族カルボン酸］

次の(1)〜(4)にあてはまる物質を，あとのア〜エから選べ。

(1) 塩化鉄(Ⅲ)水溶液によって呈色する。　　　　　　　　　　　（　　　）
(2) 加熱すると無水物になる。　　　　　　　　　　　　　　　　（　　　）
(3) トルエンを酸化すると生成する。　　　　　　　　　　　　　（　　　）
(4) p-キシレンを酸化すると生成する。　　　　　　　　　　　　（　　　）

ア　安息香酸（C₆H₅-COOH）　イ　フタル酸（o-C₆H₄(COOH)₂）　ウ　テレフタル酸（p-C₆H₄(COOH)₂）　エ　サリチル酸（o-HO-C₆H₄-COOH）

ヒント　(1) 塩化鉄(Ⅲ)水溶液で呈色するのはフェノール類。

39 ［ニトロベンゼンとアニリン］

次のア〜カの文のうち，正しいものをすべて選べ。（　　　　　）

ア　ニトロベンゼンは，常温で淡黄色の結晶である。
イ　ニトロベンゼンは，水や酸の水溶液，塩基の水溶液に溶けない。
ウ　アニリンは酸性の物質で，塩基の水溶液と反応し，塩となって溶ける。
エ　アニリンは酸化されやすく，空気中で徐々に褐色を帯びる。
オ　アニリンにさらし粉水溶液を加えると，赤紫色を呈する。
カ　アニリンに硫酸酸性の二クロム酸カリウム水溶液を加えると，赤色沈殿を生じる。

40 [サリチル酸の反応]

次のa，bの反応について，あとの(1)，(2)の問いに答えよ。
a　サリチル酸にメタノールと少量の濃硫酸を加えて加熱した。
b　サリチル酸に無水酢酸を作用させた。

(1) a，bの反応を化学反応式で表せ。ただし，化学式は構造式(略式)で示せ。
　　　　　a (　　　　　　　　　　　　　　　　　　　　　　　)
　　　　　b (　　　　　　　　　　　　　　　　　　　　　　　)

(2) a，bの反応によって生じる芳香族化合物を識別する試薬として適当なものを，次のア～エからすべて選べ。　　　　　　　　(　　　　　　)
ア　水酸化ナトリウム水溶液　　イ　炭酸水素ナトリウム水溶液
ウ　塩酸　　　　　　　　　　　エ　塩化鉄(Ⅲ)水溶液

ヒント (2) 官能基の違いに着目する。

41 [アニリンの製法]

次の図は，ベンゼンからアニリンをつくるときの反応過程を示している。あとの(1)～(3)の問いに答えよ。

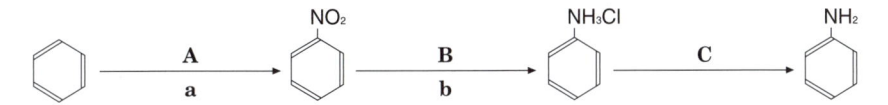

ベンゼン $\xrightarrow[a]{A}$ ニトロベンゼン(NO_2) $\xrightarrow[b]{B}$ (NH_3Cl) $\xrightarrow{C}$ アニリン(NH_2)

(1) 図中のA，Bにあてはまる試薬の組み合わせを，次のア～エから選べ。
　　　　　　　　　　　　　　　　　　　　　　A (　　　) B (　　　)
ア　亜鉛と硝酸　　　イ　濃塩酸と濃硝酸　　ウ　濃硝酸と濃硫酸
エ　スズと塩酸

(2) 図中のCにあてはまる試薬を，次のア～エから選べ。　　(　　　)
ア　塩酸　イ　希硫酸　ウ　水酸化ナトリウム水溶液　エ　アンモニア水

(3) 図中のa，bの反応の種類を，次のア～エから選べ。　a (　　　) b (　　　)
ア　酸化　　イ　還元　　ウ　ニトロ化　　エ　スルホン化

42 [芳香族化合物の分離]

トルエン，フェノール，安息香酸，アニリンが溶けているエーテル溶液を，右の図のようにして分離した。水層A，水層B，水層C，エーテル層Cに含まれている芳香族化合物を示性式で示せ。

エーテル混合液 → 塩酸を加える。→ 水層A ／ エーテル層A
エーテル層A → $NaHCO_3$水溶液を加える。→ 水層B ／ エーテル層B
エーテル層B → NaOH水溶液を加える。→ 水層C ／ エーテル層C

　　水層A (　　　　　　　　)
　　水層B (　　　　　　　　)
　　水層C (　　　　　　　　)
　　エーテル層C (　　　　　　　　)

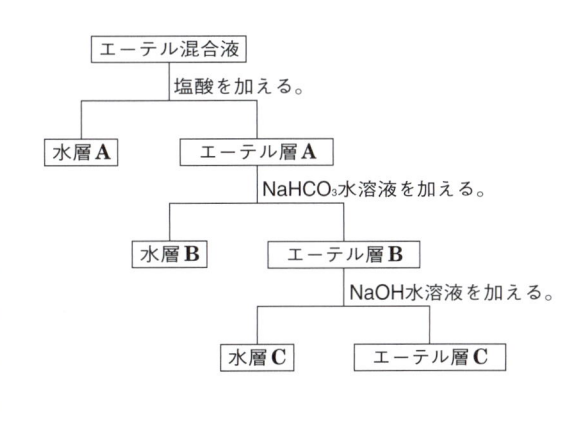

5章 有機化合物と人間生活

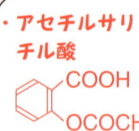

⚡17 □ 医薬品

① **対症療法薬**…病気の原因を取り除くのでなく，症状を和らげる医薬品。
② アセチルサリチル酸（アスピリン）…解熱鎮痛剤。サリチル酸を無水酢酸でアセチル化してつくる。
③ アセトアニリド…解熱鎮痛剤で，アニリンを無水酢酸でアセチル化してつくる。副作用があり，改良したものがアセトアミノフェンである。
④ **ニトログリセリン**…狭心症に使用される対症療法薬。ニトログリセリンは冠動脈や血管を拡張させて血圧を下げるはたらきをする。
⑤ **化学療法薬**…病気の原因である病原菌などを取り除く医薬品。
⑥ **サルファ剤**…細菌が体内で増殖するのに必要な酵素の作用を阻害する化学療法薬。スルファニルアミドの骨格をもつ医薬品。
⑦ **抗生物質**…微生物からつくられ，病原体の発育を抑えたり，阻止する物質。
⑧ **ペニシリン**…アオカビから得られた最初の抗生物質。

> ・アセチルサリチル酸
> 　　COOH
> 　　OCOCH₃
> ・アセトアニリド
> 　　NHCOCH₃

⚡18 □ 洗　剤

① **セッケン**…油脂と水酸化ナトリウムのけん化による高級脂肪酸のナトリウム塩 R−COONa である。水溶液は塩基性で，硬水で沈殿する。
② 界面活性剤…セッケンや合成洗剤のように，疎水性の部分と親水性の部分をもつ化合物で，水の表面張力を小さくする。
③ **洗浄のしくみ**…界面活性剤には，水の表面張力を小さくして繊維などの内部まで入りこむ浸透作用がある。また，繊維などから汚れを引き離し，微粒状（ミセル）にして水溶液中に分散させる乳化作用がある。
④ **合成洗剤**…おもに石油を原料として合成される高級アルコールの硫酸エステルのナトリウム塩 R−OSO₃Na，またはアルキルベンゼンスルホン酸のナトリウム塩 R−SO₃Na である。水溶液はほぼ中性で，硬水で沈殿しない。

> セッケン…塩基性➡絹や羊毛に適さない。
> 合成洗剤…中性➡絹や羊毛にも適する。

⚡19 □ 染　料

① 染料…水や有機溶媒に溶け，繊維の染色などに用いられる色素。
② 顔料…水にも有機溶媒にも溶けにくい色素。絵の具などに用いられる。
③ **天然染料**…植物や動物から得られる染料。　例 植物染料；インジゴ（アイ），アリザリン（アカネ），動物染料；コチニール（コチニール虫）
④ **合成染料**…石油や石炭を原料にして合成された色素。
⑤ **アゾ染料**…アゾ基をもつ合成染料。　例 コンゴーレッド，メチルオレンジ

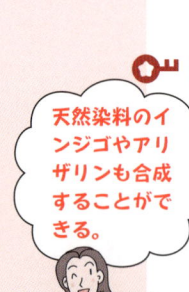

> 天然染料のインジゴやアリザリンも合成することができる。

基礎の基礎を固める！　（　）に適語を入れよ。　答➡別冊 p.49

14 医薬品 ⚷17

① (❶　　　　　　) 療法薬…病気の原因を取り除くのではなく，**症状を和らげる医薬品**。
  - (❷　　　　　　) …サリチル酸を無水酢酸でアセチル化してつくる解熱鎮痛剤。
  - アセトアニリドは (❸　　　　　　) を無水酢酸でアセチル化してつくる解熱鎮痛剤で，副作用があり，改良したものが (❹　　　　　　) である。
  - ニトログリセリンは，(❺　　　　　　) に使用される対症療法薬である。

② (❻　　　　　　) 療法薬…病気の原因である**病原菌**などを取り除く医薬品。
  - **サルファ剤**は，細菌が増殖するのに必要な酵素の作用を阻害する (❼　　　　　　) 療法薬で，(❽　　　　　　) の骨格をもつ医薬品である。
  - (❾　　　　　　) …微生物によってつくられ，病原体の発育を抑えたり，その活動を阻止する物質。
  - (❿　　　　　　) …アオカビから得られた最初の抗生物質。

15 洗　剤 ⚷18

① **セッケン**は (⓫　　　　　　) と水酸化ナトリウムのけん化によってできる高級脂肪酸のナトリウム塩であり，その水溶液は (⓬　　　　　　) 性を示す。

② **界面活性剤**は，セッケンや合成洗剤のように，疎水性の部分と (⓭　　　　　　) 性の部分をもつ化合物で，水の (⓮　　　　　　) を小さくする。

③ 界面活性剤には，水の表面張力を小さくして繊維の中まで入りこむ (⓯　　　　　　) **作用**がある。また，繊維などから汚れを引き離し，微粒状（ミセル）にして水溶液中に分散させる (⓰　　　　　　) **作用**がある。

④ (⓱　　　　　　) は，主に**石油を原料として合成される**高級アルコールの硫酸エステルのナトリウム塩，または，アルキルベンゼンスルホン酸のナトリウム塩であり，水溶液はほぼ (⓲　　　　　　) 性を示す。

16 染　料 ⚷19

① (⓳　　　　　　) …水や有機溶媒に溶け，繊維の染色などに用いる色素。
② (⓴　　　　　　) …水にも有機溶媒にも溶けにくく，絵の具などに用いられる色素。
③ **天然染料**は，植物や動物から得られる染料で，植物から得られる色素にはアイの葉に含まれる (㉑　　　　　　)，動物から得られる色素にはコチニールなどがある。
④ **合成染料**は，石油や石炭を原料にして合成された色素である。その代表的なものとしてアゾ基をもつ (㉒　　　　　　) 染料がある。

5章　有機化合物と人間生活

テストによく出る問題を解こう！

答 ➡ 別冊 p.49

43 ［対症療法薬と化学療法薬］ 必修

次の(1), (2)にあてはまる医薬品を下のア～オからすべて選び，記号で記せ。

(1) 対症療法薬 （　　　　　）
(2) 化学療法薬 （　　　　　）

ア ニトログリセリン　　**イ** ペニシリン　　**ウ** サルファ剤
エ アセチルサリチル酸　　**オ** アセトアニリド

ヒント 病原菌などに直接作用するのが化学療法薬，病気の原因に直接作用するのでなく，痛みなどの症状を和らげるのが化学療法薬である。

44 ［医薬品製法の化学反応式］

次の(1)～(3)の製法を化学反応式で表せ。

(1) サリチル酸と無水酢酸からアセチルサリチル酸をつくった。

C₆H₄(COOH)(OH) + (CH₃CO)₂O ⟶ （　　　　　）+（　　　　　）

(2) サリチル酸とメタノールからサリチル酸メチルをつくった。

C₆H₄(COOH)(OH) + CH₃OH ⟶ （　　　　　）+（　　　　　）

(3) アニリンと無水酢酸からアセトアニリドをつくった。

C₆H₅-NH₂ + (CH₃CO)₂O ⟶ （　　　　　）+（　　　　　）

ヒント (1)と(3)はアセチル化で酢酸が生成する。
(2)はエステル化で水が生成する。

45 ［医薬品の正誤］ テスト

次の記述(1)～(5)について，正しいものには〇，誤っているものには×を記せ。

(1) アセチルサリチル酸はアスピリンともいわれ，解熱鎮痛剤である。 （　　）
(2) アセトアニリドは，現在も解熱鎮痛剤として用いられている。 （　　）
(3) 狭心症に使用されるニトログリセリンは，体内に吸収されると，冠動脈や末梢の血管を拡張させることから化学療法薬といえる。 （　　）
(4) ペニシリンは，アオカビから得られた抗生物質であり，病原体の繁殖を抑え，活動を阻止することから化学療法薬である。 （　　）
(5) サルファ剤は，微生物によってつくられ，細菌の増殖を阻止することから化学療法薬である。 （　　）

46 ［セッケンと合成洗剤］テスト

次の(1)～(6)の記述について，セッケンにあてはまるものは A，合成洗剤にあてはまるものは B，どちらにもあてはまるものは C を記せ。

(1) 界面活性剤である。　　　　　　　　　　　　　　　　　（　　　）
(2) 油脂を原料とする。　　　　　　　　　　　　　　　　　（　　　）
(3) 水溶液は塩基性を示す。　　　　　　　　　　　　　　　（　　　）
(4) 絹や羊毛の洗濯に適している。　　　　　　　　　　　　（　　　）
(5) 硬水中で沈殿しない。　　　　　　　　　　　　　　　　（　　　）
(6) 原料に水酸化ナトリウムが必要である。　　　　　　　　（　　　）

> **ヒント** 界面活性剤は疎水性の部分と親水性の部分をもつ。

47 ［セッケンと洗浄］

次の(1)～(4)の記述は，下のア～エのどれと最も関係が深いか。それぞれ 1 つ選べ。
(1) セッケンの水溶液は塩基性を示す。　　　　　　　　　　（　　　）
(2) セッケンは，水の表面張力を小さくする。　　　　　　　（　　　）
(3) 油脂と水酸化ナトリウム水溶液を加熱してセッケンをつくった。（　　　）
(4) セッケン水に油滴を入れて混ぜると，ミセルが生成した。（　　　）

　　ア　けん化　　　イ　乳化作用　　　ウ　浸透作用　　　エ　加水分解

48 ［染料の正誤］

次の(1)～(3)についての記述ア～ウについて，誤っているものを選べ。
(1) 染料と顔料について；（　　　）
　　ア　どちらも色素である。
　　イ　どちらも有機溶媒に溶けやすい。
　　ウ　染料の多くは水に溶ける。
(2) 天然染料について；（　　　）
　　ア　動物の染料も植物の染料もある。
　　イ　インジゴはアイの葉から得られる色素である。
　　ウ　アリザリンは動物染料である。
(3) 合成染料について；（　　　）
　　ア　天然染料を合成することはできない。
　　イ　石油や石炭が原料である。
　　ウ　アゾ染料は合成染料である。

入試問題にチャレンジ！

答 ⇒ 別冊 p.51

1 次の空欄①〜③にあてはまるものの組み合わせとして最適なものを下から選べ。

右図は炭素，水素，酸素だけからなる有機化合物の元素分析装置の概略図である。試料をバーナーで熱して発生した気体は，熱した（ ① ）によって完全に酸化された後，（ ② ）によって水分が，（ ③ ）によって二酸化炭素が吸収される。

①，②，③の順に

- ア　酸化銅(Ⅱ)，塩化カルシウム，ソーダ石灰
- イ　酸化銅(Ⅱ)，塩化カルシウム，シリカゲル
- ウ　酸化銅(Ⅱ)，ソーダ石灰，シリカゲル
- エ　酸化銅(Ⅱ)，ソーダ石灰，塩化カルシウム
- オ　銅，塩化カルシウム，ソーダ石灰
- カ　銅，塩化カルシウム，シリカゲル
- キ　銅，ソーダ石灰，シリカゲル
- ク　銅，ソーダ石灰，塩化カルシウム

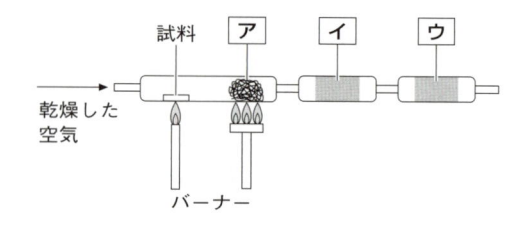

（武蔵工大）

2 以下の問いに答えよ。　原子量　C＝12.0，H＝1.0，O＝16.0

(1) 炭素，水素，酸素からなる化合物Aがある。その6.0 mgを燃やすと，二酸化炭素8.8 mgと水3.6 mgが生じた。この化合物の組成式を示せ。

(2) 化合物A 0.225 gを熱して蒸気にし，この体積を標準状態に換算すると，84.0 mLであった。この化合物Aの分子量を求めよ。

(3) 化合物Aの分子式と構造式を示せ。ただし，化合物Aは融点が17℃で，酸性を示す物質である。

（学習院大）

3 次の文章を読み，文中の空欄①〜⑥に最も適するものをそれぞれア〜ケから1つ選べ。

炭素と水素だけからできている化合物は炭化水素とよばれ，有機化合物の基本骨格になっている。炭化水素のうち，炭素原子が鎖状に結合しているものを（ ① ）炭化水素といい，炭素原子が環状に結合した部分を含むものを（ ② ）炭化水素という。（ ② ）炭化水素は，ベンゼン環をもつ（ ③ ）炭化水素と，それ以外の（ ④ ）炭化水素に分けられる。

また，炭素原子間の結合がすべて単結合のものを（ ⑤ ）炭化水素といい，炭素原子間に二重結合や三重結合を含むものを（ ⑥ ）炭化水素という。

- ア　環式
- イ　鎖式飽和
- ウ　脂肪酸
- エ　脂肪族
- オ　脂環式
- カ　芳香族
- キ　飽和
- ク　不斉
- ケ　不飽和

（明治大）

4 次の記述ア〜オのうち，正しいものはどれか。
- ア　アルカンは水より密度が小さく，水に溶けない。
- イ　アルカンはアルケンと同様に付加反応を起こしやすい。
- ウ　アルカンはアルケンとは異なり，どのような条件でも塩素とは反応しない。
- エ　直鎖状アルカンの沸点は，枝分かれ状の異性体の沸点より低い。
- オ　直鎖状アルカンの沸点は，炭素数の増加とともに低くなる。

(上智大)

5 次のa〜dの記述のうち，正しい組み合わせを下のア〜ケから選べ。
- a　アルカンでは置換反応，アルケンでは付加反応が起こる。
- b　エタン，エチレンの炭素－炭素結合では，その結合軸を回転軸として両側の原子が自由に回転できる。
- c　アセチレンは炭化カルシウムに水を加えると発生し，純粋なアセチレンは室温，大気圧下で無色有臭の気体である。
- d　アセチレンに水素を反応させると，エチレン，エタンが生じる。

　ア　a, b　　イ　a, b, c　　ウ　a, c　　エ　a, c, d
　オ　a, d　　カ　b, c　　キ　b, c, d　　ク　b, d
　ケ　c, d

(愛知工大)

6 次の文について，空欄①〜⑦にあてはまる適当な語句を下記のア〜ツから選べ。また，下線部の結果生じる化合物の構造式(略式)を書け。

　エチレンは（　①　）を1つもつ（　②　）の一種で，赤褐色の臭素水に通すと臭素水の色は（　③　）となる。また，エチレンは（　④　）することでポリエチレンを生じる。アセチレンは（　⑤　）の一種であり，少量の硫酸水銀(Ⅱ)存在下で水と反応させると（　⑥　）を生じる。（　⑥　）は還元性を示し，（　⑦　）反応を示す。

　ア　酢酸　　イ　ニンヒドリン　　ウ　銀鏡　　エ　アルカン　　オ　アルケン
　カ　アルキン　　キ　芳香族炭化水素　　ク　アセトアルデヒド　　ケ　けん化
　コ　重合　　サ　青色　　シ　赤色　　ス　無色　　セ　黒色　　ソ　単結合
　タ　二重結合　　チ　三重結合　　ツ　ホルムアルデヒド

(群馬大)

7 アルキンに関する次の記述ア〜エのうち，正しいものを2つ選べ。
- ア　炭化カルシウム1 molに水1 molを反応させると，アセチレン1 molが生成する。
- イ　アセチレンに水素を付加させると，エチレンを経てエタンになる。
- ウ　アセチレンを水と反応させると，ビニルアルコールを経て酢酸ビニルになる。
- エ　メチルアセチレンはアセチレンの同族体である。

(日本大)

8 メタノールに関する次の記述ア～オのうち，間違っているものはどれか。
　ア　異性体は存在しない。
　イ　工業的には触媒を用いて一酸化炭素と水素から合成される。
　ウ　1価のアルコールである。
　エ　第一級アルコールである。
　オ　低級アルコールではない。
（東京電機大）

9 分子式 $C_4H_{10}O$ で表され，互いに異性体の関係にある中性の化合物 A～H について以下の(1)～(4)に答えよ。
(1) 化合物 A～H に金属ナトリウムを作用させたところ，化合物 A～C は反応しなかったが，化合物 D～H は反応して水素を発生した。化合物 A～C と考えられる構造式を3つ書け。
(2) 化合物 D と E は光学異性体であった。これらを酸化して得られる中性化合物の構造式を書け。
(3) 化合物 F と G を酸化したところ，それぞれ別々のアルデヒドを与えたが，化合物 H は酸化されなかった。化合物 F または G と考えられる構造式を2つ書け。
(4) 化合物 H の構造式を書け。
（東邦大）

10 次の(1)，(2)の問いに答えよ。
(1) 次の文章中の化合物 A～E は，アルデヒド，エタノール，ギ酸，酢酸，酢酸エチルのいずれかである。A～E はそれぞれ何であるか。最も適切なものを，下のア～オのなかからそれぞれ1つずつ選べ。
　　A，B，C は単体のナトリウムと反応し，水素を発生する。A と C は炭酸ナトリウム水溶液を加えると気体を発生する。A と B の混合物に少量の濃硫酸を加えて加熱すると，D が得られる。C と E は，アンモニア性硝酸銀水溶液を加えて温めると，銀が析出する。B を硫酸酸性の二クロム酸カリウム水溶液を用いて酸化すると E が得られる。E を酸化すると A が得られる。
　ア　アセトアルデヒド　イ　エタノール　ウ　ギ酸　エ　酢酸　オ　酢酸エチル
(2) 次のア～オのうちで，誤りを含むものはどれか。1つ選べ。
　ア　油脂は，脂肪酸とグリセリンのエステルである。
　イ　油脂には，脂肪と脂肪油がある。
　ウ　油脂の融点は，一般に炭素数が多いほど高くなる。
　エ　構成成分として高級飽和脂肪酸を多く含む油脂は，常温で液体のものが多い。
　オ　乾性油は，脂肪油の一種で，不飽和度が高いために空気中で酸化されて固化する。
（千葉工大）

11 次のア～エのうち，芳香族化合物に関する記述として正しいものを2つ選べ。

ア　ベンゼンの水素原子2個を塩素原子2個で置換すると，構造の異なる3種類のジクロロベンゼンが得られる。

イ　フェノールは水溶液中で弱い塩基性を示す。

ウ　安息香酸はヒドロキシ基とカルボキシ基をもっており，フェノール類とカルボン酸の両方の性質を示す。

エ　アニリンはニトロベンゼンを還元すると得られる。
　　　　　　　　　　　　　　　　　　　　　　　　　　　　　　　　　　　（武蔵工大）

12 次の文を読んで(1)～(3)の問いに答えよ。

分子式 $C_9H_{10}O_2$ のベンゼン環をもつ化合物 A を水酸化ナトリウム水溶液で完全に加水分解すると，B が生じた。<u>この B を含む水溶液に二酸化炭素を十分に通じると，フェノールが得られた。</u>一方，B と二酸化炭素を高温高圧下で反応させると C が生じたが，これに（　①　）を作用させるとサリチル酸が得られた。サリチル酸に（　②　）を反応させると解熱鎮痛剤として知られる D が得られた。

(1)　A，B，C，D の構造式を書け。　　(2)　下線部の反応を化学反応式で示せ。

(3)　空欄①，②に適切な物質名を記せ。
　　　　　　　　　　　　　　　　　　　　　　　　　　　　　　　　　　　（関西学院大）

13　ベンゼン，アニリン，安息香酸の混合物を含むジエチルエーテルがある。a～c によって分離したとき A，B，C から取り出せる化合物は何か。下のア～オから選べ。

a　ジエチルエーテル溶液に希塩酸を加えて振り，分離した水層を A とした。

b　水層 A を除いた後，ジエチルエーテル層に薄い水酸化ナトリウム水溶液を加えて振り，分離したジエチルエーテル層を B とした。

c　b の水層を C とした。

　A，B，C の順に　　　　　　　　　ア　アニリン，ベンゼン，安息香酸
　　イ　ベンゼン，アニリン，安息香酸　ウ　安息香酸，ベンゼン，アニリン
　　エ　アニリン，安息香酸，ベンゼン　オ　安息香酸，アニリン，ベンゼン　（センター試験）

14　高級脂肪酸ナトリウム塩であるセッケン X と代表的合成洗剤である硫酸アルキルナトリウム Y を比較したときの説明で正しいものをア～オから2つ選べ。

ア　X の水溶液は弱塩基性を示すが，Y の水溶液は弱酸性を示す。

イ　X と異なり Y が硬水中でもよく泡立つのは，硫酸塩の場合はカルシウムやマグネシウムとの塩でも水によく溶けるからである。

ウ　X の合成にはけん化反応が利用されるが，Y の合成には逆反応であるエステル化反応が利用される。

エ　水溶液中で，X は親水基を外側に向けたミセルをつくるが，Y は逆方向である。

オ　脂肪油に X の水溶液を混合すると乳化するが，Y の水溶液では乳化は起こらない。
　　　　　　　　　　　　　　　　　　　　　　　　　　　　　　　　　　　（自治医大）

5編 高分子化合物

1章 高分子化合物と糖類

> 重合反応には付加重合と縮合重合がある。

🔑1 □ 高分子化合物

① 高分子化合物…一般に，分子量が約1万以上の物質。自然界に存在する**天然高分子化合物**と，人工的につくられる**合成高分子化合物**がある。

② ┌ **単量体（モノマー）**…高分子化合物の単位となる小さい分子量の物質。
　 └ **重合体（ポリマー）**…単量体が連なった高分子化合物。

🔑2 □ 糖類の分類

① **単糖類**…それ以上加水分解されない糖類。**グルコース**など。
② **二糖類**…加水分解によって単糖類2分子が生じる糖類。**マルトース**など。
③ **多糖類**…加水分解によって多数の単糖類が生じる糖類。**デンプン**など。

🔑3 □ 単糖類

> C原子が6個からなる単糖類はヘキソースという。

① 単糖類の性質…水に溶け，還元性あり。➡ 銀鏡反応・フェーリング液の還元
② **グルコース**…分子式は $C_6H_{12}O_6$。水溶液中では次のような平衡状態にある。

（α-グルコース ⇌ 鎖状構造のグルコース ⇌ β-グルコース の構造式）

③ アルコール発酵…単糖類は酵母菌の酵素群**チマーゼ**によって次のように分解される。　$C_6H_{12}O_6 \longrightarrow 2C_2H_5OH + 2CO_2$

🔑4 □ 二糖類

> スクロース以外は還元性を示す。

加水分解…$C_{12}H_{22}O_{11} + H_2O \longrightarrow C_6H_{12}O_6 + C_6H_{12}O_6$

マルトース　→　グルコース　＋　グルコース
スクロース　→　グルコース　＋　フルクトース
ラクトース　→　グルコース　＋　ガラクトース

🔑5 □ 多糖類

> 加水分解すると，デンプン→デキストリン，セルロース→セロビオース。

① **デンプン**…多数のα-グルコースが縮合重合した構造の高分子化合物。水に可溶な**アミロース**と水に不溶な**アミロペクチン**の2つの成分からなる。
② **セルロース**…多数のβ-グルコースが縮合重合した構造の高分子化合物。
③ **ヨウ素デンプン反応**…デンプン水溶液＋ヨウ素溶液 ➡ **青～青紫色**

基礎の基礎を固める！ （　）に適語を入れよ。　答➡別冊 p.54

1 高分子化合物 🗝1
① (①　　　　　　　　)…分子量が1万以上の化合物。
② (②　　　　　　　　)…自然界に存在する高分子化合物。
③ (③　　　　　　　　)…人工的につくられた高分子化合物。
④ 高分子化合物の単位となる小さい分子量の物質を(④　　　　　　)といい，これらが連なってできた高分子化合物を(⑤　　　　　　)という。

2 糖類の分類 🗝2
① グルコースやフルクトースのように，それ以上加水分解されないような糖類を(⑥　　　　　　)という。
② マルトースやスクロースのように，加水分解すると(⑦　　　　　　)分子の単糖類が生じる糖類を(⑧　　　　　　)という。
③ デンプンやセルロースのように，加水分解すると(⑨　　　　　　)の単糖類を生じる糖類を(⑩　　　　　　)という。

3 単糖類 🗝3
① 単糖類は水に溶け，また，(⑪　　　　　　)性を示すので(⑫　　　　　　)反応を呈する。
② 単糖類は，酵母菌の酵素群チマーゼによって分解し，(⑬　　　　　　)と二酸化炭素を生成する。

4 二糖類 🗝4
① マルトースは，加水分解すると2分子の(⑭　　　　　　)が生じる。
② スクロースは，加水分解するとグルコースと(⑮　　　　　　)が生じる。
③ ラクトースは，加水分解するとグルコースと(⑯　　　　　　)が生じる。
④ 二糖類のうち，(⑰　　　　　　)以外は還元性を示す。

5 多糖類 🗝5
① (⑱　　　　　　)…多数のα-グルコースが縮合重合した構造の高分子化合物である。
② (⑲　　　　　　)…多数のβ-グルコースが縮合重合した構造の高分子化合物である。
③ デンプン水溶液にヨウ素溶液（ヨウ素ヨウ化カリウム水溶液）を加えると，**青〜青紫色**を呈する。これを(⑳　　　　　　)**反応**という。

テストによく出る問題を解こう！

答 ⇒ 別冊 p.54

1 [高分子化合物]

下の物質ア～クのうち，次の(1)，(2)にあてはまるものをすべて選べ。

(1) 天然高分子化合物　　　　　　　　　　　　　　（　　　　　　）
(2) 合成高分子化合物　　　　　　　　　　　　　　（　　　　　　）

ア　ドライアイス　　　イ　タンパク質　　　ウ　ナイロン　　　エ　スクロース
オ　セルロース　　　　カ　合成ゴム　　　　キ　ポリエチレン　ク　デンプン

2 [二糖類・多糖類の構成] 必修

次の(1)～(4)の糖を構成する単糖類の名称を，それぞれすべて書け。

(1) セルロース　　　　　　　　　　（　　　　　　　　　）
(2) デンプン　　　　　　　　　　　（　　　　　　　　　）
(3) マルトース　　　　　　　　　　（　　　　　　　　　）
(4) スクロース　　　　　　　　　　（　　　　　　　　　）

3 [糖の還元性] 必修

次の(1)，(2)にあてはまる糖類を，あとのア～クからそれぞれすべて選べ。

(1) 単糖類　　　　　　　　　　　　　　　　　　　（　　　　　　）
(2) 銀鏡反応を示さないもの　　　　　　　　　　　（　　　　　　）

ア　グルコース　　　イ　スクロース　　　ウ　セロビオース　　エ　デンプン
オ　セルロース　　　カ　マルトース　　　キ　フルクトース　　ク　ラクトース

4 [グルコース]

次の記述(1)～(5)について，正しいものには○，誤っているものには×を記せ。

(1) グルコースは水に溶けやすい。　　　　　　　　　　　　　　　（　　　）
(2) グルコースは水溶液中で，α-グルコースと鎖状構造のグルコースとβ-グルコースの3種の構造の間に平衡状態になっている。　　　　　　　　　（　　　）
(3) α-グルコースのOH基の数と鎖状構造のグルコースのOH基の数は異なる。
　　　　　　　　　　　　　　　　　　　　　　　　　　　　　　（　　　）
(4) グルコース水溶液が銀鏡反応を示すのは，α-グルコースがアルデヒド基をもつことによる。　　　　　　　　　　　　　　　　　　　　　　　（　　　）
(5) α-グルコースと鎖状構造のグルコースとβ-グルコースの各分子式は，互いに同じである。　　　　　　　　　　　　　　　　　　　　　　　　（　　　）

5 ［アルコール発酵］

単糖類は酵素群チマーゼによって分解され，エタノールになる。次の(1)，(2)の問いに答えよ。　原子量；H＝1.0，C＝12.0，O＝16.0

(1) グルコースが分解されるときの変化を，化学反応式で表せ。
（　　　　　　　　　　　　　　　　）

(2) グルコース 18 g から得られるエタノールは，理論上，何 g か。
（　　　　　　　　　　　　　　　　）

6 ［スクロース］

次の文章を読み，あとの(1)～(3)の問いに答えよ。

　スクロースは二糖類で，右の図のような構造をしている。スクロースの水溶液に希硫酸を加えて加水分解すると，2種類の単糖類の混合物が得られる。

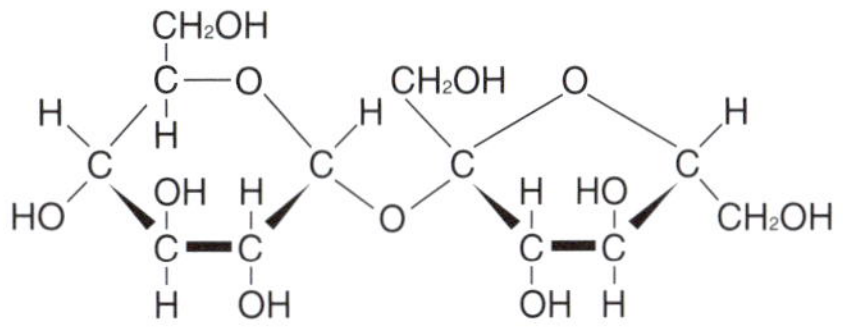

(1) 単糖類の分子どうしを結びつけている－C－O－C－の結合を何というか。
（　　　　　　　　）

(2) スクロースは還元性を示すか。　　　　（　　　　　　　　）

(3) 下線部の混合物について，
　① この混合物を何というか。　　　　　　（　　　　　　　　）
　② この混合物を構成する単糖類は何と何か。　（　　　　　　　　）
　③ この混合物は還元性を示すか。　　　　（　　　　　　　　）

ヒント (2) 同じ炭素原子にエーテル結合－O－とヒドロキシ基－OH が結びついた構造（ヘミアセタール構造）が，糖類の還元性のもととなる。スクロースは，単糖類のヘミアセタール構造の部分を使って縮合している。

7 ［デンプンとセルロース］

次の文章を読み，あとの(1)，(2)の問いに答えよ。

　デンプンは，多数の（ ① ）が縮合したものである。デンプンの分子には，a 直鎖状の構造をもつものと，b 枝分かれの多い構造をもつものがある。デンプンを加水分解すると，比較的分子量の小さい（ ② ）を経て，二糖類の（ ③ ），さらに単糖類へと変化する。一方，セルロースは，多数の（ ④ ）が縮合したものである。セルロースを酵素セルラーゼによって加水分解すると，二糖類の（ ⑤ ）に変化する。

(1) 文章中の①～⑤に適当な語句を入れよ。
　①（　　　　　　）②（　　　　　　）③（　　　　　　）
　④（　　　　　　）⑤（　　　　　　）

(2) 下線部 a，b の構造をもつデンプンを，それぞれ何というか。
　　　　　　　　　　a（　　　　　　　）b（　　　　　　　）

2章 タンパク質と核酸

6 □ アミノ酸

① **α-アミノ酸**…同一の炭素原子にアミノ基−NH₂ とカルボキシ基−COOH が結合している**物質**。天然のタンパク質を構成するα-アミノ酸は，約20種類。

> RがHならグリシン，CH₃ならアラニン。

α-アミノ酸
$$\begin{array}{c} H \\ | \\ R-C-COOH \\ | \\ NH_2 \end{array}$$

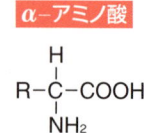

② **光学異性体**…グリシン以外のα-アミノ酸は**不斉炭素原子**をもつので，**光学異性体**が存在する。

③ **双性イオン**…アミノ酸は，結晶内では，分子内に＋の電荷をもつ部分と－の電荷をもつ部分をあわせもった構造をとる。

双性イオン
$$\begin{array}{c} H \\ | \\ R-C-COO^- \\ | \\ NH_3^+ \end{array}$$

④ **アミノ酸の性質**…一般の有機化合物に比べると，融点や沸点が高く，水に溶けやすい。

⑤ **アミノ酸の水溶液**…アミノ酸は，水溶液中では陽イオン，双性イオン，陰イオンの3つが平衡の状態にある。酸性溶液中では陽イオンが多く，塩基性溶液中では陰イオンが多い。

陽イオン		双性イオン		陰イオン
$\begin{array}{c} H \\ \| \\ R-C-COOH \\ \| \\ NH_3^+ \end{array}$	⇌	$\begin{array}{c} H \\ \| \\ R-C-COO^- \\ \| \\ NH_3^+ \end{array}$	⇌	$\begin{array}{c} H \\ \| \\ R-C-COO^- \\ \| \\ NH_2 \end{array}$

⑥ **等電点**…アミノ酸の陽イオン，双性イオン，陰イオンの電荷の和が0になるpH。等電点では，アミノ酸は電気泳動しない。

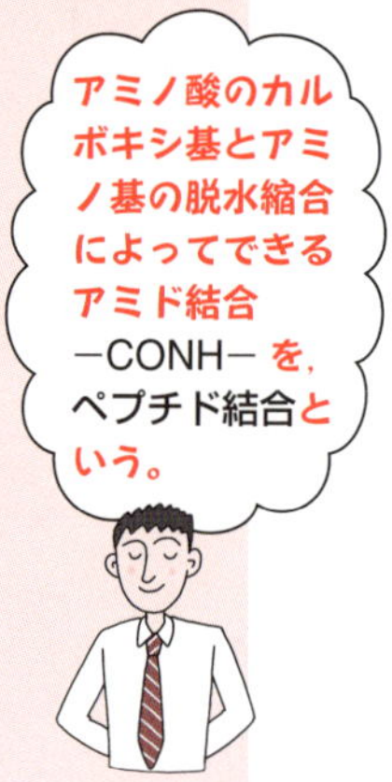

⑦ **ペプチド**…**ペプチド結合**をもつ化合物。アミノ酸2分子からなるものは**ジペプチド**とよばれる。

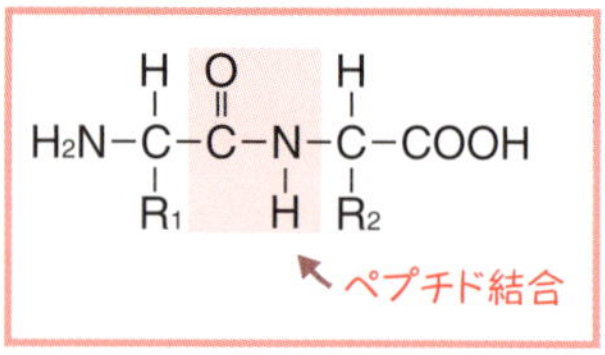

> アミノ酸のカルボキシ基とアミノ基の脱水縮合によってできるアミド結合−CONH− を，ペプチド結合という。

$$\begin{array}{c} H \quad O \quad H \\ | \quad \| \quad | \\ H_2N-C-C-N-C-COOH \\ | \quad\quad | \quad | \\ R_1 \quad\quad H \quad R_2 \end{array}$$
↑ペプチド結合

⑧ **アミノ酸の反応**…アルコールと**エステル**，無水酢酸と**アミド**をつくる。

7 □ タンパク質

① **タンパク質**…多数のα-アミノ酸がペプチド結合で結びついた高分子。

② **タンパク質の構造**…**一次構造**（アミノ酸の配列順序），**二次構造**（アミノ酸どうしの間での水素結合によるらせん構造やシート状構造），**三次構造**（二次構造が折りたたまれたもの），**四次構造**（三次構造の集合体）

> タンパク質が変性するのは，二次構造が破壊されるため。

③ **タンパク質の変性**…タンパク質は，熱や酸，塩基，アルコールなどによって凝固する。凝固したものは，もとに戻らない。

④ タンパク質の呈色反応
- **キサントプロテイン反応**…濃 HNO_3 を加えて加熱すると，**黄色**に呈色。さらに濃 NH_3 水を加えると，**橙黄色**に呈色。➡タンパク質を構成するアミノ酸がベンゼン環をもっている。
- **ビウレット反応**…$NaOH$ 水溶液と少量の $CuSO_4$ 水溶液を加えると，**赤紫色**に呈色。➡タンパク質中にペプチド結合が 2 つ以上含まれる。
- **ニンヒドリン反応**…ニンヒドリン溶液を加えて加熱すると，**赤紫〜青紫色**に呈色。アミノ酸でも呈色する。➡アミノ基 $-NH_2$ をもつ。
- **硫黄反応**…$NaOH$ の固体を加えて熱し，$(CH_3COO)_2Pb$ 水溶液を加えると，**黒色沈殿**が生成。➡タンパク質中に硫黄原子が含まれる。

8 □ 核 酸

> DNA は二重らせん構造をとり，細胞分裂するときに複製される。

① **核酸**…五炭糖に窒素を含む有機塩基とリン酸が結合した物質（**ヌクレオチド**）が脱水縮合してできた高分子化合物。

② **DNA**…遺伝子の本体で，おもに細胞の核に存在する。
- 五炭糖は**デオキシリボース** $C_5H_{10}O_4$ で，含まれる塩基は**アデニン，グアニン，シトシン，チミン**の 4 種類。

> 伝令 RNA (mRNA)，運搬 RNA (tRNA)，リボソーム RNA (rRNA) の 3 種類がある。

③ **RNA**…核にも細胞質にも存在し，タンパク質の合成にかかわる。
- 五炭糖は**リボース** $C_5H_{10}O_5$ で，含まれる塩基は**アデニン，グアニン，シトシン，ウラシル**の 4 種類。

9 □ 酵 素

① **酵素**…生体内での反応における触媒。タンパク質からなる。

酵素名	基質・生成物
アミラーゼ	デンプン ⟶ マルトース
マルターゼ	マルトース ⟶ グルコース
インベルターゼ	スクロース ⟶ グルコース ＋ フルクトース
リパーゼ	脂肪 ⟶ 脂肪酸 ＋ モノグリセリド
カタラーゼ	過酸化水素 ⟶ 水 ＋ 酸素

> 高温ではタンパク質が変性し，酵素ははたらきを失う（失活）。

② **基質特異性**…酵素は，それぞれ**特定の物質**（**基質**）にしか作用しない。それは，酵素はその特定部分（**活性部位**）に適合する基質とだけ結合し，**酵素基質複合体**をつくって反応を進行させるためである。

③ **最適温度**…酵素が最もよくはたらく温度。通常は 35 〜 40℃。

④ **最適 pH**…酵素が最もよくはたらく pH。 ← ペプシン pH 2，アミラーゼ pH 7，トリプシン pH 8 など。

基礎の基礎を固める！　（　）に適語を入れよ。　答 ⇒ 別冊 p.55

6 アミノ酸　○ー6

① 同一の炭素原子に（❶　　　）基と（❷　　　）基が結合している化合物を α-アミノ酸という。
② グリシン以外の α-アミノ酸は（❸　　　）をもつので**光学異性体**が存在する。
③ アミノ酸は，結晶内や水中では，分子内に＋の電荷をもつ部分と－の電荷をもつ部分をあわせもった（❹　　　）として存在する。
④ アミノ酸は，水溶液中では**陽イオン**，**双性イオン**，**陰イオン**が平衡状態にあり，酸性溶液中では（❺　　　）が多く，塩基性溶液中では（❻　　　）が多い。
⑤ アミノ酸の水溶液中で，陽イオン，双性イオン，陰イオンの電荷の和が0となるときのpHを（❼　　　）という。
⑥ アミノ基とカルボキシ基から H_2O が取れてできた結合を（❽　　　）結合という。

7 タンパク質　○ー7

① タンパク質は，多数の（❾　　　）のペプチド結合による高分子である。
② タンパク質中のアミノ酸のペプチド結合による配列順序を**一次構造**，ペプチド結合間の水素結合によるらせん構造などを（❿　　　）という。
③ （⓫　　　）…タンパク質が熱や酸・塩基，アルコールなどによって凝固する。
④ （⓬　　　）反応…濃硝酸を加えて加熱すると**黄色**になり，さらにアンモニア水を加えると**橙黄色**に呈色する反応。
⑤ （⓭　　　）反応…水酸化ナトリウム水溶液と少量の硫酸銅（Ⅱ）水溶液を加えると，赤紫色に呈色する反応。

8 核　酸　○ー8

① （⓮　　　）…五炭糖に窒素を含む有機塩基とリン酸が結合した物質。
② （⓯　　　）…多数のヌクレオチドが脱水縮合してできた化合物。
③ 核酸のうち，構成成分の五単糖がデオキシリボースであるものを（⓰　　　），リボースであるものを（⓱　　　）という。
④ DNAは遺伝子の本体で，おもに細胞の（⓲　　　）に存在する。
⑤ RNAには，**伝令RNA**，（⓳　　　），**リボソームRNA**の3種類がある。

9 酵　素　○ー9

① 酵素は（⓴　　　）からなり，生体内の反応の（㉑　　　）としてはたらく。
② 酵素には**基質特異性**があり，また，**最適**（㉒　　　），**最適pH**がある。

5編　高分子化合物

テストによく出る問題を解こう！

答 ➡ 別冊 p.55

8 [α-アミノ酸①] 必修

次の文章を読み，あとの(1)，(2)の問いに答えよ。

タンパク質を加水分解すると得られるα-アミノ酸は，1つの炭素原子に（ ① ）基と（ ② ）基が結合した化合物である。その一般式は R－CH(NH$_2$)－COOH で表され，R が（ ③ ）のものはグリシン，（ ④ ）のものはアラニンとよばれる。グリシン以外のα-アミノ酸には（ ⑤ ）があり，光学異性体が存在する。

(1) ①〜⑤に適当な語句や記号を入れよ。
 ① (　　　　　) ② (　　　　　) ③ (　　　　　)
 ④ (　　　　　) ⑤ (　　　　　)

(2) 下の図は，アラニンの構造を示したものである。これと対になる光学異性体の構造を右の枠内に示せ。

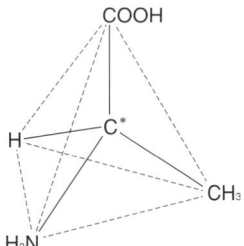

9 [α-アミノ酸②] 必修

α-アミノ酸の一般式は，R－CH(NH$_2$)－COOH で表される。次の(1)，(2)の問いに答えよ。

(1) 酸性溶液中，塩基性溶液中，結晶中におけるアミノ酸のおもな状態を，下の枠内にそれぞれ書け。

　酸性溶液中　　　　　塩基性溶液中　　　　　結晶中

(2) 結晶中でみられるようなアミノ酸の状態を何というか。 (　　　　　)

10 [α-アミノ酸の反応]

次の(1)，(2)の反応を化学反応式で表せ。

(1) アラニンとエタノールの反応 　(　　　　　)
(2) アラニンと無水酢酸の反応 　(　　　　　)

ヒント (1)はエステル化，(2)はアセチル化である。

2章 タンパク質と核酸

11 [ペプチド]

次の文章を読み，あとの(1), (2)の問いに答えよ。

ジペプチドは，2つのアミノ酸が（ ① ）基と（ ② ）基の部分で脱水縮合したものである。このときにできるアミド結合は，特に（ ③ ）結合とよばれている。

(1) ①〜③に適当な語句や記号を入れよ。

① (　　　　　　　) ② (　　　　　　　) ③ (　　　　　　　)

(2) 3種類のアミノ酸 A, B, C が結びついてできるトリペプチドは，何種類あるか。

(　　　　　　　)

ヒント (2) A のカルボキシ基と B のアミノ基でペプチド結合ができる場合と，B のカルボキシ基と A のアミノ基でペプチド結合ができる場合では，異なるジペプチドができる。

12 [タンパク質の反応]

次の文章の空欄①〜④に，適当な語句を入れよ。

タンパク質は，水素結合などによって特有の立体構造をとっている。しかし，熱や酸，アルコールなどを作用させると，この立体構造が破壊されて凝固し，タンパク質としての機能を失う。これを，タンパク質の（ ① ）という。

ベンゼン環をもつタンパク質の水溶液に濃硝酸を加えて加熱すると，黄色に呈色する。この反応は（ ② ）反応とよばれ，ベンゼン環が（ ③ ）化されるために起こる。また，タンパク質の水溶液に水酸化ナトリウムと硫酸銅(Ⅱ)水溶液を加えると，赤紫色に呈色する。この反応は（ ④ ）反応とよばれ，タンパク質の検出によく用いられる。

① (　　　　　　　) ② (　　　　　　　)
③ (　　　　　　　) ④ (　　　　　　　)

13 [核酸の成分]

次の(1)〜(4)の問いに答えよ。

(1) 核酸の成分元素を，炭素，水素，酸素以外に2つ書け。

(　　　　　　　) (　　　　　　　)

(2) 核酸の単量体を何というか。　　　　　　　(　　　　　　　)

(3) 核酸の単量体の成分物質を，有機塩基以外に2つ書け。

(　　　　　　　) (　　　　　　　)

(4) すべての核酸に含まれる有機塩基を，アデニン以外に2つ書け。

(　　　　　　　) (　　　　　　　)

ヒント 核酸は，3種類の成分物質からなる単量体が縮合重合してできる高分子化合物である。核酸を構成する有機塩基は4種類で，そのうち3種類はすべての核酸に含まれる。

14 [DNAとRNA] 必修

次の(1)〜(9)について，DNAに関するものにはD，RNAに関するものにはR，DNAとRNAの両方に関するものにはDRを書け。

(1) 成分の糖の分子式が$C_5H_{10}O_5$である。　　　　　　　　　　　（　　　）
(2) 成分物質は五炭糖，有機塩基，リン酸である。　　　　　　　　　（　　　）
(3) 二重らせん構造をとる。　　　　　　　　　　　　　　　　　　　（　　　）
(4) おもに核に存在する。　　　　　　　　　　　　　　　　　　　　（　　　）
(5) タンパク質のアミノ酸の配列順を決める。　　　　　　　　　　　（　　　）
(6) タンパク質のアミノ酸の配列順を伝える。　　　　　　　　　　　（　　　）
(7) ポリヌクレオチドである。　　　　　　　　　　　　　　　　　　（　　　）
(8) リボソームと結合し，タンパク質の合成の準備をする。　　　　　（　　　）
(9) 構成塩基は4種類である。　　　　　　　　　　　　　　　　　　（　　　）

ヒント DNAとRNAは，成分はほとんど同じだが，構造とはたらきが大きく異なる。

15 [酵素の成分と性質] 必修

次のア〜オのうち，正しいものを2つ選べ。　　　　　　　　（　　　　　）

ア　酵素は，炭素，水素，酸素を成分元素とする高分子化合物である。
イ　酵素は，生体内における反応の活性化エネルギーを小さくするはたらきをもつ。
ウ　酵素の多くは，温度が高いほどそのはたらきが活発になる。
エ　酵素マルターゼは，マルトースやスクロースなどの二糖類に作用して，単糖類とするはたらきをもつ。
オ　酵素には，pHが小さい水溶液でよくはたらくものや，pHが7または7以上のときによくはたらくものがある。

ヒント 酵素は，タンパク質からなる生体内の触媒である。基質特異性や最適温度，最適pHなど，無機触媒とは異なる性質をもつ。

16 [酵素の反応] テスト

次のア〜エのうち，誤っているものはどれか。　　　　　　　　（　　　　　）

ア　油脂にリパーゼを作用させると，脂肪酸とモノグリセリドが生じる。
イ　スクロースにインベルターゼを作用させると，グルコースとフルクトースが生じる。
ウ　デンプンにアミラーゼを作用させると，グルコースが生じる。
エ　過酸化水素にカタラーゼを作用させると，水と酸素が生じる。

3章 繊維

10 □ 天然繊維
① **植物繊維**…木綿や麻などセルロースを主成分とする。
② **動物繊維**…絹や羊毛などタンパク質を主成分とする。

11 □ 再生繊維と半合成繊維
① 再生繊維…パルプなどのセルロースを主成分とする短繊維を試薬に溶かし、紡糸して長い繊維として再生させる繊維。
② 銅アンモニアレーヨン（キュプラ）…セルロースを**シュワイツァー試薬**（濃アンモニア水 + 水酸化銅(Ⅱ)）に溶かした溶液を希硫酸中で紡糸する。
③ ビスコースレーヨン…セルロースを NaOH 水溶液に浸し、これに CS_2 を反応させた溶液（ビスコース）を希硫酸中で紡糸する。
④ アセテート繊維…セルロースを無水酢酸でアセチル化したものを加水分解してジアセチルセルロースとし、アセトン中で紡糸する。➡半合成繊維

> セルロースの再生繊維をレーヨンという。

12 □ 合成繊維

① ナイロン66

$n\,HOOC\text{-}(CH_2)_4\text{-}COOH$ （アジピン酸） $+$ $n\,H_2N\text{-}(CH_2)_6\text{-}NH_2$ （ヘキサメチレンジアミン）

$\xrightarrow{縮合重合}$ $\displaystyle -[CO\text{-}(CH_2)_4\text{-}CO\text{-}NH\text{-}(CH_2)_6\text{-}NH]_n-$ （ナイロン66） $+\ 2n\,H_2O$

② ナイロン6

$n\,H_2C\begin{smallmatrix}CH_2\text{-}CH_2\text{-}CO\\CH_2\text{-}CH_2\text{-}NH\end{smallmatrix}$ （ε-カプロラクタム） $\xrightarrow{開環重合}$ $\displaystyle -[NH\text{-}(CH_2)_5\text{-}CO]_n-$ （ナイロン6）

③ ポリエチレンテレフタラート

$n\,HOOC\text{-}C_6H_4\text{-}COOH$ （テレフタル酸） $+$ $n\,HO\text{-}(CH_2)_2\text{-}OH$ （エチレングリコール）

$\xrightarrow{縮合重合}$ $\displaystyle -[OC\text{-}C_6H_4\text{-}COO\text{-}(CH_2)_2\text{-}O]_n-$ （ポリエチレンテレフタラート） $+\ 2n\,H_2O$

④ ビニロン

$n\,CH_2\text{=}CH(OCOCH_3)$ （酢酸ビニル） $\xrightarrow{付加重合}$ $-[CH_2\text{-}CH(OCOCH_3)]_n-$ （ポリ酢酸ビニル） $\xrightarrow{けん化}$ $-[CH_2\text{-}CH(OH)]_n-$ （ポリビニルアルコール）

$\xrightarrow[アセタール化]{HCHO}$ $\cdots\text{-}CH_2\text{-}CH\text{-}CH_2\text{-}CH\text{-}CH_2\text{-}$（$O\text{-}CH_2\text{-}O$）（ビニロン）

⑤ アクリル繊維

$n\,CH_2\text{=}CH(CN)$ （アクリロニトリル） $\xrightarrow{付加重合}$ $-[CH_2\text{-}CH(CN)]_n-$ （アクリル繊維）

> ナイロンはポリアミド系繊維、ポリエチレンテレフタラートはポリエステル系繊維という。

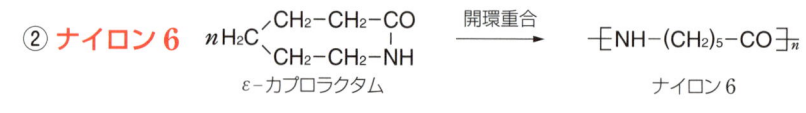

基礎の基礎を固める！　　（　）に適語を入れよ。　答⇒別冊 p.58

10 天然繊維　🔑 10

① (❶　　　　　)…木綿や麻などセルロースを主成分とする繊維。
② (❷　　　　　)…絹や羊毛などタンパク質を主成分とする繊維。

11 再生繊維と半合成繊維　🔑 11

① (❸　　　　　)…パルプなどのセルロースを主成分とする短繊維を試薬に溶かし，紡糸して長い繊維として再生させる繊維。
② 銅アンモニアレーヨンは，セルロースを (❹　　　　　) 試薬とよばれる濃アンモニア水に水酸化銅(Ⅱ)加えた溶液に溶かし，この溶液を (❺　　　　　) 中に押し出して紡糸する。
③ ビスコースレーヨンは，セルロースを (❻　　　　　) 水溶液に浸し，これに二硫化炭素を反応させた溶液を希硫酸中に押し出して紡糸する。
④ アセテート繊維は，セルロースを (❼　　　　　) でアセチル化したものを加水分解してジアセチルセルロースとし，アセトン中で紡糸する。この繊維は，再生繊維ではなく，(❽　　　　　) 繊維とよばれる。

12 合成繊維　🔑 12

① ナイロン 66 は，(❾　　　　　) とヘキサメチレンジアミンから (❿　　　　　) して得られる合成繊維である。
② ナイロン 6 は，環の構造をもった (⓫　　　　　) に水を加えて加熱すると，環のアミド結合の部分が開いて次々に結合して得られる高分子化合物である。このような重合を (⓬　　　　　) という。
③ ポリエチレンテレフタラートは，2価の酸の (⓭　　　　　) と2価のアルコールのエチレングリコールから (⓮　　　　　) して得られる合成繊維である。
④ ナイロン 66 とナイロン 6 は，ともに多数の (⓯　　　　　) 結合をもつ繊維で**ポリアミド系繊維**といい，ポリエチレンテレフタラートは，多数の (⓰　　　　　) 結合をもつ繊維で**ポリエステル系繊維**という。
⑤ ビニロンは，酢酸ビニルを (⓱　　　　　) させてポリ酢酸ビニルとし，これを水酸化ナトリウム水溶液でけん化すると (⓲　　　　　) が得られる。これをホルムアルデヒドで (⓳　　　　　) 化するとビニロンが得られる。
⑥ (⓴　　　　　)…アクリロニトリルを付加重合して得られる。

テストによく出る問題を解こう！

答 ➡ 別冊 p.58

17 ［天然繊維］

次の(1)～(4)の文のうち，正しいものには○，誤っているものには×を記せ。

(1) 綿はセルロースからなる繊維で，内部には中空部分があり，吸湿性や吸水性が大きい。
（　　　）

(2) 麻は多数のアラニンからなるポリペプチドで，らせん構造をとるため熱伝導率が大きく，夏用の衣料によく用いられる。
（　　　）

(3) 絹はフィブロインというタンパク質からなり，美しい光沢をもつ繊維である。
（　　　）

(4) 羊毛は多数のエステル結合をもつケラチンを主成分とする繊維で，分子間に架橋構造があるため，しわになりにくい。
（　　　）

ヒント 植物繊維の主成分はセルロース，動物繊維の主成分はタンパク質である。

18 ［化学繊維の分類］

次のア～カの化学繊維を，あとの(1)～(3)に分類せよ。

- ア　ビニロン
- イ　アクリル繊維
- ウ　アセテート繊維
- エ　レーヨン
- オ　ポリエステル
- カ　ナイロン

(1) 合成繊維　　　　　　　　　　　　　　（　　　　　　　）
(2) 半合成繊維　　　　　　　　　　　　　（　　　　　　　）
(3) 再生繊維　　　　　　　　　　　　　　（　　　　　　　）

19 ［再生繊維］

次の文章を読み，あとの(1)，(2)の問いに答えよ。

　木材パルプのセルロースなどの短繊維をいったん溶媒に溶かし，それを細孔から押し出して長繊維にしたものを（　①　）という。セルロースを水酸化ナトリウムと二硫化炭素で処理すると，（　②　）とよばれるコロイド溶液が得られる。このコロイド溶液を希硫酸中に押し出して繊維としたものが（　③　）であり，薄膜状にしたものが（　④　）である。また，水酸化銅(Ⅱ)を濃アンモニア水に溶かした溶液にセルロースを溶かし，これを希硫酸に押し出すと，（　⑤　）とよばれる繊維が得られる。

(1) ①～⑤に適当な語句を入れよ。

① （　　　　　　　）② （　　　　　　　）③ （　　　　　　　）
④ （　　　　　　　）⑤ （　　　　　　　）

(2) 下線部の溶液を何というか。　　　　　　　　　　　　　（　　　　　　　）

20 [合成繊維] テスト

次の(1), (2)の問いに答えよ。　原子量；H=1.0, C=12.0, N=14.0, O=16.0

(1) ポリエチレンテレフタラートの平均分子量が 5.76×10^4 のとき，1分子中に平均で何個のエステル結合があるか。　　　　　　　　　（　　　　　　　　）

(2) ナイロン66の平均分子量が 2.26×10^5 のとき，1分子中に平均で何個のアミド結合があるか。　　　　　　　　　　　　　　　　（　　　　　　　　）

ヒント　繰り返し単位の式量から，重合度を求める。

21 [合成繊維の単量体] テスト

次のA〜Eの繊維の名称と単量体の名称を，それぞれ書け。

A　$-[-\underset{\underset{O}{\|}}{C}-C_6H_4-\underset{\underset{O}{\|}}{C}-O-CH_2-CH_2-O-]_n-$

B　$-[-CH_2-\underset{CN}{CH}-]_n-$

C　$-[-\underset{\underset{O}{\|}}{C}-(CH_2)_5-NH-]_n-$

D　$-[-\underset{\underset{O}{\|}}{C}-(CH_2)_4-\underset{\underset{O}{\|}}{C}-NH-(CH_2)_6-NH-]_n-$

E　$\cdots-CH_2-\underset{\underset{O-CH_2-O}{|}}{CH}-CH_2-\underset{\underset{OH}{|}}{CH}-CH_2-\cdots$

A　名称（　　　　　　　）　単量体（　　　　　　　　　　　）
B　名称（　　　　　　　）　単量体（　　　　　　　　　　　）
C　名称（　　　　　　　）　単量体（　　　　　　　　　　　）
D　名称（　　　　　　　）　単量体（　　　　　　　　　　　）
E　名称（　　　　　　　）　単量体（　　　　　　　　　　　）

22 [ビニロン] テスト

次の文章は，ビニロンの製法について述べたものである。①〜④の物質の構造を下の枠内に書け。ただし，④では構造の一部がすでに書かれている。

　①酢酸ビニルを付加重合させると，②ポリ酢酸ビニルが生じる。これを加水分解すると，③ポリビニルアルコールとなる。ポリビニルアルコールは水溶性であるが，ホルムアルデヒドを作用させ，一部のヒドロキシ基をアセタール化すると，水に溶けなくなる。これが④ビニロンである。

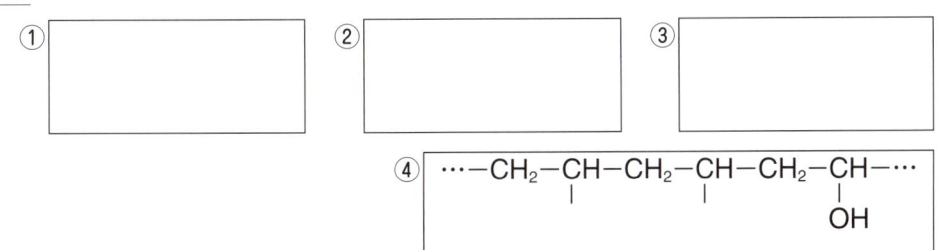

①　[　　　　　　　　　　]
②　[　　　　　　　　　　]
③　[　　　　　　　　　　]

④　$\cdots-CH_2-\underset{|}{CH}-CH_2-\underset{|}{CH}-CH_2-\underset{\underset{OH}{|}}{CH}-\cdots$

4章 合成樹脂（プラスチック）とゴム

⚬— 13 □ 熱可塑性樹脂と熱硬化性樹脂

① **熱可塑性樹脂**…加熱で軟らかくなる。鎖状構造で付加重合体が多い。

- ポリエチレン…$nCH_2=CH_2 \longrightarrow \{CH_2-CH_2\}_n$
- ポリスチレン…$nCH_2=CH(C_6H_5) \longrightarrow \{CH_2-CH(C_6H_5)\}_n$
- ポリ塩化ビニル…$nCH_2=CHCl \longrightarrow \{CH_2-CHCl\}_n$

② **熱硬化性樹脂**…加熱で硬くなる。三次元の網目構造で付加縮合体が多い。

- フェノール樹脂…フェノールとホルムアルデヒドの付加縮合。
- 尿素樹脂…尿素とホルムアルデヒドの付加縮合。
- メラミン樹脂…メラミンとホルムアルデヒドの付加縮合。

> ナイロン樹脂やメタクリル樹脂、ポリエチレンテレフタラート（PET）樹脂は熱可塑性樹脂である。

⚬— 14 □ イオン交換樹脂

① **陽イオン交換樹脂**…$\left[\begin{array}{c}R\\|\\SO_3H\end{array}\right]_n + nNa^+ \rightleftarrows \left[\begin{array}{c}R\\|\\SO_3Na\end{array}\right]_n + nH^+$

② **陰イオン交換樹脂**…$\left[\begin{array}{c}R\\|\\(CH_3)_3N^+OH^-\end{array}\right]_n + nCl^- \rightleftarrows \left[\begin{array}{c}R\\|\\(CH_3)_3N^+Cl^-\end{array}\right]_n + nOH^-$

⚬— 15 □ ゴ ム

① **天然ゴム（生ゴム）**…イソプレンが付加重合した構造（ポリイソプレン）。

$nCH_2=C(CH_3)-CH=CH_2 \xrightarrow{付加重合} \{CH_2-C(CH_3)=CH-CH_2\}_n$
（イソプレン）　　　　　　　　　　　　　　　　（ポリイソプレン）

② **加硫**…生ゴムに硫黄を加えて加熱する操作。硫黄原子による**架橋構造**ができて弾性や強度が向上する。

③ **合成ゴム**…イソプレンに似た構造の単量体を付加重合させてつくる。

$nCH_2=CH-CH=CH_2 \xrightarrow{付加重合} \{CH_2-CH=CH-CH_2\}_n$
（ブタジエン）　　　　　　　　　　　　（ブタジエンゴム）

$nCH_2=CCl-CH=CH_2 \longrightarrow \{CH_2-CCl=CH-CH_2\}_n$
（クロロプレン）　　　　　　　　（クロロプレンゴム）

> 硫黄を5〜8%は弾性ゴム 30〜40%はエボナイト。

⚬— 16 □ プラスチックの再利用

回収したプラスチックのリサイクル（再利用）の方法；

① **マテリアルリサイクル**…粉砕し融解して再製品化。
② **ケミカルリサイクル**…熱や圧力、化学反応などで単量体に戻し再製品化。
③ **サーマルリサイクル**…燃焼し、発生する熱をエネルギーとして利用。

基礎の基礎を固める！ （　）に適語を入れよ。　答➡別冊 p.60

13 熱可塑性樹脂と熱硬化性樹脂　○―13

① 熱可塑性樹脂は，加熱すると（❶　　　　　）くなる合成樹脂。（❷　　　　　）構造で，付加重合によってできるものが多い。

② （❸　　　　　）…エチレンを付加重合してできる。

③ （❹　　　　　）…スチレンを付加重合してできる。

④ （❺　　　　　）…塩化ビニルを付加重合してできる。

⑤ 熱硬化性樹脂は，加熱すると（❻　　　　　）くなる合成樹脂。（❼　　　　　）構造で，付加縮合によってできるものが多い。

⑥ （❽　　　　　）…フェノールとホルムアルデヒドの付加縮合によってできる。

⑦ （❾　　　　　）…尿素とホルムアルデヒドの付加縮合によってできる。

⑧ （❿　　　　　）…メラミンとホルムアルデヒドの付加縮合によってできる。

14 イオン交換樹脂　○―14

① （⓫　　　　　）$\left[\begin{array}{c}R\\|\\SO_3H\end{array}\right]_n + nNa^+ \rightleftarrows \left[\begin{array}{c}R\\|\\SO_3Na\end{array}\right]_n + ($⓬　　　　　$)$

② （⓭　　　　　）$\left[\begin{array}{c}R\\|\\(CH_3)_3N^+OH^-\end{array}\right]_n + nCl^- \rightleftarrows \left[\begin{array}{c}R\\|\\(CH_3)_3N^+Cl^-\end{array}\right]_n + ($⓮　　　　　$)$

15 ゴム　○―15

① 天然ゴムは，（⓯　　　　　）が付加重合してできた構造となっている。

② $nCH_2=C(CH_3)-CH=CH_2 \xrightarrow{\text{付加重合}}$ （⓰　　　　　）

③ （⓱　　　　　）…硫黄を加えて加熱する操作。架橋構造ができて弾性や強度が増す。

④ 合成ゴムは，（⓲　　　　　）に似た構造の単量体を付加重合させてつくる。

⑤ $nCH_2=CH-CH=CH_2 \xrightarrow{\text{付加重合}} \text{-[}CH_2-CH=CH-CH_2\text{]}_n$
（⓳　　　　　）

16 プラスチックの再利用　○―16

① （⓴　　　　　）リサイクル…プラスチックを粉砕し，融解して再製品化する。

② （㉑　　　　　）リサイクル…プラスチックを加熱や加圧，化学反応などで単量体に戻して再製品化する。

③ （㉒　　　　　）リサイクル…プラスチックを燃焼し，発生する熱を利用する。

テストによく出る問題を解こう！

答 ➡ 別冊 p.60

23 ［熱可塑性樹脂の原料］ テスト

次の(1)〜(6)の熱可塑性樹脂の単量体を，示性式で示せ。

(1) ポリエチレン　　　　　　　　　　　　（　　　　　　　）
(2) ポリプロピレン　　　　　　　　　　　（　　　　　　　）
(3) ポリ酢酸ビニル　　　　　　　　　　　（　　　　　　　）
(4) ポリスチレン　　　　　　　　　　　　（　　　　　　　）
(5) ポリ塩化ビニル　　　　　　　　　　　（　　　　　　　）
(6) ポリメタクリル酸メチル　　　　　　　（　　　　　　　）

24 ［合成樹脂の分類］ 必修

次のア〜カの合成樹脂を，あとの(1)，(2)に分類せよ。

　ア　メタクリル樹脂　　　イ　ポリエチレン　　　ウ　メラミン樹脂
　エ　フェノール樹脂　　　オ　ポリスチレン　　　カ　尿素樹脂

(1) 熱可塑性樹脂　　　　　　　　　　　　（　　　　　　　）
(2) 熱硬化性樹脂　　　　　　　　　　　　（　　　　　　　）

25 ［合成高分子化合物の構造と単量体］ テスト

次の A〜F は，高分子化合物の構造を示している。A〜F の高分子化合物の名称とその単量体の名称を書け。

A　$-[CH_2-CH_2]_n-$

B　$-[CH_2-CHCl]_n-$

C　$-[CH_2-C(CH_3)(COOCH_3)]_n-$

D　$-[CH_2-CH(C_6H_5)]_n-$

E　(メラミン樹脂の構造式)

F　(フェノール樹脂の構造式)

A　高分子化合物（　　　　　　　）　単量体（　　　　　　　）
B　高分子化合物（　　　　　　　）　単量体（　　　　　　　）
C　高分子化合物（　　　　　　　）　単量体（　　　　　　　）
D　高分子化合物（　　　　　　　）　単量体（　　　　　　　）
E　高分子化合物（　　　　　　　）　単量体（　　　　　　　）
F　高分子化合物（　　　　　　　）　単量体（　　　　　　　）

26 [イオン交換樹脂] 難

次の文章を読み，あとの(1)～(3)の問いに答えよ。

スチレンに少量の(①)を加えて(②)させると，ポリスチレン鎖が(①)によって架橋され，三次元の網目状の構造をもつ樹脂ができる。この樹脂中のベンゼン環の水素原子を酸性や塩基性の官能基で置換すると，右の図のような(③)が得られる。

A: $[CH_2-CH(C_6H_4)SO_3H]_n$

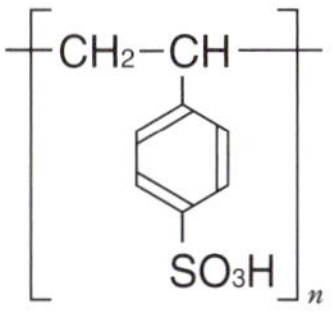

B: $[CH_2-CH(C_6H_4)CH_2N(CH_3)_3OH]_n$

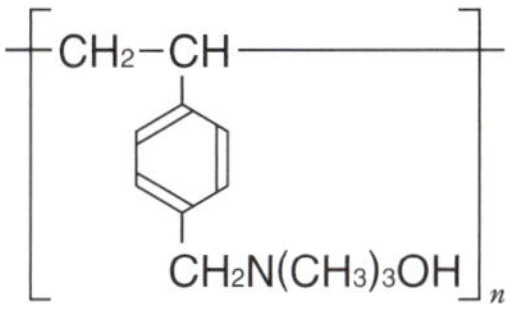

(1) ①～③に適当な語句を入れよ。　① (　　　　　)
　　② (　　　　　) ③ (　　　　　)
(2) 陰イオン交換樹脂は，A，Bのどちらか。　(　　　)
(3) Aの樹脂に塩化ナトリウム水溶液を通したときの変化を，イオン反応式で示せ。　(　　　　　)

27 [天然ゴムと合成ゴム]

次の文章を読み，あとの(1)～(4)の問いに答えよ。

ゴムの木の樹液に酸を加えて凝固させ，乾燥させると，天然ゴム(生ゴム)が得られる。天然ゴムは a イソプレンが(①)重合してできた高分子化合物で，右の図のような構造である。

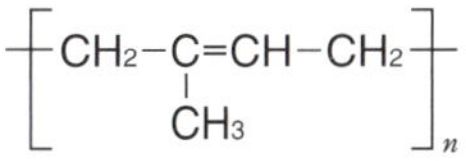

$[CH_2-C(CH_3)=CH-CH_2]_n$

b 天然ゴムに(②)を混合して加熱すると，弾性や機械的安定性，耐薬品性などに優れたゴムになる。これは，天然ゴムの分子間に(②)原子による(③)構造ができるためである。

合成ゴムは天然ゴムの構造を模したものであり，ブタジエン $CH_2=CH-CH=CH_2$ を付加重合させた c ブタジエンゴム などがその代表的なものである。

(1) 文章中の①～③に適当な語句を入れよ。
　　① (　　　　　) ② (　　　　　) ③ (　　　　　)
(2) 下線部 a について，イソプレンの構造式を書け。　(　　　　　)
(3) 下線部 b について，この操作を何というか。　(　　　　　)
(4) 下線部 c について，ブタジエンゴムの構造式を書け。　(　　　　　)

ヒント (2) イソプレンは，二重結合を両端にもつ。

28 [プラスチックの再利用]

プラスチックに関する次の記述ア～エのうち，正しいものを1つ選べ。　(　　　)

ア　プラスチックは，空気中で酸化されやすいことが公害の一因である。
イ　再利用の手法には，化学反応などで単量体に戻すマテリアルリサイクルがある。
ウ　ケミカルリサイクルは，融解してもう一度製品とする方法である。
エ　燃焼してその熱をエネルギーとして利用するのがサーマルリサイクルである。

入試問題にチャレンジ！

答 ➡ 別冊 p.62

1 糖類に関する次の記述ア〜オのうちから，正しいものを1つ選べ。
ア グルコースとフルクトースはともに還元性を示し，鎖状構造はアルデヒド基をもつ。
イ スクロースは，グルコースとフルクトースが脱水縮合した構造で還元性を示す。
ウ グルコースは，環状構造でも鎖状構造でも，同じ数のヒドロキシ基をもつ。
エ グルコースを完全にアルコール発酵させると，1分子のグルコースから3分子のエタノールが生じる。
オ セルロースを希硫酸で加水分解すると，マルトースを経てグルコースを生じる。
(センター試験)

2 アラニンをペプチド結合で重合させてタンパク質を合成した。この合成したタンパク質を検出する方法として最も適当なものを次のア〜エから1つ選べ。
ア タンパク質水溶液に水酸化ナトリウム水溶液と硫酸銅(Ⅱ)水溶液を加えると赤紫色に呈色する。
イ タンパク質水溶液に濃硝酸を加えて熱すると黄色になり，さらにアンモニア水を加えると橙黄色になる。
ウ タンパク質水溶液に少量の水酸化ナトリウムの固体を加えて加熱し，さらに酢酸鉛(Ⅱ)水溶液を加えると，黒色の沈殿ができる。
エ タンパク質水溶液にフェーリング液を加えて加熱すると赤色の沈殿を生じる。
(立教大)

3 核酸に関する各問いa〜cについて，正しいものには○，誤っているものには×を記せ。
(1) a 核酸を構成する元素はC, O, N, S, Hである。
b 2本鎖DNAの立体構造では，特定の塩基どうしがイオン結合している。
c 核酸はヌクレオチドがつながった高分子化合物である。
(2) a 核酸を構成する塩基にはベンゼン環をもつものがある。
b DNAとRNAは，構成成分である五炭糖が異なる。
c 細胞においてRNAは核にだけ存在する。
(3) a DNAから遺伝情報を受け継ぐものが伝令RNAである。
b 2本鎖DNAの遺伝情報が写しとられるには，まず，DNAの二重らせん構造がほどける必要がある。
c 二重らせん構造のDNAを水溶液中で穏やかに熱すると，らせんがほどけて1本鎖になる。
(名城大)

❹ 酵素反応に関する記述ア～オのうち，正しいものを2つ選べ。
　ア　アミラーゼはデンプンをグルコースに分解する。
　イ　カタラーゼはタンパク質をアミノ酸に加水分解する。
　ウ　一般に酵素は特定の物質の特定の反応に関与する。
　エ　酵素は特定の反応の活性化エネルギーを大きくして反応を速める。
　オ　酵素が基質に作用するとき，反応速度が最大になる温度とpHがある。　　　（東京薬大）

❺ 合成繊維に関する次の記述を読んで，以下の問いに答えよ。
　ビニロンは，次のような操作により合成される。まず，酢酸ビニルを（　①　）重合させて高分子Aを合成した後，水酸化ナトリウム水溶液でけん化して高分子Bとする。次に，Bの水溶液を細孔から硫酸ナトリウム水溶液に押し出して凝固させ紡糸する。これをホルムアルデヒド水溶液で処理すると，アルデヒド基が2個のヒドロキシ基と反応して水1分子が脱離し（この反応を（　②　）という），ビニロンが得られる。
　ナイロンは（　③　）結合により連なった高分子である。その代表的なナイロン66は，カルボキシ基をもつ化合物Cとアミノ基をもつ化合物Dとを加熱しながら，生成する水を除去し，（　④　）重合させることにより合成される。また，ナイロン6は，環状化合物Eに少量の水を加えて加熱し，（　⑤　）重合させて合成される。
(1)　①～⑤にあてはまる語句を書け。
(2)　化合物A～Eの名称を書け。　　　　　　　　　　　　　　　　　　　　　　（神戸薬大改）

❻ 次の高分子化合物中で，加水分解によりアミン（アミノ化合物）を生じるものはどれか。下のア～オより選べ。
　A　セルロース　　　B　ポリ塩化ビニル　　　C　タンパク質
　D　ナイロン66　　　E　ポリエチレンテレフタラート
　　ア　AとB　　　イ　AとE　　　ウ　BとC　　　エ　CとD　　　オ　DとE
　　　　　　　　　　　　　　　　　　　　　　　　　　　　　　　　　　　　（自治医大）

❼ 生ゴムに関する次の記述ア～オのうち，誤っているものを選べ。
　ア　ラテックスとよばれるコロイド溶液に有機酸を加え，凝固させてつくられる。
　イ　イソプレンが付加重合し，分子中に $-[CH=C(CH_3)-CH=CH]-$ の繰り返し単位をもつ。
　ウ　空気中に長く放置すると，二重結合が酸素やオゾンによって酸化されてゴム弾性を失う。
　エ　5～8％の硫黄を加え加熱すると，鎖状分子間で架橋が起こるため有機溶媒に溶けにくくなり軟化点も高くなる。
　オ　30～40％の硫黄を加え長時間加熱すると，エボナイトとよばれる硬い物質になる。
　　　　　　　　　　　　　　　　　　　　　　　　　　　　　　　　　　　　（福岡大）

執筆協力；目良誠二

図版協力；甲斐美奈子

シグマベスト **これでわかる基礎反復問題集** **化　学**	編　者　文英堂編集部
	発行者　益井英博
	印刷所　日本写真印刷株式会社
本書の内容を無断で複写(コピー)・複製・転載することは，著作者および出版社の権利の侵害となり，著作権法違反となりますので，転載等を希望される場合は前もって小社あて許諾を求めてください。	発行所　株式会社　文英堂
	〒601-8121　京都市南区上鳥羽大物町28 〒162-0832　東京都新宿区岩戸町17 （代表）03-3269-4231
© BUN-EIDO　2013　　Printed in Japan	●落丁・乱丁はおとりかえします。

Σ BEST
シグマベスト

高校 これでわかる
基礎反復問題集

化 学

正解答集

文英堂

1編 物質の状態

1章 物質の状態変化

基礎の基礎を固める！の答 ➡本冊 p.5

① 熱運動
② 物質の三態
③ 融解
④ 融解熱
⑤ 蒸発
⑥ 蒸発熱
⑦ 昇華
⑧ しない
⑨ しない
⑩ 大き
⑪ 温度
⑫ 大き
⑬ 圧力
⑭ 空気
⑮ 1.013×10^5
⑯ 760
⑰ 760
⑱ 気液平衡
⑲ 飽和蒸気圧
⑳ 高
㉑ 蒸気圧曲線
㉒ 外圧
㉓ 蒸発
㉔ 沸点

テストによく出る問題を解こう！の答 ➡本冊 p.6

1 (1) 気体　(2) 固体　(3) 液体
   (4) 気体　(5) 固体

解き方 固体は、エネルギーの最も低い状態で、構成粒子が互いに決まった位置で振動している。
　液体は、構成粒子が互いに接しているが、互いに置き換わる。
　気体は、エネルギーの最も高い状態で、分子が高速で運動している。

> **テスト対策** 物質の三態
> ● 物質のもつエネルギー
>   ➡ 固体＜液体＜気体

2 (1) ×　(2) ○　(3) ×
   (4) ×　(5) ○

解き方 (1) 融解熱は、結晶格子を崩すエネルギーであり、蒸発熱は粒子間を引き離すエネルギーであるから、蒸発熱のほうが大きい。
(3) 同じ温度でもエネルギーの低い分子、高い分子があり、その分布は温度によって決まり、温度が高いほど、エネルギーの高い分子の割合が大きくなる。

(4), (5) 飽和蒸気圧が外圧に等しくなったとき沸騰することから、外圧が高いほど沸点が高く、同じ温度で飽和蒸気圧が高いほど沸点が低い。

3 (1) B点…t_1℃の固体
       C点…t_1℃の液体
   (2) AB間…固体
       BC間…固体と液体
       CD間…液体
       DE間…液体と気体
   (3) t_1…融点
       t_2…沸点
   (4) BC間…融解熱
       DE間…蒸発熱

解き方 (2), (3) B点からC点までは、加えられた熱エネルギーが固体から液体への粒子の集合状態の変化に使われる。そのため、温度は一定に保たれる。このときの温度 t_1 が融点である。
　D点からE点までは、加えられた熱エネルギーが液体から気体への粒子の集合状態の変化に使われる。そのため、温度は一定に保たれる。このときの温度 t_2 が沸点である。

4 エ

解き方 ア 質量が小さい気体分子ほど、一定温度での平均速度は大きい。
イ 拡散は、液体中でも見られる。ただし、非常にゆっくりである。
ウ 速度が大きいものから小さいものまであり、一定の速度分布をもつ。

5 (1) C
   (2) ① 2.026×10^5　② 1520　③ 0.2

解き方 (1) 温度が高いほど、高速の気体分子の割合が多くなる。
(2) 1気圧は 1.013×10^5 Pa，760 mmHg であるから、
① 1.013×10^5 Pa $\times 2 = 2.026 \times 10^5$ Pa
② 760 mmHg $\times 2 = 1520$ mmHg
③ $\dfrac{2.0 \times 10^4}{1.013 \times 10^5} \fallingdotseq 0.2$ atm

| テスト対策 | 気体の圧力 |

- 1 気圧(atm) = 1.013×10^5 Pa
  = 760 mmHg

6 (1) **78℃**　(2) **90℃**　(3) **50℃**

解き方 (1) エタノールの蒸気圧が 1.0×10^5 Pa になる温度を，蒸気圧曲線から読みとる。
(2) 水の蒸気圧が，70℃におけるエタノールの蒸気圧 0.70×10^5 Pa と同じになる温度を，蒸気圧曲線から読みとる。
(3) エタノールの蒸気圧が 0.30×10^5 Pa になる温度を，蒸気圧曲線から読みとる。

| テスト対策 | 沸　騰 |

液体の**内部からも蒸発が起こる**現象。外圧と蒸気圧が**等しくなる**と起こる。沸騰するときの温度が**沸点**。

7 ア

解き方 ア　飽和蒸気圧は，ほかの気体が存在しても，その影響を受けない。
イ　蒸発する分子の数と凝縮する分子の数が等しいため，**見かけ上，変化がないように見える**だけである。
ウ　温度が高いほど，飽和蒸気圧は高くなる。

| テスト対策 | 飽和蒸気圧 |

物質が気液平衡の状態で示す蒸気圧。**ほかの気体が存在しても，その影響を受けない**。

2章 気体の性質

基礎の基礎を固める！ の答　→本冊 p.9

❶ ボイル　　❷ 絶対温度
❸ シャルル　　❹ ボイル・シャルル
❺ nRT　　❻ 気体の状態方程式
❼ 0.33　　❽ $\dfrac{w}{M}$
❾ $\dfrac{wRT}{PV}$　　❿ 理想気体
⓫ 実在気体　　⓬ 高
⓭ 低　　⓮ 全圧
⓯ 分圧　　⓰ ドルトンの分圧
⓱ モル分率　　⓲ 物質量
⓳ 体積（⓲⓳は順不同）

テストによく出る問題を解こう！ の答　→本冊 p.10

8 (1) **2.5 L**　(2) **14 L**
　　(3) **327 ℃**　(4) **20 L**

解き方 (1) 求める体積を V〔L〕とすると，ボイルの法則 $P_1V_1 = P_2V_2$ より，
$1.0 \times 10^5 \times 5.0 = 2.0 \times 10^5 \times V$
$V = 2.5$ L

(2) 求める体積を V〔L〕とすると，シャルルの法則 $\dfrac{V_1}{T_1} = \dfrac{V_2}{T_2}$ より，
$\dfrac{12}{300} = \dfrac{V}{350}$　　$V = 14$ L

(3) 27 ℃ = 300 K
求める温度を T〔K〕とすると，シャルルの法則 $\dfrac{V_1}{T_1} = \dfrac{V_2}{T_2}$ より，
$\dfrac{10}{300} = \dfrac{20}{T}$　　$T = 600$ K
これをセルシウス温度に直すと，
600 − 273 = 327 ℃

(4) 27 ℃ = 300 K，57 ℃ = 330 K
求める体積を V〔L〕とすると，ボイル・シャルルの法則 $\dfrac{P_1V_1}{T_1} = \dfrac{P_2V_2}{T_2}$ より，
$\dfrac{1.0 \times 10^5 \times 20}{300} = \dfrac{1.1 \times 10^5 \times V}{330}$
$V = 20$ L

テスト対策	ボイル・シャルルの法則

- ボイルの法則 …………… $P_1V_1 = P_2V_2$
- シャルルの法則 …………… $\dfrac{V_1}{T_1} = \dfrac{V_2}{T_2}$
- ボイル・シャルルの法則 …… $\dfrac{P_1V_1}{T_1} = \dfrac{P_2V_2}{T_2}$

9 (1) 60 L (2) 3.0×10^4 Pa
  (3) 1.0 mol (4) 127 ℃

解き方 気体の状態方程式 $PV = nRT$

(1) $V = \dfrac{nRT}{P} = \dfrac{2.0 \times 8.3 \times 10^3 \times (273+27)}{8.3 \times 10^4}$
$= 60$ L

(2) $P = \dfrac{nRT}{V} = \dfrac{0.10 \times 8.3 \times 10^3 \times (273+27)}{8.3}$
$= 3.0 \times 10^4$ Pa

(3) $n = \dfrac{PV}{RT} = \dfrac{3.3 \times 10^5 \times 8.3}{8.3 \times 10^3 \times (273+57)} = 1.0$ mol

(4) $T = \dfrac{PV}{nR} = \dfrac{1.0 \times 10^5 \times 8.3}{0.25 \times 8.3 \times 10^3} = 400$ K

これをセルシウス温度に直すと，
$400 - 273 = 127$ ℃

テスト対策	気体の状態方程式

- 気体の圧力が P〔Pa〕，体積が V〔L〕，物質量が n〔mol〕，絶対温度が T〔K〕のとき，気体定数を R〔Pa・L/(mol・K)〕とすると，
  $PV = nRT$

10 (1) 30 (2) 28

解き方 (1) $PV = \dfrac{w}{M}RT$ より，

$M = \dfrac{wRT}{PV} = \dfrac{1.2 \times 8.3 \times 10^3 \times (273+27)}{5.0 \times 10^4 \times 2.0}$
$= 29.88 \fallingdotseq 30$ g/mol

(2) $PV = \dfrac{w}{M}RT$ より，$PM = \dfrac{w}{V}RT$

ここで，気体の密度を d〔g/L〕とすると，
$d = \dfrac{w}{V}$ だから，$PM = dRT$

$M = \dfrac{dRT}{P} = \dfrac{1.12 \times 8.3 \times 10^3 \times (273+27)}{1.0 \times 10^5}$
$= 27.888 \fallingdotseq 28$ g/mol

テスト対策	気体の状態方程式の変形

気体の密度を d〔g/L〕とすると，$d = \dfrac{w}{V}$

気体の状態方程式より，$PV = \dfrac{w}{M}RT$ だから，

$M = \dfrac{wRT}{PV} = \dfrac{dRT}{P}$ （M：モル質量〔g/mol〕）

11 ① 状態方程式 ② 1 ③ 小さ
  ④ 小さ ⑤ 大き ⑥ 大き

解き方 ② 気体の状態方程式 $PV = nRT$ より，
$\dfrac{PV}{nRT} = 1$

③，④ 実在気体の場合，低温では分子間力の影響を強く受ける。そのため，理想気体に比べて気体分子が自由に動ける範囲は狭くなる。つまり，V の値は理想気体に比べて小さくなる。

⑤，⑥ 実在気体の場合，高圧では分子自身の体積の影響が大きくなる。そのため，V の値は理想気体に比べて大きくなる。

12 (1) 2.0×10^5 Pa (2) 8.0×10^4 Pa

解き方 (1) 窒素と酸素の物質量は，それぞれ，

窒素：$\dfrac{0.70}{28.0} = 2.5 \times 10^{-2}$ mol

酸素：$\dfrac{1.6}{32.0} = 5.0 \times 10^{-2}$ mol

したがって，窒素の分圧は，
$6.0 \times 10^5 \times \dfrac{2.5 \times 10^{-2}}{2.5 \times 10^{-2} + 5.0 \times 10^{-2}}$
$= 2.0 \times 10^5$ Pa

(2) 分圧の比は体積の比と等しいから，
$1.0 \times 10^5 \times \dfrac{4}{4+1} = 8.0 \times 10^4$ Pa

テスト対策	成分気体の分圧・物質量・体積

分圧の比 = 物質量の比 = 体積の比

13 2.5×10^5 Pa

解き方 反応の前後の各物質の量は次の通り。

	CH_4	+ $2O_2$	→ CO_2	+ $2H_2O$
反応前	0.50 mol	2.50 mol		
反応量	0.50 mol	1.00 mol	0.50 mol	——
反応後	0 mol	1.50 mol	0.50 mol	——

反応後，気体は全部で 2.00 mol であるから，気体の状態方程式 $PV=nRT$ より，

$$P=\frac{nRT}{V}=\frac{2.00\times 8.3\times 10^3\times(273+27)}{20}$$
$$=2.49\times 10^5\fallingdotseq 2.5\times 10^5 \text{ Pa}$$

3章 固体の構造

基礎の基礎を固める！ の答　　➡本冊 p.13

❶ イオン結晶　　❷ 液体
❸ 分子間力　　❹ 融点
❺ 共有　　❻ 融点
❼ Si　　❽ 黒鉛
❾ 金属　　❿ 電気
⓫ 体心立方格子　　⓬ 2
⓭ 12　　⓮ 4
⓯ 六方最密構造　　⓰ 六方最密構造
⓱ 充填率　　⓲ 4
⓳ $\sqrt{3}\,l$　　⓴ $3l^2$
㉑ 4　　㉒ $2l^2$
㉓ 結晶
㉔ 非晶質（アモルファス）

テストによく出る問題を解こう！ の答　　➡本冊 p.14

14 (1) エ　(2) ア　(3) イ
　　 (4) カ　(5) ウ　(6) オ

解き方 (1)〜(4) 非金属元素からなる物質には，分子結晶をつくるものと共有結合の結晶をつくるものがある。共有結合の結晶をつくるものは，単体では C と Si，化合物では SiO_2 と SiC である。

(5) 金属結晶をつくるのは，金属元素からなる物質である。

(6) イオン結晶をつくるのは，金属元素と非金属元素からなる物質である。

テスト対策 結晶の種類と構成元素

● イオン結晶
　金属元素と非金属元素からなる物質。ただし，**塩化アンモニウム NH_4Cl は非金属元素からなるが，イオン結晶をつくる。**
● 共有結合の結晶
　C，Si，SiO_2，SiC の 4 つ。
● 分子結晶
　C，Si，SiO_2，SiC 以外の，非金属元素からなる物質。
● 金属結晶
　金属元素からなる物質。

15 (1) エ　(2) キ　(3) オ
(4) イ

解き方　ア　スクロース $C_{12}H_{22}O_{11}$ は分子結晶，塩化ナトリウム NaCl はイオン結晶。
イ　鉄 Fe とマグネシウム Mg はともに金属結晶。
ウ　ナトリウム Na は金属結晶，メタン CH_4 は分子結晶。
エ　ヨウ化カリウム KI と酸化カルシウム CaO はともにイオン結晶。
オ　ヨウ素 I_2 とドライアイス（二酸化炭素）CO_2 はともに分子結晶。
カ　硫酸バリウム $Ba(SO_4)_2$ はイオン結晶，硫酸 H_2SO_4 は分子結晶。
キ　ダイヤモンド C と二酸化ケイ素 SiO_2 はともに共有結合の結晶。
ク　黒鉛 C は共有結合の結晶，鉛 Pb は金属結晶。

16 ウ

解き方　ア　イオン結晶は，結晶の状態では電気を通さないが，融解したり水溶液にしたりするとイオンが移動できるようになり，電気を通すようになる。
イ　金属結晶の特性である電導性，展性・延性，金属光沢は，自由電子による。
ウ　黒鉛は軟らかく，電気を通すが，融点はほかの共有結合の物質と同様に非常に高い。
エ　ドライアイスは二酸化炭素の分子結晶である。分子間の結合力が弱いため，昇華しやすい。

17 オ

解き方　体心立方格子は，配位数が 8，単位格子中の原子の数が 2，充填率が 68% である。
面心立方格子と六方最密構造は，ともに配位数が 12，充填率が 74% であるが，単位格子中の原子の数は，面心立方格子が 4，六方最密構造が 2 である。

18 (1) 4個　(2) 2.5×10^{-8} cm
(3) 3.8×10^{-22} g　(4) 57

解き方　(1) この金属は面心立方格子であり，単位格子に含まれる原子の数は，

$$\frac{1}{8}(頂点) \times 8 + \frac{1}{2}(面) \times 6 = 4$$

よって，4個。

(2) 原子間の距離を d〔cm〕とすると面の対角線は $2d$ であるから，

$$(2d)^2 = 2 \times (3.5 \times 10^{-8})^2$$
$$2d = \sqrt{2} \times 3.5 \times 10^{-8}$$
$$\therefore\ d ≒ 2.47 \times 10^{-8}\ \text{cm}$$

(3) $8.9 \times (3.5 \times 10^{-8})^3 ≒ 3.82 \times 10^{-22}$ g

(4) 原子量を x とすると，原子 4 個分の質量が 3.82×10^{-22} g であることから，

$$\frac{6.0 \times 10^{-23}}{4} = \frac{x}{3.82 \times 10^{-22}}$$
$$\therefore\ x ≒ 57.3$$

> **テスト対策**　金属の結晶構造；単位格子の辺・原子半径・原子間距離の関係
>
> 原子半径；r〔cm〕
> 原子間距離；d〔cm〕
> $$d = 2r$$
> 単位格子一辺の長さ；l〔cm〕
> ● 体心立方格子 ➡ $(4r)^2 = (2d)^2 = 3l^2$
> ● 面心立方格子 ➡ $(4r)^2 = (2d)^2 = 2l^2$

19 ウ

解き方　非晶質とは，構成粒子が規則性なく集合した固体の物質であり，一定の融点をもたない。非晶質には，ガラスやアモルファス金属などが含まれる。水晶は共有結合の結晶，ドライアイスは分子結晶であり，粒子が規則正しく配列している。

4章 溶解

基礎の基礎を固める！の答　→本冊 p.18

1. 電解質
2. 非電解質
3. 極性
4. 極性
5. 無極性
6. 無極性
7. 溶解度
8. 溶解度曲線
9. 再結晶
10. 1.013×10^5
11. 小さ
12. ヘンリー
13. 一定
14. 比例
15. 質量パーセント濃度
16. モル濃度
17. mol/L
18. 質量モル濃度
19. mol/kg

テストによく出る問題を解こう！の答　→本冊 p.19

20 (1) 溶解のようす…ア　理由…カ
(2) 溶解のようす…ウ　理由…キ
(3) 溶解のようす…イ　理由…ク

解き方 (1) 塩化ナトリウムはイオン結晶で，極性溶媒である水に**水和イオン**となって溶ける。
(2) エタノールには，極性があり水和されやすい親水基のヒドロキシ基 −OH があるため，水に溶けやすい。一方，極性がなく水和されにくい疎水基のエチル基 −C_2H_5 があるため，ベンゼンなどの無極性溶媒にもよく溶ける。
(3) ナフタレンは無極性分子なので，無極性溶媒であるベンゼンによく溶ける。

21 (1) 36 g　(2) 18 %　(3) 20 g
(4) 64

解き方 (1) 10 ℃ の硝酸カリウム飽和水溶液 122 g には，硝酸カリウムが 22 g 溶けている。飽和水溶液 200 g 中の硝酸カリウムの質量を x 〔g〕とすると，

$$\frac{22}{122} = \frac{x}{200}$$

$$\therefore \ x = 36.0\cdots ≒ 36 \text{ g}$$

(2) $\dfrac{22}{122} \times 100 = 18.0\cdots ≒ 18 \text{ %}$

(3) 10 % の水溶液 200 g は，水 180 g と硝酸カリウム 20 g からなる。水 180 g に溶ける硝酸カリウムの質量を x〔g〕とすると，

$$\frac{22}{100} = \frac{x}{180}$$

$$\therefore \ x = 39.6 \text{ g}$$

したがって，求める質量は，
39.6 − 20 = 19.6 ≒ 20 g

(4) 40 ℃ の飽和水溶液 100 g は，硝酸カリウム 39 g と水 61 g からなる。40 ℃ における溶解度〔g/100 g 水〕を x とすると，

$$\frac{39}{61} = \frac{x}{100}$$

$$\therefore \ x = 63.9\cdots ≒ 64$$

テスト対策　固体の溶解度

●飽和水溶液 W〔g〕中の溶質の質量を w〔g〕，その温度での溶解度〔g/100 g 水〕を s とすると，

$$\frac{s}{100+s} = \frac{w}{W}$$

●飽和水溶液の質量パーセント濃度を A〔%〕，その温度での溶解度〔g/100 g 水〕を s とすると，

$$\frac{A}{100-A} = \frac{s}{100}$$

---

22 (1) 92 g　(2) 44 g　(3) 110 g

解き方 (1) 水が 100 g のときの析出量の 2 倍である。
$(110 − 64.0) \times 2 = 92$ g

(2) 60 ℃ の飽和水溶液 210 g を 40 ℃ に冷却したときの結晶の析出量は，
110 − 64.0 = 46 g
飽和水溶液 200 g を冷却したときの析出量を x〔g〕とすると，

$$\frac{46}{210} = \frac{x}{200}$$

$$\therefore \ x = 43.8\cdots ≒ 44 \text{ g}$$

(3) 蒸発させた 100 g 分の水に溶けていたものが析出するから，その質量は 110 g である。

テスト対策　結晶の析出

低温における溶解度〔g/100 g 水〕が s_1，高温における溶解度が s_2 のとき，高温の飽和水溶液 W〔g〕を冷却したときの結晶の析出量を x〔g〕とすると，

$$\frac{s_2 - s_1}{100 + s_2} = \frac{x}{W}$$

23 (1) **80 g**　(2) **125 g**　(3) **94 g**
(4) ① 飽和水溶液………$280-x$〔g〕
　　　無水硫酸銅(Ⅱ)…$80-\dfrac{160}{250}x$〔g〕
② **70 g**
(5) **53 g**

解き方　(1) 60℃の飽和水溶液 140 g には，無水物 $CuSO_4$ が 40 g 含まれている。飽和水溶液 280 g に含まれる $CuSO_4$ の質量を x〔g〕とすると，
$$\dfrac{40}{140}=\dfrac{x}{280} \quad ∴\quad x=80\text{ g}$$

(2) 五水和物 $CuSO_4\cdot 5H_2O$ 250 g には 160 g の $CuSO_4$ が含まれている。$CuSO_4$ を 80 g 含む $CuSO_4\cdot 5H_2O$ の質量を x〔g〕とすると，
$$\dfrac{250}{160}=\dfrac{x}{80} \quad ∴\quad x=125\text{ g}$$

(3) 20℃の飽和水溶液 360 g をつくるのに必要な $CuSO_4\cdot 5H_2O$ の質量を x〔g〕とする。x〔g〕中の $CuSO_4$ の質量は $\dfrac{160}{250}x$〔g〕であるから，
$$\dfrac{20}{100+20}=\dfrac{\dfrac{160}{250}x}{360}$$
$$∴\quad x=93.75≒94\text{ g}$$

(4) ① 結晶 x〔g〕には，$CuSO_4$ が $\dfrac{160}{250}x$〔g〕含まれている。
② 20℃の飽和水溶液 120 g には $CuSO_4$ が 20 g 含まれることから，
$$\dfrac{20}{120}=\dfrac{80-\dfrac{160}{250}x}{280-x}$$
$$∴\quad x=70.4\cdots ≒70\text{ g}$$

(5) 60℃の飽和水溶液 210 g に含まれている $CuSO_4$ の質量を x〔g〕とすると，
$$\dfrac{40}{140}=\dfrac{x}{210}$$
$$∴\quad x=60\text{ g}$$
y〔g〕の結晶が析出したとすると，これには $\dfrac{160}{250}y$〔g〕の $CuSO_4$ が含まれている。(4)と同様に考えて，
$$\dfrac{20}{120}=\dfrac{60-\dfrac{160}{250}y}{210-y}$$
$$∴\quad y=52.8\cdots ≒53\text{ g}$$

テスト対策　水和物の析出

析出する結晶は水と無水物からなることに注意する。たとえば，$CuSO_4\cdot 5H_2O$ の場合，

飽和水溶液の質量の減少分
＝
結晶の析出量

| $CuSO_4$ | $5H_2O$ |

結晶中の無水物の質量
＝
溶けている溶質の質量の減少分

---

24 (1) **0.049 L**　(2) **0.098 L**
(3) **0.14 g**

解き方　(1) 溶解する気体の体積は，その気体の圧力下で測定すると一定である。
(2) ボイルの法則より，
$$2.0\times 10^5\times 0.049=1.0\times 10^5\times V$$
$$V=0.098\text{ L}$$
(3) 標準状態では，1 mol の気体の体積は 22.4 L であるから，
$$32.0\times \dfrac{0.098}{22.4}=0.14\text{ g}$$

テスト対策　ヘンリーの法則①

一定量の溶媒に溶解する気体の体積は，その気体の圧力下で測定すると一定である。

---

25 (1) 窒素…**0.077 L**　酸素…**0.039 L**
(2) 窒素…**0.096 g**　酸素…**0.056 g**

解き方　(1) 窒素と酸素の分圧は，

窒素：$4.0\times 10^5\times \dfrac{4}{5}=3.2\times 10^5\text{ Pa}$

酸素：$4.0\times 10^5\times \dfrac{1}{5}=0.8\times 10^5\text{ Pa}$

ヘンリーの法則より，溶解する気体の体積（標準状態での体積に換算したもの）は，その気体の圧力に比例するから，それぞれの溶解量は，

窒素：$0.024\times \dfrac{3.2\times 10^5}{1.0\times 10^5}=0.0768$
　　　　　　　　　　　　$≒0.077\text{ L}$

酸素：$0.049\times \dfrac{0.8\times 10^5}{1.0\times 10^5}=0.0392$
　　　　　　　　　　　　$≒0.039\text{ L}$

(2) 標準状態では，1 mol の気体の体積は 22.4 L であるから，

窒素：$28.0 \times \dfrac{0.0768}{22.4} = 0.096$ g

酸素：$32.0 \times \dfrac{0.0392}{22.4} = 0.056$ g

> **テスト対策　ヘンリーの法則②**
>
> 一定量の溶媒に溶解する気体の体積（標準状態での体積に換算したもの）は，その気体の圧力に比例する。

26 (1) **122 g**　　(2) **19.7 %**
　　(3) **0.600 mol**　(4) **6.00 mol/L**
　　(5) **98 g**　　　(6) **6.12 mol/kg**

解き方　(1) $1.22 \times 100 = 122$ g

(2) $\dfrac{24.0}{122} \times 100 = 19.67\cdots ≒ 19.7$ %

(3) $\dfrac{24.0}{40.0} = 0.600$ mol

(4) 溶液 100 mL に NaOH 0.600 mol が含まれているから，

$$0.600 \div \dfrac{100}{1000} = 6.00 \text{ mol/L}$$

(5) $122 - 24.0 = 98$ g

(6) 水 98 g に NaOH 0.600 mol が溶けているから，

$$0.600 \div \dfrac{98}{1000} = 6.122\cdots ≒ 6.12 \text{ mol/kg}$$

> **テスト対策　濃度の求め方**
>
> ● 質量パーセント濃度 A 〔%〕$= \dfrac{w}{w+W} \times 100$
> 　　w：溶質の質量〔g〕，W：溶媒の質量〔g〕
>
> ● モル濃度 C 〔mol/L〕$= n \times \dfrac{1000}{V}$
> 　　n：溶質の物質量〔mol〕，V：溶液の体積〔mL〕
>
> ● 質量モル濃度 m 〔kg/mol〕$= n \times \dfrac{1000}{W}$
> 　　n：溶質の物質量〔mol〕，W：溶媒の質量〔g〕

27 (1) **60 mL**　(2) **2.0 mol/L**
　　(3) **1 : 5**

解き方　希釈や混合の前後で，溶質の物質量は変化しない。

(1) 必要な 6.0 mol/L の硫酸の体積を x〔mL〕とすると，

$$6.0 \times \dfrac{x}{1000} = 1.0 \times \dfrac{360}{1000} \qquad x = 60 \text{ mL}$$

(2) 混合後の塩化ナトリウム水溶液のモル濃度を x〔mol/L〕とすると，

$$1.2 \times \dfrac{200}{1000} + 3.6 \times \dfrac{100}{1000} = x \times \dfrac{300}{1000}$$

$$x = 2.0 \text{ mol/L}$$

(3) 2.0 mol/L の硫酸の体積を x〔mL〕，5.0 mol/L の硫酸の体積を y〔mL〕とすると，

$$2.0 \times \dfrac{x}{1000} + 5.0 \times \dfrac{y}{1000} = 4.5 \times \dfrac{x+y}{1000}$$

∴ $5x = y$

したがって，$x : y = 1 : 5$

28 (1) モル濃度………**6.0 mol/L**
　　　質量モル濃度…**6.3 mol/kg**
　(2) モル濃度………**3.67 mol/L**
　　　質量モル濃度…**4.37 mol/kg**

解き方　溶液 1 L について考える。

(1) 溶液 1 L の質量は，$1.2 \times 1000 = 1200$ g
　溶けている NaOH の質量は，

$$1200 \times \dfrac{20}{100} = 240 \text{ g}$$

NaOH $= 40.0$ より，$\dfrac{240}{40.0} = 6.0$ mol

したがって，この溶液のモル濃度は 6.0 mol/L である。

　溶液 1 L 中の水の質量は，
　　$1200 - 240 = 960$ g
　したがって，この溶液の質量モル濃度は，

$$6.0 \div \dfrac{960}{1000} = 6.25 ≒ 6.3 \text{ mol/kg}$$

(2) 希硫酸 1 L の質量は，
　　$1.2 \times 1000 = 1200$ g
　溶けている H_2SO_4 の質量は，
　　$1200 \times \dfrac{30.0}{100} = 360$ g

$H_2SO_4 = 98.0$ より，

$$\dfrac{360}{98.0} = 3.673\cdots ≒ 3.67 \text{ mol}$$

したがって，この希硫酸のモル濃度は 3.67 mol/L である。

　希硫酸 1 L 中の水の質量は，
　　$1200 - 360 = 840$ g
　したがって，この溶液の質量モル濃度は，

$$3.67 \div \dfrac{840}{1000} = 4.369\cdots ≒ 4.37 \text{ mol/kg}$$

5章 溶液の性質

基礎の基礎を固める！の答 ➡本冊 p.23

1. 蒸気圧降下
2. 沸点上昇
3. 沸点上昇度
4. 凝固点降下
5. 凝固点降下度
6. 溶質
7. 質量モル
8. 電解質
9. 大き
10. 溶媒
11. 溶液
12. 浸透圧
13. CRT
14. コロイド粒子
15. コロイド溶液
16. チンダル現象
17. ブラウン運動
18. 電気泳動
19. 透析
20. 凝析
21. 塩析
22. 疎水コロイド
23. 親水コロイド
24. 保護コロイド

テストによく出る問題を解こう！の答 ➡本冊 p.24

29 (1) A (2) B (3) A

解き方 (1) 不揮発性物質の溶液の蒸気圧は，純溶媒より低いから，蒸気圧は純水のほうが砂糖水より高い。

(2) 不揮発性物質の溶液の沸点は，純溶媒より高いから，沸点は砂糖水のほうが純水より高い。

(3) 凝固点は，溶液のほうが純溶媒より低いから，純水のほうが砂糖水より高い。

30 イ

解き方 沸点上昇度は，溶液中の溶質粒子の質量モル濃度に比例する。塩化ナトリウム NaCl は電離して Na^+ と Cl^- に分かれるため，溶質粒子の質量モル濃度はグルコースの2倍になる。したがって，沸点上昇度も2倍になる。

31 エ

解き方 溶解後の粒子の数に着目する。

ア 尿素は非電解質なので，粒子の数は 0.01 mol である。

イ 塩化ナトリウムは
$$NaCl \longrightarrow Na^+ + Cl^-$$
と電離するので，粒子の数は，
$$0.005 \times 2 = 0.01 \text{ mol}$$

ウ 塩化カリウムは
$$KCl \longrightarrow K^+ + Cl^-$$
と電離するので，粒子の数は，
$$0.005 \times 2 = 0.01 \text{ mol}$$

エ 硫酸ナトリウムは
$$Na_2SO_4 \longrightarrow 2Na^+ + SO_4^{2-}$$
と電離するので，粒子の数は，
$$0.005 \times 3 = 0.015 \text{ mol}$$

32 (1) **0.26 K**
(2) **−0.93 ℃**
(3) **9.0 g**

解き方 (1) この水溶液の質量モル濃度は，
$$\frac{3.0}{60} \div \frac{100}{1000} = 0.50 \text{ mol/kg}$$
したがって，沸点上昇度は，
$$0.52 \times 0.50 = 0.26 \text{ K}$$

(2) $1.86 \times 0.50 = 0.93$ K
したがって，凝固点は，
$$0 - 0.93 = -0.93 \text{ ℃}$$

(3) 凝固点降下度は溶質の種類には関係がなく，溶媒粒子の質量モル濃度によって決まる。したがって，グルコース水溶液の濃度が尿素水溶液の濃度と等しくなればよい。溶かすグルコースの質量を x [g] とすると，
$$\frac{x}{180} \div \frac{100}{1000} = 0.50$$
$$\therefore \quad x = 9.0 \text{ g}$$

テスト対策　沸点上昇度と凝固点降下度

沸点上昇度と凝固点降下度は，溶液中の溶質粒子の質量モル濃度に比例する。

● $\Delta t_b = k_b m$ ● $\Delta t_f = k_f m$

Δt_b：沸点上昇度　　Δt_f：凝固点降下度
k_b：モル沸点上昇　　k_b：モル凝固点降下
m：質量モル濃度　　m：質量モル濃度

※電解質溶液の場合は，電離したイオンの質量モル濃度に比例する。

---

33 180

解き方 この非電解質のモル質量を M [g/mol] とすると，溶液の質量モル濃度は，

$$\frac{18.0}{M} \div \frac{300}{1000} = \frac{60}{M} \text{[mol/kg]}$$

$\Delta t_f = k_f m$ より,

$$0.62 = 1.86 \times \frac{60}{M}$$

$\therefore\ M = 180\ \text{g/mol}$

よって,分子量は 180 である。

> **テスト対策** 分子量の測定
>
> モル質量を M〔g/mol〕とおいて,質量モル濃度 m〔mol/kg〕を M で表す。これを $\Delta t = km$ の式に代入して,M について解く。

34
(1) 18 g
(2) 7.5×10^5 Pa
(3) 8.0×10^4

解き方 (1) グルコースの質量を x〔g〕とすると,水溶液のモル濃度 C〔mol/L〕は,

$$C = \frac{x}{180} \text{[mol/L]}$$

$\Pi = CRT$ より,

$$2.5 \times 10^5 = \frac{x}{180} \times 8.3 \times 10^3 \times (273 + 27)$$

$x = 18.0\cdots \fallingdotseq 18$ g

(2) 塩化ナトリウムは,次式のように電離する。

$$\text{NaCl} \longrightarrow \text{Na}^+ + \text{Cl}^-$$

よって,溶質粒子のモル濃度は,

$$\frac{0.85}{58.5} \div \frac{100}{1000} \times 2 = 0.2905\cdots \fallingdotseq 0.291\ \text{mol/L}$$

$\Pi = CRT$ より,

$$\Pi = 0.291 \times 8.3 \times 10^3 \times (273 + 37)$$
$$= 7.48\cdots \times 10^5 \fallingdotseq 7.5 \times 10^5\ \text{Pa}$$

(3) デンプンのモル質量を M〔g/mol〕とすると,物質量 n〔mol〕は,

$$n = \frac{0.80}{M} \text{[mol]}$$

$\Pi V = nRT$ より,

$$2.5 \times 10^2 \times \frac{100}{1000} = \frac{0.80}{M} \times 8.3 \times 10^3 \times (273 + 27)$$

$M = 7.96\cdots \times 10^4 \fallingdotseq 8.0 \times 10^4$ g/mol

したがって,分子量は 8.0×10^4 である。

> **テスト対策** ファントホッフの法則
>
> 溶液の体積を V〔L〕,溶液中の溶質の物質量を n〔mol〕,気体定数を R〔Pa·L/(mol·K)〕,絶対温度を T〔K〕とすると,浸透圧 Π〔Pa〕について,
>
> $$\Pi V = nRT$$
>
> 溶液のモル濃度を C〔mol/L〕とすると,
>
> $C = \dfrac{n}{V}$ より,
>
> $$\Pi = CRT$$
>
> また,溶質の質量を w〔g〕,モル質量を M〔g/mol〕とすると,
>
> $$\Pi V = \frac{w}{M} RT$$

35
(1) 凝析 (2) 塩析
(3) チンダル現象 (4) 凝析
(5) ブラウン運動

解き方 (1) 三角州は,泥のコロイド粒子が海水中の塩化ナトリウムによって凝析してできる。

> **テスト対策** 凝析と塩析
>
> ● 凝析…疎水コロイドが少量の電解質で沈殿。
> ● 塩析…親水コロイドが多量の電解質で沈殿。

36 イ

解き方 電圧をかけると陽極に移動したことから,このコロイド粒子は負に帯電していることがわかる。したがって,価数の大きい陽イオンを含む物質を選べばよい。

入試問題にチャレンジ！の答 　→本冊 p.26

1 (1) オ　(2) エ

[解き方] (1) T_2 は沸点で，t_4-t_3 は蒸発熱であり，液体と気体が共存している。

(2) T_1 は融点，t_2-t_1 は融解熱で，ベンゼンの結晶を液体に変化させる熱量である。この熱量は，ベンゼン分子の規則正しい配列をくずすためのエネルギーとして使われる。

2 ウ

[解き方] a 蒸気圧曲線から，蒸気圧が $0.8×10^5$ Pa となる温度は約94℃である。

b 蒸気圧曲線から，温度が60℃の蒸気圧は $0.2×10^5$ Pa である。

テスト対策　蒸気圧曲線と沸騰
● 蒸気圧曲線における温度と圧力で沸騰する。

3 (1) $p_1v = n_1RT_1$

(2) $p_2 = p_1 \times \dfrac{T_2}{T_1}$

(3) $n_1 - n_2 = n_1 \times \dfrac{p_2-p_1}{p_2}$

[解き方] (1) 気体定数を R とすると
$pv = nRT$　より　$p_1v = n_1RT_1$

(2) 体積と物質量が一定のとき，気体の圧力は絶対温度に比例するから，$p_2 = p_1 \times \dfrac{T_2}{T_1}$

(3) 温度と体積が一定のとき，気体の圧力は物質量に比例するから，$n_2 = n_1 \times \dfrac{p_1}{p_2}$

よって，$n_1 - n_2 = n_1 \times \dfrac{p_2-p_1}{p_2}$

4 (1) イ　(2) オ　(3) ア

[解き方] (1) シャルルの法則より，一定量の気体は，一定の圧力下では，温度が1℃上がるごとに0℃のときの体積の $\dfrac{1}{273}$ ずつ増加する。

よって0℃のときの体積を V_0，t ℃のときの体積を V とすると

$V = \left(1+\dfrac{t}{273}\right)V_0 = V_0 + \dfrac{V_0}{273}t$

(2) ボイルの法則より，$P = \dfrac{k}{V}$

(3) ボイル・シャルルの法則より，$\dfrac{PV}{T} = k$

よって，$PV = kT$

PV は絶対温度 T に比例する。

5 (1) ウ　(2) オ　(3) エ

[解き方] (1) Na の数：単位格子の頂点の原子は，8個の単位格子にまたがっている。頂点は8個あり，立方体の中心に1個の原子があるから，

$\dfrac{1}{8} \times 8 + 1 = 2$ 個

(2) Na 原子の半径を r〔cm〕，単位格子の一辺を l〔cm〕とすると，右図から $(4r)^2 = 3l^2$

∴ $4r = \sqrt{3}\,l$

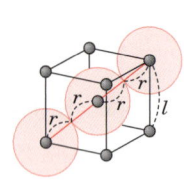

よって，

$r = \dfrac{1.73}{4} \times 4.28 \times 10^{-8} ≒ 1.85 \times 10^{-8}$ cm

(3) 単位格子の体積は，
$(4.28 \times 10^{-8})^3$ cm³ ≒ 7.84×10^{-23} cm³

単位格子の質量は，
$23 \times \dfrac{2}{6.02 \times 10^{23}} ≒ 7.64 \times 10^{-23}$ g

密度は，$\dfrac{7.64 \times 10^{-23}}{7.84 \times 10^{-23}} ≒ 0.974$ g/cm³

テスト対策　単位格子の辺と原子半径の関係
単位格子の一辺 l〔cm〕，原子半径 r〔cm〕
● **体心立方格子** ➡ $(4r)^2 = 3l^2$
● **面心立方格子** ➡ $(4r)^2 = 2l^2$

6 (1) ウ　(2) エ

[解き方] (1) 溶けている KNO_3 を x〔g〕とすると

$\dfrac{32}{100+32} = \dfrac{x}{50}$

∴ $x ≒ 12.1$ g

(2) 析出する KNO_3 を y〔g〕とすると

$\dfrac{85-32}{100+85} = \dfrac{y}{100}$

∴ $y ≒ 28.6$ g

❼ ア，エ

解き方 ア ヘンリーの法則より正しい。
イ 気体の溶解度は，一般に温度が高くなると減少する。
ウ その気体の分圧を一定に保つと，その気体の溶ける質量は変わらない。
エ，オ 気体の体積は，圧力に反比例するから，溶ける気体の体積は一定となる。（ヘンリーの法則）
　　ただし，同温・同圧の体積に換算すると，溶ける気体の体積は，圧力に比例する。

❽ オ

解き方 ア 不揮発性物質の溶液の沸点は，溶媒の沸点より高くなる。（沸点上昇）
イ 不揮発性物質の溶液の蒸気圧は，純溶媒よりも低くなる。
ウ，エ 不揮発性物質の溶液の沸点上昇度は，質量モル濃度に比例し，溶媒の種類により異なる。
オ 電解質水溶液の沸点上昇度では，分子とイオンの合計の質量モル濃度に比例する。

❾ ア…× イ…× ウ…×

解き方 半透膜を通って，純水側の水がデンプン水溶液側へ移動するため，純水側の液面は下がる。また，左右の液面の高さの差は，溶液の浸透圧と関係があり，浸透圧は溶液のモル濃度と絶対温度に比例する。両方に純水を加えると，溶液の濃度は半分になるため浸透圧も半分になり，液面の高さの差は小さくなる。

> **テスト対策** 浸透と濃度
>
> 半透膜を通って溶媒が浸透する方向
> ➡ モル濃度の，
> 　小さいほうの溶液から大きいほうの溶液へ

❿ エ

解き方 ア Aの陽イオンの半径を r_A，Bの陰イオンの半径を r_B とすると，
$$2(r_A + r_B) = \sqrt{3}\,a$$
$$\therefore\ r_A + r_B = \frac{\sqrt{3}\,a}{2}\ \ よって，誤り。$$

イ 原子量とアボガドロ定数には，長さの単位がない。よって，誤り。
ウ 単位格子中のBの原子数は
$$\frac{1}{8} \times 8 = 1\ 個$$
　Aの原子数は1個より，
　組成式は AB。よって，誤り。
エ どちらも8個と接している。よって，正しい。
オ この単位格子は体心立方格子である。よって，誤り。

⓫ オ

解き方 D 親水コロイドに多量の電解質を加えると塩析が起こる。
E 疎水コロイドに少量の電解質を加えると凝析が起こる。

⓬ (1) 1　(2) 1

解き方 (1) a コロイド溶液に光を当てると，コロイド粒子が光を乱反射して進路が輝いて見え，チンダル現象が観察できる。よって，正しい。
　b 親水コロイドに，多量の電解質を加えると沈殿し，塩析となる。よって，正しい。
(2) a 電解質水溶液の浸透圧は，分子とイオンの全溶質粒子のモル濃度に比例する。よって，正しい。
　b 不揮発性の非電解質溶液の沸点上昇度・凝固点降下度は質量モル濃度に比例する。よって，正しい。

2編 物質の変化

1章 化学反応と熱・光

基礎の基礎を固める！の答 →本冊 p.31

1. 反応熱
2. 発熱反応
3. 大き
4. 吸熱反応
5. 小さ
6. 右
7. 等号
8. 1 mol
9. kJ
10. 燃焼熱
11. 生成熱
12. H_2O
13. 溶解熱
14. 関係なく
15. 種類
16. 結合エネルギー
17. 反応熱
18. 長
19. 光化学反応

テストによく出る問題を解こう！の答 →本冊 p.32

1 (1) $C(黒鉛) + O_2(気) = CO_2(気) + 393\,kJ$

(2) $H_2(気) + \frac{1}{2}O_2(気) = H_2O(液) + 288\,kJ$

解き方 (1) $C = 12.0$ であるから，反応熱は，

$$131 \times \frac{12.0}{4.0} = 393\,kJ/mol$$

(2) 1 mol の水素の体積は，標準状態では 22.4 L であるから，反応熱は，

$$72 \times \frac{22.4}{5.6} = 288\,kJ/mol$$

> **テスト対策 反応熱の表し方**
>
> 反応熱は，**着目する物質 1 mol** あたりの熱量で表す。

2 エ

解き方 問題文で与えられた熱化学方程式を，上から順に①，②，③とする。

ア ①より，炭素(黒鉛)の燃焼熱は 394 kJ/mol。
イ ②より，一酸化炭素の燃焼熱は 283 kJ/mol。
ウ ③より，水素の燃焼熱は 286 kJ/mol。
エ C と O_2 から CO_2 1 mol が生じるときの反応熱が CO_2 の生成熱であるから，①より，394 kJ/mol である。
オ H_2 と O_2 から H_2O 1 mol が生じるときの反応熱が H_2O の生成熱であるから，③より，286 kJ/mol である。

> **テスト対策 生成熱**
>
> 生成熱は，化合物 1 mol が**成分元素の単体**から生じるときの反応熱である。

3 (1) $\frac{1}{2}N_2(気) + \frac{3}{2}H_2(気) = NH_3(気) + 46\,kJ$

(2) $NaOH(固) + aq = NaOH\,aq + 45\,kJ$

(3) $\frac{1}{2}H_2SO_4\,aq + NaOH\,aq = \frac{1}{2}Na_2SO_4\,aq + H_2O(液) + 56\,kJ$

解き方 (1) N_2 と H_2 から NH_3 1 mol が生じるときの反応熱が 46 kJ である。

(2) $NaOH = 40.0$ であるから，溶解熱は，

$$4.5 \times \frac{40.0}{4.0} = 45\,kJ/mol$$

(3) $H_2SO_4 + 2NaOH \longrightarrow Na_2SO_4 + 2H_2O$

中和により生じた水の物質量は，

$$1.0 \times \frac{250}{1000} \times 2 = 0.50\,mol$$

よって，中和熱は，

$$28 \times \frac{1}{0.50} = 56\,kJ/mol$$

4 278 kJ/mol

解き方 エタノールの生成熱を $x\,[kJ/mol]$ とすると，エタノールの生成を表す熱化学方程式は，

$$2C(黒鉛) + 3H_2(気) + \frac{1}{2}O_2(気) = C_2H_6O(液) + x\,kJ$$

与えられた熱化学方程式を，上から順に①，②，③とすると，①×2＋②×3－③より，

$2C(黒鉛) + 3H_2(気) + \frac{1}{2}O_2$
$= C_2H_6O(液) + (394 \times 2 + 286 \times 3 - 1368)\,kJ$
$= C_2H_6O(液) + 278\,kJ$

> **テスト対策 熱化学方程式①**
> 既知の熱化学方程式を加減・移項するときは，求める熱化学方程式の係数に合わせて加減する。

5 (1) $C_3H_8(気) + 5O_2(気)$
$= 3CO_2(気) + 4H_2O(液) + 2220\,kJ$
(2) $4.5\,L$

解き方 (1) $3C(黒鉛) + 4H_2(気)$
$= C_3H_8(気) + 106\,kJ$ …①
$C(黒鉛) + O_2(気) = CO_2(気) + 394\,kJ$ …②
$H_2(気) + \frac{1}{2}O_2(気) = H_2O(液) + 286\,kJ$ …③

プロパンの燃焼熱を $x\,[kJ/mol]$ とすると，プロパンの燃焼を表す熱化学方程式は，
$C_3H_8(気) + 5O_2(気)$
$= 3CO_2(気) + 4H_2O(液) + x\,kJ$
$-① + ② \times 3 + ③ \times 4$ より，
$x = -106 + 394 \times 3 + 286 \times 4 = 2220\,kJ$

(2) $22.4 \times \dfrac{444}{2220} = 4.48 ≒ 4.5\,L$

6 185

解き方 反応熱＝生成物の結合エネルギーの総和
　　　　　－反応物の結合エネルギーの総和
$x = 428 \times 2 - (432 + 239) = 185\,kJ$

> **テスト対策 熱化学方程式②**
> 反応熱＝生成物の結合エネルギーの総和
> 　　　－反応物の結合エネルギーの総和

7 $462\,kJ/mol$

解き方 H_2O の構造式は $H-O-H$ で，1分子には **O－H の結合が2つ** 含まれる。O－H の結合エネルギーを $x\,[kJ/mol]$ とすると，
反応熱＝生成物の結合エネルギーの総和
　　　－反応物の結合エネルギーの総和
より，
$242 = 2x - \left(432 + 498 \times \dfrac{1}{2}\right)$
$\therefore\ x = 461.5 ≒ 462\,kJ$

8 イ

解き方 イ　光の波長が短いほどエネルギーが大きい。

2章 電池と電気分解

基礎の基礎を固める！の答 →本冊 p.35

① 負　　② 正
③ ダニエル電池　④ 負
⑤ 正　　⑥ ボルタ電池
⑦ 鉛蓄電池　⑧ $PbSO_4$
⑨ $PbSO_4$　⑩ 燃料電池
⑪ 負　　⑫ 正
⑬ マンガン乾電池　⑭ 陽
⑮ 陰　　⑯ Cl_2
⑰ O_2　　⑱ H_2
⑲ Cu　　⑳ 比例
㉑ 反比例　　㉒ 1 mol
㉓ 9.65×10^4　　㉔ 時間〔s〕

テストによく出る問題を解こう！の答 →本冊 p.36

9 B…Zn　　D…Fe

解き方 2種類の金属を食塩水に入れると電池が形成され，イオン化傾向の大きいほうの金属が負極，小さいほうの金属が正極となる。電流は正極から負極に流れる。したがって，次の関係がある。
イオン化傾向は，$D > A \cdot C$ また $B > D$ であるから，$B > D > A \cdot C$。
4種類の金属のイオン化傾向は，
　亜鉛＞鉄＞銅＞白金
よって，B は亜鉛，D は鉄である。

> **テスト対策 電池の形成**
> 2種類の金属を電解質水溶液中に入れると電池を形成。
> 　イオン化傾向の
> 　{ 大きいほうの金属 ➡ 負極
> 　{ 小さいほうの金属 ➡ 正極

10 (1) ウ　　(2) イ　　(3) エ

解き方 正極と負極での反応はそれぞれ，
　正極；$Cu^{2+} + 2e^- \longrightarrow Cu$
　負極；$Zn \longrightarrow Zn^{2+} + 2e^-$
(1) 正極では Cu が析出して重くなり，負極では，Zn がイオンとなって軽くなる。

(2) 正極では Cu^{2+} の濃度が大きいほど析出しやすく，負極では Zn^{2+} の濃度が小さいほどイオン化しやすい。

(3) 仕切り板は，イオンが通ることができるような小さな穴があいている，素焼き板である。

11 エ

解き方 鉛蓄電池の反応をまとめると，

$$Pb + 2H_2SO_4 + PbO_2 \underset{充電}{\overset{放電}{\rightleftharpoons}} 2PbSO_4 + 2H_2O$$

放電によって，電解液は H_2SO_4 の濃度が減少して密度が小さくなり，両極に $PbSO_4$ が析出して，両極とも重くなる。

充電によって水 H_2O が減少する。

テスト対策 鉛蓄電池の反応

$$Pb + 2H_2SO_4 + PbO_2 \underset{充電}{\overset{放電}{\rightleftharpoons}} 2PbSO_4 + 2H_2O$$

12 (1) 正極；**6.4 g 増加** 負極；**9.6 g 増加**
(2) **0.20 mol**

解き方 (1) 正極；$PbO_2 + 4H^+ + SO_4^{2-} + 2e^- \rightarrow PbSO_4 + 2H_2O$ より，電子 2 mol が流れると 1 mol の PbO_2 が 1 mol の $PbSO_4$ となり，SO_2 1 mol あたりの質量が増加する。

$SO_2 = 64$ より，増加した質量は，

$$64 \times \frac{0.2}{2} = 6.4 \text{ g}$$

負極；$Pb + SO_4^{2-} \rightarrow PbSO_4 + 2e^-$ より，電子 2 mol が流れると 1 mol の Pb が 1 mol の $PbSO_4$ となり，SO_4 1 mol あたりの質量が増加する。

$SO_4 = 96$ より，増加した質量は

$$96 \times \frac{0.2}{2} = 9.6 \text{ g}$$

(2) (1)の各極のイオン反応式より電子 2 mol が流れると，各極で H_2SO_4 1 mol 合計 2 mol が減少する。よって減少した H_2SO_4 は 0.20 mol である。

13 (1) ア，エ (2) ウ (3) イ
(4) ウ (5) イ

解き方 (3) 燃料電池は，正極が酸素，負極が水素である。

(4) 正極は $PbO_2 \longrightarrow PbSO_4$
負極は $Pb \longrightarrow PbSO_4$
より，両極とも重くなる。

(5) 燃料電池の全体の反応は，
$$2H_2 + O_2 \longrightarrow 2H_2O$$

14 陽極・陰極の順に (1) O_2，H_2
(2) Cl_2，H_2 (3) O_2，H_2
(4) Cl_2，Cu (5) O_2，Ag

解き方 各極の反応；
(1) 陽極；$4OH^- \longrightarrow 2H_2O + O_2\uparrow + 4e^-$
陰極；$2H_2O + 2e^- \longrightarrow H_2\uparrow + 2OH^-$
(2) 陽極；$2Cl^- \longrightarrow Cl_2\uparrow + 2e^-$
陰極；$2H_2O + 2e^- \longrightarrow H_2\uparrow + 2OH^-$
(3) 陽極；$2H_2O \longrightarrow O_2\uparrow + 4H^+ + 4e^-$
陰極；$2H_2O + 2e^- \longrightarrow H_2\uparrow + 2OH^-$
(4) 陽極；$2Cl^- \longrightarrow Cl_2\uparrow + 2e^-$
陰極；$Cu^{2+} + 2e^- \longrightarrow Cu$
(5) 陽極；$2H_2O \longrightarrow O_2\uparrow + 4H^+ + 4e^-$
陰極；$Ag^+ + e^- \longrightarrow Ag$

15 (1) ア，イ，ウ (2) イ，ウ
(3) エ (4) オ

解き方 各極の反応；
ア 陽極；$2Cl^- \longrightarrow Cl_2\uparrow + 2e^-$
陰極；$2H_2O + 2e^- \longrightarrow H_2\uparrow + 2OH^-$
イ 陽極；$2H_2O \longrightarrow O_2\uparrow + 4H^+ + 4e^-$
陰極；$2H_2O + 2e^- \longrightarrow H_2\uparrow + 2OH^-$
ウ 陽極；$4OH^- \longrightarrow 2H_2O + O_2\uparrow + 4e^-$
陰極；$2H_2O + 2e^- \longrightarrow H_2\uparrow + 2OH^-$
エ 陽極；$2H_2O \longrightarrow O_2\uparrow + 4H^+ + 4e^-$
陰極；$Cu^{2+} + 2e^- \longrightarrow Cu$
オ 陽極；$2Cl^- \longrightarrow Cl_2\uparrow + 2e^-$
陰極；$Cu^{2+} + 2e^- \longrightarrow Cu$

(1) ア；Cl_2，H_2 イ；O_2，H_2 ウ；O_2，H_2
(2) O_2 と H_2 が発生する電気分解である。
(3) 陽極；$2H_2O \longrightarrow O_2\uparrow + 4H^+ + 4e^-$
のように陽極で H^+ が生成し（このとき O_2 が発生)，陰極では金属が析出する。よって**エ**。
(4) **オ**は，陽極で Cl^-，陰極で Cu^{2+} が減少し，$CuCl_2$ の濃度が減少する。

テスト対策 水溶液の電気分解とその変化

水溶液の電気分解において；
● H_2 と O_2 が発生 ➡ 水の電気分解
● H_2 が発生 ➡ OH^- が生成 ➡ 塩基性
● O_2 が発生 ➡ H^+ が生成 ➡ 酸性

16 (1) オ (2) イ

解き方 電子 1 mol が流れたときの，総質量と総体積を比較する。なお，体積は物質量に比例するので，総物質量で比較する。

ア 陽極；$2H_2O \longrightarrow O_2\uparrow + 4H^+ + 4e^-$
  陰極；$Cu^{2+} + 2e^- \longrightarrow Cu$
  $O_2 = 32.0$，$Cu = 63.6$ より，総質量は，
  $$32.0 \times \frac{1}{4} + 63.6 \times \frac{1}{2} = 39.8 \text{ g}$$

〔別解〕 $O = 16.0$，価数は 2，$Cu = 63.6$，価数は 2。
よって，$\dfrac{16.0}{2} + \dfrac{63.6}{2} = 39.8$ g

気体の総物質量は，$\dfrac{1}{4} = 0.25$ mol

イ 陽極；$2Cl^- \longrightarrow Cl_2\uparrow + 2e^-$
  陰極；$2H_2O + 2e^- \longrightarrow H_2\uparrow + 2OH^-$
  $Cl_2 = 71.0$，$H_2 = 2.0$ より，総質量は，
  $$71.0 \times \frac{1}{2} + 2.0 \times \frac{1}{2} = 36.5 \text{ g}$$

〔別解〕 $Cl = 35.5$，価数は 1，$H = 1.0$，価数は 1。
よって，$35.5 + 1.0 = 36.5$ g
気体の総物質量は，
$$\frac{1}{2} + \frac{1}{2} = 1 \text{ mol}$$

ウ 陽極；$4OH^- \longrightarrow 2H_2O + O_2\uparrow + 4e^-$
  陰極；$2H^+ + 2e^- \longrightarrow H_2\uparrow$
  $O_2 = 32.0$，$H_2 = 2.0$ より，総質量は，
  $$32.0 \times \frac{1}{4} + 2.0 \times \frac{1}{2} = 9.0 \text{ g}$$

〔別解〕 $O = 16.0$，価数は 2，$H = 1.0$，価数は 1。
よって，$\dfrac{16.0}{2} + 1.0 = 9.0$ g
気体の総物質量は，
$$\frac{1}{4} + \frac{1}{2} = 0.75 \text{ mol}$$

エ 陽極；$2H_2O \longrightarrow O_2\uparrow + 4H^+ + 4e^-$
  陰極；$2H_2O + 2e^- \longrightarrow H_2\uparrow + 2OH^-$
  ウと同じく，総質量は 9.0 g，気体の総物質量は 0.75 mol。

オ 陽極；$2H_2O \longrightarrow O_2\uparrow + 4H^+ + 4e^-$
  陰極；$Ag^+ + e^- \longrightarrow Ag$
  $O_2 = 32.0$，$Ag = 108$ より，総質量は，
  $$32.0 \times \frac{1}{4} + 108 = 116 \text{ g}$$

〔別解〕 $O = 16.0$，価数は 2，$Ag = 108$，価数は 1。よって，$\dfrac{16.0}{2} + 108 = 116$ g

気体の総物質量は，$\dfrac{1}{4} = 0.25$ mol

17 (1) 9650 C (2) 0.10 mol
(3) 酸素が 0.80 g (4) 銅が 3.2 g
(5) 0.56 L

解き方 (1) $10.0 \times (16 \times 60 + 5) = 9650$ C

(2) $\dfrac{9650}{9.65 \times 10^4} = 0.10$ mol

(3) 陽極；$2H_2O \longrightarrow O_2\uparrow + 4H^+ + 4e^-$
$O_2 = 32.0$ より，
$$32.0 \times \frac{1}{4} \times 0.10 = 0.80 \text{ g}$$

〔別解〕 $O = 16.0$，価数は 2 より，
$$\frac{16.0}{2} \times 0.10 = 0.80 \text{ g}$$

(4) $Cu^{2+} + 2e^- \longrightarrow Cu$ より，
$$63.6 \times \frac{1}{2} \times 0.10 = 3.18 ≒ 3.2 \text{ g}$$

(5) (3)のイオン反応式より，電子 4 mol が流れたとき O_2 が 1 mol 発生するから，
$$22.4 \times \frac{1}{4} \times 0.10 = 0.56 \text{ L}$$

〔別解〕 電子 1 mol が流れたとき，O の価数 2 より，生成する O は，$\dfrac{1}{2}$ mol。
よって，O_2 は $\dfrac{1}{4}$ mol。

テスト対策 電気分解の生成量の計算

- 電流〔A〕× 時間〔s〕= 電気量〔C〕
- 電子の物質量〔mol〕= $\dfrac{\text{電気量〔C〕}}{9.65 \times 10^4 \text{ C/mol}}$
- 電子 n〔mol〕流れたとき，析出する元素の
  質量 = $\dfrac{\text{原子量}}{\text{価数}} \times n$〔g〕

---

18 (1) 3860 C (2) 13 分 (3) 12.7 g
(4) 224 mL (5) 1

解き方 流れた電子の物質量は，

$\dfrac{4.32 \text{ g}}{108 \text{ g/mol}} = 0.040 \text{ mol}$

(1) $9.65 \times 10^4 \text{ C/mol} \times 0.040 \text{ mol} = 3860 \text{ C}$

(2) 電気分解した時間を x〔分〕とすると，
$5.0 \times x \times 60 = 3860$　　∴ $x ≒ 12.9$ 分

(3) $\dfrac{63.6 \text{ g/mol}}{2} \times 0.040 \text{ mol} ≒ 1.27 \text{ g}$

(4) $\dfrac{22.4 \times 10^3 \text{ mL/mol}}{4} \times 0.040 \text{ mol} = 224 \text{ mL}$

(5) $[\text{H}^+] = 0.040 \times \dfrac{1000}{400} = 0.10 \text{ mol/L}$

よって，pH = 1

19 (1) **2413 C**　(2) **140 mL**　(3) **2.7 g**
　　(4) **560 mL**

解き方　希硫酸の陰極に発生した気体は水素 H_2。電子 1 mol が流れたとき発生する H_2 の標準状態における体積は，

$\dfrac{22.4 \times 10^3}{2} = 1.12 \times 10^4 \text{ mL}$

よって，流れた電子の物質量は，

$\dfrac{280}{1.12 \times 10^4} = 2.5 \times 10^{-2} \text{ mol}$

(1) $9.65 \times 10^4 \text{ C/mol} \times 2.5 \times 10^{-2} \text{ mol} ≒ 2413 \text{ C}$

(2) 発生した気体は酸素 O_2 であり，その標準状態での体積は，

$\dfrac{22.4 \times 10^3}{4} \times 2.5 \times 10^{-2} = 140 \text{ mL}$

(3) 析出した金属は銀 Ag であり，その質量は，
$108 \text{ g/mol} \times 2.5 \times 10^{-2} \text{ mol} = 2.7 \text{ g}$

(4) 発生する気体は陽極で塩素 Cl_2，陰極で水素 H_2 であり，その標準状態での総体積は，

$\dfrac{22.4 \times 10^3}{2} \times 2 \times 2.5 \times 10^{-2} = 560 \text{ mL}$

テスト対策　電気分解と発生する気体の体積

電気分解において；電子 1 mol が流れたとき発生する気体の標準状態における体積
H_2, Cl_2 ➡ 11.2 L　　O_2 ➡ 5.6 L

3章 化学反応の速さ

基礎の基礎を固める！の答　➡本冊 p.41

❶ 減少　　　　　　　❷ 増加
❸ 反応速度式　　　　❹ $k[\text{HI}]^2$
❺ 大き　　　　　　　❻ 衝突回数
❼ 大き　　　　　　　❽ 触媒
❾ 表面積　　　　　　❿ 光化学反応
⓫ 活性化エネルギー　⓬ 活性化状態
⓭ 活性化エネルギー　⓮ 大き
⓯ 小さ　　　　　　　⓰ 増加し
⓱ 大き

テストによく出る問題を解こう！の答　➡本冊 p.42

20 (1) **0.020 mol/(L·s)**
　　(2) **0.040 mol/(L·s)**

解き方　(1) H_2 の濃度の減少量は，
$0.60 - 0.20 = 0.40 \text{ mol/L}$
したがって，1 秒あたりでは，
$\dfrac{0.40}{20} = 0.020 \text{ mol/(L·s)}$

(2) HI の濃度の増加量は，H_2 の濃度の減少量の 2 倍である。
$0.020 \times 2 = 0.040 \text{ mol/(L·s)}$

テスト対策　反応速度

反応速度 = $\dfrac{\text{着目する物質の濃度の変化量}}{\text{反応時間}}$

21 $x = 1$，$y = 2$

解き方　(i)より，v は [A] に比例することがわかる。したがって，$x = 1$
また，(ii)より，v は [B] の 2 乗に比例することがわかる。したがって，$y = 2$

22 (1) **4 倍**

(2) ① $\dfrac{c}{2}$〔mol〕

② $H_2 \cdots \dfrac{a}{V}$〔mol/L〕　$HI \cdots \dfrac{c}{V}$〔mol/L〕

③ $\dfrac{cV}{2ab}$〔L/(mol·s)〕

解き方 (1) 体積を半分に圧縮すると，$[H_2]$と$[I_2]$はともに2倍になる。したがって，反応速度は4倍になる。

(2)② $a \gg c$ より，1秒後のH_2の物質量は，

$$a - \frac{c}{2} \fallingdotseq a \text{〔mol〕}$$

③ 反応速度vは$[H_2]$の減少量で表すから，

$$v = \frac{\frac{c}{2}}{V} \div 1$$

$$= \frac{c}{2V} \text{〔mol/(L·s)〕}$$

②より，$[H_2] = \frac{a}{V}$〔mol/L〕

同様に考えて，$[I_2] = \frac{b}{V}$〔mol/L〕

これらを反応速度の式に代入すると，

$$\frac{c}{2V} \text{〔mol/(L·s)〕}$$

$$= k \times \frac{a}{V} \text{〔mol/L〕} \times \frac{b}{V} \text{〔mol/L〕}$$

$$k = \frac{cV}{2ab} \text{〔L/(mol·s)〕}$$

23 (1) ウ　　(2) エ　　(3) イ
　　(4) ア

解き方 (2) 硝酸銀は，光が当たると分解する。
(3) 温度を上げると，反応速度は爆発的に増加する。10 K 上がるごとに，2〜4倍になるものが多い。
(4) 空気中よりも酸素の濃度が大きいため，燃焼のしかたが激しくなる。

24 ウ

解き方 触媒には，活性化エネルギーを小さくするはたらきがある。したがって，活性化エネルギー以上のエネルギーをもつ粒子の割合が大きくなる。

テスト対策　反応速度を大きくする条件

- 濃度を大きくする。…粒子の衝突回数が増えるため。
- 温度を高くする。……粒子がもつエネルギーが大きくなるため。
- 触媒を用いる。………活性化エネルギーが小さくなるため。

---

25 (1)① $E_3 - E_2$　　② $E_2 - E_1$
　　(2) イ

解き方 (1)① 反応の経路のなかで最もエネルギー値の高いところが活性化状態である。この状態ともとの状態のエネルギー値の差が，活性化エネルギーである。
② 反応熱は，反応物と生成物のエネルギー値の差である。
(2) 触媒には活性化エネルギーを小さくするはたらきがあるので，$E_3 > E_4$ である。また，活性化エネルギーが0以下になることはないので，$E_4 > E_2$ である。

4章 化学平衡

基礎の基礎を固める！の答 →本冊 p.45

❶ 可逆反応
❷ 正反応
❸ 逆反応
❹ 化学平衡の状態(平衡の状態)
❺ 等し
❻ 化学平衡の法則(質量作用の法則)
❼ 平衡定数
❽ 温度
❾ ルシャトリエの原理(平衡移動の原理)
❿ 打ち消す
⓫ 減少
⓬ 増加
⓭ 吸熱
⓮ 下げる
⓯ 発熱
⓰ 上げる
⓱ 減少
⓲ 減少
⓳ 増加
⓴ 増加
㉑ ある
㉒ ない

テストによく出る問題を解こう！の答 →本冊 p.46

26 ウ

解き方 化学平衡の状態とは，正反応(右向きの反応)と逆反応(左向きの反応)の速さが等しくなり，反応が停止しているかのように見える状態である。

27

(1) $K = \dfrac{[NO_2]^2}{[N_2O_4]}$ (2) $K = \dfrac{[SO_3]^2}{[SO_2]^2[O_2]}$

(3) $K = \dfrac{[NH_3]^2}{[N_2][H_2]^3}$

解き方 $aA + bB \rightleftarrows cC + dD$ で表される反応が平衡の状態にあるとき，平衡定数を K とすると，

$$K = \dfrac{[C]^c[D]^d}{[A]^a[B]^b}$$

28

(1) 0.2 mol (2) 64
(3) 0.2 mol

解き方 (1) 各物質の物質量の変化をまとめると，次のようになる。

	H_2	+	I_2	$\rightleftarrows$	$2HI$
反応前	1.0 mol		1.0 mol		
反応分	0.8 mol		0.8 mol		1.6 mol
平衡時	0.2 mol		0.2 mol		1.6 mol

(2) 容器の体積が 2.0 L なので，

$$[H_2] = [I_2] = \dfrac{0.2}{2.0} = 0.1 \text{ mol/L}$$

$$[HI] = \dfrac{1.6}{2.0} = 0.8 \text{ mol/L}$$

したがって，平衡定数を K とすると，

$$K = \dfrac{[HI]^2}{[H_2][I_2]} = \dfrac{0.8^2}{0.1 \times 0.1} = 64$$

(3) 平衡状態における H_2 の物質量を x [mol]として各物質の物質量の変化をまとめると，次のようになる。

	$2HI$	$\rightleftarrows$	H_2	+	I_2
反応前	2.0 mol				
反応分	$2x$ [mol]		x [mol]		x [mol]
平衡時	$2.0 - 2x$ [mol]		x [mol]		x [mol]

平衡定数を K' とすると，

$$K' = \dfrac{[H_2][I_2]}{[HI]^2} = \dfrac{1}{K}$$

したがって，

$$\dfrac{\left(\dfrac{x}{2.0}\right) \times \left(\dfrac{x}{2.0}\right)}{\left(\dfrac{2.0-2x}{2.0}\right)^2} = \dfrac{1}{64} \quad x = 0.2 \text{ mol}$$

> **テスト対策 平衡定数の求め方**
> 各物質の平衡時における物質量を求める。
> →各物質のモル濃度を求める。
> →化学平衡の法則の式に代入する。

29 6.7×10^{-3} mol/L

解き方 $N_2O_4 = 92.0$ より，N_2O_4 9.2 g の物質量は，

$$\dfrac{9.2}{92.0} = 0.10 \text{ mol}$$

解離した N_2O_4 の物質量を x [mol]として各物質の物質量の変化をまとめると，次のようになる。

	N_2O_4	$\rightleftarrows$	$2NO_2$
解離前	0.10 mol		
解離分	x [mol]		$2x$ [mol]
解離後	$0.10 - x$ [mol]		$2x$ [mol]

したがって，解離後の気体の全物質量は，
$0.10 - x + 2x = 0.10 + x$ [mol]
気体の状態方程式より，
$1.0 \times 10^5 \times 3.0$
$\quad = (0.10 + x) \times 8.31 \times 10^3 \times (273 + 27)$

∴ $0.10 + x = 0.120\cdots ≒ 0.12$ mol
∴ $x = 0.02$ mol

したがって，平衡状態における物質量は，N_2O_4 が 0.08 mol，NO_2 が 0.04 mol である。

よって，

$$K = \frac{[NO_2]^2}{[N_2O_4]} = \frac{\left(\frac{0.04}{3.0}\right)^2}{\frac{0.08}{3.0}} = 6.66\cdots \times 10^{-3}$$

$$≒ 6.7 \times 10^{-3} \text{ mol/L}$$

30 ① 減る ② 右 ③ 吸熱
  ④ 左 ⑤ 減る ⑥ 右

解き方 ルシャトリエの原理による。
⑤，⑥ $N_2 + 3H_2 \longrightarrow 2NH_3$ の反応が起こると，気体分子 4 つが 2 つに減ることになる。

テスト対策 平衡の移動①

- ある物質の濃度を大きくする。
  ➡その物質の濃度が小さくなる方向に平衡が移動する。
  ➡その物質が反応物となる反応が進む。
- 温度を高くする。
  ➡温度が低くなる方向に平衡が移動する。
  ➡吸熱反応が進む。
- 圧力を大きくする。
  ➡圧力が小さくなる方向に平衡が移動する。
  ➡気体分子の数が減る反応が進む。

31 (1) ア (2) イ (3) イ
  (4) ウ (5) ア

解き方 (1) 反応の前後で気体分子の数が変化しないので，圧力を変化させても平衡は移動しない。
(2) NH_3 を液化すると，混合気体中の NH_3 の濃度が小さくなる。したがって，
 $N_2 + 3H_2 \longrightarrow 2NH_3$
の反応が進み，NH_3 の濃度が大きくなる。つまり，平衡は右に移動する。
(3) 減圧すると，
 $N_2O_4 \longrightarrow 2NO_2$
の反応が進み，気体分子の数が増加する。つまり平衡は右に移動する。
(4) 温度を下げると，
 $2NO \longrightarrow N_2 + O_2$
の反応が進み，発熱する。つまり，平衡は左に移動する。
(5) 触媒を加えても平衡は移動しない。

テスト対策 平衡の移動②

触媒は反応速度を変化させるが，平衡の移動には関係しない。

32 イ

解き方 温度が高いほど Z の濃度が小さくなっていることから，温度が高くなると
 $zZ \longrightarrow xX + yY$ ……(i)
の反応が進むことがわかる。したがって，(i)の反応が吸熱反応であるから，
 $xX + yY \longrightarrow zZ$
の反応は発熱反応である。よって，$Q > 0$

また，圧力が高いほど Z の濃度が大きくなっていることから，圧力が高くなると
 $xX + yY \longrightarrow zZ$ ……(ii)
の反応が進むことがわかる。したがって，(ii)の反応は気体分子の数が減る反応である。よって，
 $x + y > z$

5章 電解質水溶液の平衡

基礎の基礎を固める！の答 →本冊 p.50

1. 電離平衡
2. 電離定数
3. $[CH_3COO^-]$
4. $[H^+]$ （3 4 は順不同）
5. $[CH_3COOH]$
6. 水のイオン積
7. 1.0×10^{-14}
8. 緩衝液
9. 弱酸
10. 弱塩基（9 10 は順不同）
11. 塩の加水分解
12. 塩基
13. 加水分解定数
14. K_w
15. K_a
16. 溶解度積
17. 生じる
18. 生じない

テストによく出る問題を解こう！の答 →本冊 p.51

33 (1) **0.7** (2) **13** (3) **3** (4) **11.3**

解き方 (1) 塩化水素は強酸なので，電離度が1である。したがって，
$[H^+] = 0.20 = 2.0 \times 10^{-1}$ mol/L
$pH = -\log(2.0 \times 10^{-1})$
$= 1 - \log 2$
$= 1 - 0.30 = 0.7$

(2) 水酸化ナトリウムは強塩基なので，電離度が1である。したがって，
$[OH^-] = 0.10 = 1.0 \times 10^{-1}$ mol/L
$[H^+][OH^-] = 1.0 \times 10^{-14}$ mol^2/L^2 より，
$[H^+] = 1.0 \times 10^{-13}$ mol/L
したがって，
$pH = -\log(1.0 \times 10^{-13}) = 13$

(3) $[H^+] = 0.10 \times 0.01 = 1.0 \times 10^{-3}$ mol/L
したがって，
$pH = -\log(1.0 \times 10^{-3}) = 3$

(4) $[OH^-] = 0.10 \times 0.02 = 2.0 \times 10^{-3}$ mol/L
$[H^+][OH^-] = 1.0 \times 10^{-14}$ mol^2/L^2 より，
$[H^+] = \dfrac{1.0 \times 10^{-14}}{2.0 \times 10^{-3}} = \dfrac{1}{2} \times 10^{-11}$ mol/L
したがって，
$pH = -\log\left(\dfrac{1}{2} \times 10^{-11}\right)$
$= 11 + \log 2$
$= 11 + 0.30 = 11.3$

テスト対策 pHの求め方

- $pH = -\log[H^+]$
- 塩基性の水溶液の場合は，まず，$[OH^-]$と水のイオン積から$[H^+]$を求める。

34 (1) ① $C(1-\alpha)$ [mol/L]
② $C\alpha$ [mol/L]
③ $C\alpha$ [mol/L]
(2) $C\alpha^2$ [mol/L]
(3) $\sqrt{\dfrac{K_a}{C}}$

解き方 (1) 電離前後のモル濃度の変化をまとめると，次のようになる。

	CH_3COOH ⇌	CH_3COO^-	+ H^+
電離前	C		
電離分	$C\alpha$	$C\alpha$	$C\alpha$
平衡時	$C(1-\alpha)$	$C\alpha$	$C\alpha$

(2) $K_a = \dfrac{[CH_3COO^-][H^+]}{[CH_3COOH]} = \dfrac{C\alpha \times C\alpha}{C(1-\alpha)}$
$= \dfrac{C\alpha^2}{1-\alpha}$ [mol/L]

酢酸は弱酸なので，$\alpha \ll 1$
したがって，$1 - \alpha \fallingdotseq 1$ と近似できるから，
$K_a = C\alpha^2$ [mol/L]

35 (1) **2.8** (2) **11.2**

解き方 (1) 酢酸は
$CH_3COOH \rightleftharpoons CH_3COO^- + H^+$
と電離するから，$[CH_3COO^-] = [H^+]$
したがって，
$K_a = \dfrac{[CH_3COO^-][H^+]}{[CH_3COOH]}$
$= \dfrac{[H^+]^2}{[CH_3COOH]}$ ……(i)

酢酸は弱酸で，電離度は1よりはるかに小さいから，
$[CH_3COOH] \fallingdotseq 0.10$ mol/L
それぞれの値を(i)式に代入して，
$2.8 \times 10^{-5} = \dfrac{[H^+]^2}{0.10}$
$[H^+] = \sqrt{2.8 \times 10^{-3}}$ mol/L
したがって，

$$\mathrm{pH} = -\log(\sqrt{2.8} \times 10^{-3}) = 3 - \frac{1}{2} \times \log 2.8$$
$$= 3 - 0.22 = 2.78 \fallingdotseq 2.8$$

(2) アンモニアは
$$\mathrm{NH_3 + H_2O \rightleftarrows NH_4^+ + OH^-}$$
と電離するから，$[\mathrm{NH_4^+}] = [\mathrm{OH^-}]$
したがって，
$$K_b = \frac{[\mathrm{NH_4^+}][\mathrm{OH^-}]}{[\mathrm{NH_3}]} = \frac{[\mathrm{OH^-}]^2}{[\mathrm{NH_3}]} \quad \cdots\cdots(\mathrm{ii})$$

アンモニアは弱塩基で，電離度は1よりはるかに小さいから，
$$[\mathrm{NH_3}] \fallingdotseq 0.10 \text{ mol/L}$$
それぞれの値を(ii)式に代入して，
$$2.3 \times 10^{-5} = \frac{[\mathrm{OH^-}]^2}{0.10}$$
$$[\mathrm{OH^-}] = \sqrt{2.3} \times 10^{-3}$$
$[\mathrm{H^+}][\mathrm{OH^-}] = 1.0 \times 10^{-14} \text{ mol}^2/\text{L}^2$ より，
$$[\mathrm{H^+}] = \frac{1.0 \times 10^{-14}}{\sqrt{2.3} \times 10^{-3}} = \frac{1}{\sqrt{2.3}} \times 10^{-11} \text{ mol/L}$$
したがって，
$$\mathrm{pH} = -\log\left(\frac{1}{\sqrt{2.3}} \times 10^{-11}\right)$$
$$= 11 + \frac{1}{2}\log 2.3$$
$$= 11 + 0.18 = 11.18 \fallingdotseq 11.2$$

テスト対策　弱酸・弱塩基の電離定数

- C [mol/L] の酢酸水溶液について，
$$K_a = \frac{[\mathrm{CH_3COO^-}][\mathrm{H^+}]}{[\mathrm{CH_3COOH}]} \fallingdotseq \frac{[\mathrm{H^+}]^2}{C} \text{ [mol/L]}$$
- C [mol/L] のアンモニア水について，
$$K_b = \frac{[\mathrm{NH_4^+}][\mathrm{OH^-}]}{[\mathrm{NH_3}]} \fallingdotseq \frac{[\mathrm{OH^-}]^2}{C} \text{ [mol/L]}$$

36 (1) 1.0×10^{-11} mol/L
(2) 1.0×10^{-3} mol/L
(3) 1.0×10^{-5} mol/L

解き方 (2) $[\mathrm{H^+}][\mathrm{OH^-}] = 1.0 \times 10^{-14} \text{ mol}^2/\text{L}^2$ より，
$$[\mathrm{OH^-}] = \frac{1.0 \times 10^{-14}}{1.0 \times 10^{-11}} = 1.0 \times 10^{-3} \text{ mol/L}$$

(3) $K_b = \dfrac{[\mathrm{NH_4^+}][\mathrm{OH^-}]}{[\mathrm{NH_3}]} \fallingdotseq \dfrac{[\mathrm{OH^-}]^2}{[\mathrm{NH_3}]}$
$$= \frac{(1.0 \times 10^{-3})^2}{0.10} = 1.0 \times 10^{-5} \text{ mol/L}$$

37 イ，オ

解き方 酢酸とギ酸は弱酸，塩化水素は強酸である。また，アンモニアは弱塩基，水酸化カリウムは強塩基である。

テスト対策　緩衝液

緩衝液は，
- 弱酸とその塩の混合水溶液
- 弱塩基とその塩の混合水溶液

38 (1) 0.20 mol/L
(2) 0.20 mol/L
(3) 3.0×10^{-5} mol/L
(4) 4.5

解き方 (1) 酢酸の電離度を α とすると，酢酸の平衡時のモル濃度は $0.20(1-\alpha)$ [mol/L] と表せる。酢酸は弱酸だから，$\alpha \ll 1$
したがって，$1 - \alpha \fallingdotseq 1$
よって，酢酸の濃度は 0.20 mol/L とみなせる。

(2) 酢酸ナトリウムは，水溶液中では次のように完全に電離している。
$$\mathrm{CH_3COONa \longrightarrow CH_3COO^- + Na^+}$$
したがって，酢酸イオンの物質量は，もとの酢酸ナトリウムの物質量とほぼ等しい。
$$[\mathrm{CH_3COO^-}] = 0.10 \div \frac{500}{1000} = 0.20 \text{ mol/L}$$

(3) $K_a = \dfrac{[\mathrm{CH_3COO^-}][\mathrm{H^+}]}{[\mathrm{CH_3COOH}]}$
それぞれの値を代入して，
$$3.0 \times 10^{-5} = \frac{0.20 \times [\mathrm{H^+}]}{0.20}$$
$$[\mathrm{H^+}] = 3.0 \times 10^{-5} \text{ mol/L}$$

(4) $\mathrm{pH} = -\log(3.0 \times 10^{-5}) = 5 - \log 3.0$
$$= 5 - 0.48 = 4.52 \fallingdotseq 4.5$$

テスト対策　緩衝液の水素イオン濃度

酢酸と酢酸ナトリウム水溶液の混合水溶液の場合，$K_a = \dfrac{[\mathrm{CH_3COO^-}][\mathrm{H^+}]}{[\mathrm{CH_3COOH}]}$
- $[\mathrm{CH_3COO^-}]$ は，混合前の酢酸ナトリウムの量をもとに計算。
- $[\mathrm{CH_3COOH}]$ は，混合前の酢酸の量をもとに計算。

39 4.5

解き方 $K_a = \dfrac{[CH_3COO^-][H^+]}{[CH_3COOH]}$ ……(i)

酢酸水溶液と酢酸ナトリウム水溶液を 200 mL ずつ混ぜているので，濃度はもとの半分になっている。酢酸ナトリウムは完全に電離しているから，

$$[CH_3COO^-] = 0.10 \times \dfrac{1}{2} = 0.050 \text{ mol/L}$$

また，酢酸は弱酸で，電離度が 1 よりはるかに小さいから，

$$[CH_3COOH] = 0.10 \times \dfrac{1}{2} = 0.050 \text{ mol/L}$$

それぞれの値を(i)式に代入して，

$$3.0 \times 10^{-5} = \dfrac{0.050 \times [H^+]}{0.050}$$

$$[H^+] = 3.0 \times 10^{-5} \text{ mol/L}$$

したがって，
$$pH = -\log(3.0 \times 10^{-5}) = 5 - \log 3$$
$$= 5 - 0.48 = 4.52 ≒ 4.5$$

40 (1) ① $K_h = \dfrac{[CH_3COOH][OH^-]}{[CH_3COO^-]}$

② $K_h = \dfrac{K_w}{K_a}$

(2) ① $\dfrac{1}{3} \times 10^{-9}$ mol/L

② $\dfrac{1}{\sqrt{3}} \times 10^{-5}$ mol/L

③ 8.8

解き方 (1)② $K_h = \dfrac{[CH_3COOH][OH^-]}{[CH_3COO^-]}$

$$= \dfrac{[CH_3COOH][OH^-][H^+]}{[CH_3COO^-][H^+]}$$

$$= \dfrac{[CH_3COOH]}{[CH_3COO^-][H^+]} \times [H^+][OH^-]$$

$$= \dfrac{K_w}{K_a}$$

(2) ① $K_h = \dfrac{K_w}{K_a} = \dfrac{1.0 \times 10^{-14}}{3.0 \times 10^{-5}}$

$$= \dfrac{1}{3} \times 10^{-9} \text{ mol/L}$$

② (ii)式より，$[CH_3COOH] = [OH^-]$

したがって，$K_h = \dfrac{[OH^-]^2}{[CH_3COO^-]}$ ……(iii)

酢酸ナトリウムは完全に電離しているから，

$$[CH_3COO^-] = 0.10 \text{ mol/L}$$

それぞれの値を(iii)式に代入して，

$$\dfrac{1}{3} \times 10^{-9} = \dfrac{[OH^-]^2}{0.10}$$

$$[OH^-] = \dfrac{1}{\sqrt{3}} \times 10^{-5}$$

③ $[H^+][OH^-] = 1.0 \times 10^{-14}$ mol^2/L^2 より，

$$[H^+] = \dfrac{1.0 \times 10^{-14}}{\dfrac{1}{\sqrt{3}} \times 10^{-5}}$$

$$= \sqrt{3} \times 10^{-9} \text{ mol/L}$$

したがって，
$$pH = -\log(\sqrt{3} \times 10^{-9}) = 9 - \dfrac{1}{2}\log 3$$
$$= 9 - 0.24 = 8.76 ≒ 8.8$$

> **テスト対策** 加水分解定数
> $CH_3COO^- + H_2O \rightleftarrows CH_3COOH + OH^-$
> のように加水分解するとき，
> $K_h = \dfrac{K_w}{K_a} = \dfrac{[OH^-]^2}{[CH_3COO^-]}$

41 ① 4.7　② 8.6　③ 12.2

解き方 $CH_3COOH + NaOH$
$\longrightarrow CH_3COONa + H_2O$

① 酢酸が残っている状態であり，全体の体積は **40.0 mL に増えている。**

未反応の酢酸の物質量は，

$$0.10 \times \dfrac{25.0}{1000} - 0.10 \times \dfrac{15.0}{1000} = 1.0 \times 10^{-3} \text{ mol}$$

したがって，酢酸の濃度は，

$$1.0 \times 10^{-3} \div \dfrac{40.0}{1000} = 2.5 \times 10^{-2} \text{ mol/L}$$

中和によってできる酢酸ナトリウムの物質量は，

$$0.10 \times \dfrac{15.0}{1000} = 1.5 \times 10^{-3} \text{ mol}$$

酢酸ナトリウムは完全に電離しているから，酢酸イオンの濃度は，

$$1.5 \times 10^{-3} \div \dfrac{40.0}{1000} = 3.75 \times 10^{-2} \text{ mol/L}$$

それぞれの値を $K_a = \dfrac{[CH_3COO^-][H^+]}{[CH_3COOH]}$ に代入して，

$$3.0 \times 10^{-5} = \frac{3.75 \times 10^{-2} \times [\text{H}^+]}{2.5 \times 10^{-2}}$$

$$[\text{H}^+] = 2.0 \times 10^{-5} \text{ mol/L}$$

したがって,
$$\text{pH} = -\log(2.0 \times 10^{-5}) = 5 - \log 2$$
$$= 5 - 0.30 = 4.70$$

② 過不足なく中和しており,全体の体積は 50.0 mL に増えている。

中和によって生じる酢酸ナトリウムは,次のように完全に電離している。
$$\text{CH}_3\text{COONa} \longrightarrow \text{CH}_3\text{COO}^- + \text{Na}^+$$

生じた酢酸イオンの一部は,加水分解によって酢酸に戻り,このとき,OH^- が生じる。
$$\text{CH}_3\text{COO}^- + \text{H}_2\text{O} \rightleftarrows \text{CH}_3\text{COOH} + \text{OH}^-$$

加水分解定数を K_h とすると,
$$K_h = \frac{K_w}{K_a} = \frac{1.0 \times 10^{-14}}{3.0 \times 10^{-5}} = \frac{1}{3} \times 10^{-9} \text{ mol/L}$$

また,
$$K_h = \frac{[\text{CH}_3\text{COOH}][\text{OH}^-]}{[\text{CH}_3\text{COO}^-]}$$
$$= \frac{[\text{OH}^-]^2}{[\text{CH}_3\text{COO}^-]} \quad \cdots\cdots\text{(i)}$$

酢酸ナトリウムは完全に電離しているから,
$$[\text{CH}_3\text{COO}^-] = 0.10 \times \frac{25.0}{1000} \div \frac{50.0}{1000}$$
$$= 5.0 \times 10^{-2} \text{ mol/L}$$

それぞれの値を(i)式に代入して,
$$\frac{1}{3} \times 10^{-9} = \frac{[\text{OH}^-]^2}{5.0 \times 10^{-2}}$$

$$[\text{OH}^-] = \frac{1}{\sqrt{6}} \times 10^{-5}$$

$[\text{H}^+][\text{OH}^-] = 1.0 \times 10^{-14} \text{ mol}^2/\text{L}^2$ より,
$$[\text{H}^+] = \frac{1.0 \times 10^{-14}}{\frac{1}{\sqrt{6}} \times 10^{-5}} = \sqrt{6} \times 10^{-9} \text{ mol/L}$$

したがって,
$$\text{pH} = -\log(\sqrt{6} \times 10^{-9})$$
$$= 9 - \frac{1}{2}\log 2 - \frac{1}{2}\log 3$$
$$= 9 - 0.15 - 0.24 = 8.61 \fallingdotseq 8.6$$

③ 水酸化ナトリウムが余っている状態であり,全体の体積は 60.0 mL に増えている。

未反応の水酸化ナトリウムの物質量は,
$$0.10 \times \frac{35.0}{1000} - 0.10 \times \frac{25.0}{1000} = 1.0 \times 10^{-3} \text{ mol}$$

したがって,水酸化ナトリウムの濃度は,

$$1.0 \times 10^{-3} \div \frac{60.0}{1000} = \frac{1}{6} \times 10^{-1} \text{ mol/L}$$

よって,$[\text{OH}^-] = \frac{1}{6} \times 10^{-1} \text{ mol/L}$

$[\text{H}^+][\text{OH}^-] = 1.0 \times 10^{-14} \text{ mol}^2/\text{L}^2$ より,
$$[\text{H}^+] = \frac{1.0 \times 10^{-14}}{\frac{1}{6} \times 10^{-1}} = 6.0 \times 10^{-13} \text{ mol/L}$$

したがって,
$$\text{pH} = -\log(6.0 \times 10^{-13}) = 13 - \log 2 - \log 3$$
$$= 13 - 0.30 - 0.48 = 12.22 \fallingdotseq 12.2$$

42 (1) $1.7 \times 10^{-10} \text{ mol}^2/\text{L}^2$

(2) $6.4 \times 10^{-5} \text{ mol}^2/\text{L}^2$

解き方 (1) $\text{AgCl} \rightleftarrows \text{Ag}^+ + \text{Cl}^-$

$[\text{Ag}^+] = [\text{Cl}^-] = 1.3 \times 10^{-5} \text{ mol/L}$ より,溶解度積は,
$$[\text{Ag}^+][\text{Cl}^-] = 1.3 \times 10^{-5} \times 1.3 \times 10^{-5}$$
$$= 1.69 \times 10^{-10}$$
$$\fallingdotseq 1.7 \times 10^{-10} \text{ mol}^2/\text{L}^2$$

(2) $\text{CaCO}_3 \rightleftarrows \text{Ca}^{2+} + \text{CO}_3^{2-}$

$\text{CaCO}_3 = 100.0$ より,0.80 g の物質量は,
$$\frac{0.80}{100.0} = 8.0 \times 10^{-3} \text{ mol}$$

$[\text{Ca}^{2+}] = [\text{CO}_3^{2-}] = 8.0 \times 10^{-3} \text{ mol/L}$ より,溶解度積は,
$$[\text{Ca}^{2+}][\text{CO}_3^{2-}] = 8.0 \times 10^{-3} \times 8.0 \times 10^{-3}$$
$$= 6.4 \times 10^{-5} \text{ mol}^2/\text{L}^2$$

43 CuS

解き方 混合前の金属イオンの濃度と S^{2-} の濃度の積は,いずれも
$$0.10 \times 1.2 \times 10^{-22} = 1.2 \times 10^{-23} \text{ mol}^2/\text{L}^2$$

これが溶解度積より大きければ,沈殿が生成する。

テスト対策 溶解度積と沈殿生成

混合時の陽イオンと陰イオンの濃度の積が,
- 溶解度積より大きい。➡ 沈殿が生じる。
- 溶解度積より小さい。➡ 沈殿が生じない。

入試問題にチャレンジ！の答 ➡本冊 p.54

❶ ア

解き方 ア 液体（水）と気体（水蒸気）のエネルギーの差があり，生成熱は異なる。
イ 融解熱は結晶格子を崩すエネルギーであり，蒸発熱は，粒子間を切り離すエネルギーで，蒸発熱のほうが大きい。
ウ 反応熱は，生成物の生成熱の総和から反応物の生成熱の総和を引いた値である。
エ 吸熱の場合もある。
オ $H^+ + OH^- \longrightarrow H_2O$ の反応熱であり，ほぼ一定である。

❷ (1) 86 (2) −50 (3) 1410

解き方 順に(i)式，(ii)式，(iii)式，(iv)式とする。
(1) (i)式×2＋(ii)式×3−(iii)式より
$2C + 3H_2 = C_2H_6 + (394 \times 2$
$\qquad\qquad\qquad + 286 \times 3 - 1560)\,\text{kJ}$
$\qquad = C_2H_6 + 86\,\text{kJ}$ …(v)

(2) (v)式−(iv)式より
$2C + 2H_2 = C_2H_4 + (86 - 136)\,\text{kJ}$
$\qquad = C_2H_4 - 50\,\text{kJ}$ …(vi)

(3) (i)式×2＋(ii)式×2−(vi)式より
$C_2H_4 + 3O_2 = 2CO_2 + 2H_2O(液)$
$\qquad\qquad + (394 \times 2 + 286 \times 2 + 50)\,\text{kJ}$
$\qquad = 2CO_2 + 2H_2O(液) + 1410\,\text{kJ}$

❸ オ

解き方 ア 鉛蓄電池は二次電池である。よって，誤り。
イ 放電・充電できる電池を二次電池という。よって，誤り。
ウ 鉛蓄電池を充電すると，両極の質量は減少する。よって，誤り。
エ 鉛蓄電池を充電すると，電解液には硫酸が増し密度が大きくなる。よって，誤り。
オ 充電すると，もとに戻り，起電力が回復する。よって，正しい。
カ 充電では，外部電源の正極と電池の正極を接続する。よって，誤り。

❹ ア

解き方 Aはニッケルカドミウム電池であり，Bは鉛蓄電池である。

❺ ウ

解き方 $1.0 \times 5.0 \times 60 = 300\,\text{C}$
流れた電子の物質量は，
$\dfrac{300}{9.65 \times 10^4} \fallingdotseq 3.10 \times 10^{-3}\,\text{mol}$
発生するのは O_2 であるから，その物質量は，
$\dfrac{3.10 \times 10^{-3}}{4} = 7.75 \times 10^{-4}\,\text{mol}$

テスト対策 電気分解の電気量・生成量
- 電流〔A〕×時間〔s〕＝電気量〔C〕
- 電子 1 mol あたりの電気量 ➡ $9.65 \times 10^4\,\text{C}$
- 電子 1 mol 流れたとき，発生する物質量
  H_2 ➡ 0.5 mol　　O_2 ➡ 0.25 mol

❻ (1) ケ (2) キ

解き方 各極の反応は次の通り。
a 陽極；$2I^- \longrightarrow I_2 + 2e^-$
　陰極；$2H_2O + 2e^- \longrightarrow H_2 + 2OH^-$
b 陽極；$2H_2O \longrightarrow 4H^+ + O_2 + 4e^-$
　陰極；$Ag^+ + e^- \longrightarrow Ag$
c 陽極；$4OH^- \longrightarrow 2H_2O + O_2 + 4e^-$
　陰極；$2H_2O + 2e^- \longrightarrow H_2 + 2OH^-$
d 陽極；$2Cl^- \longrightarrow Cl_2 + 2e^-$
　陰極；$2H^+ + 2e^- \longrightarrow H_2$

(1) 上記より，a，c，d
(2) $9.65 \times 10^2\,\text{C}$ の電子の物質量は，
$\dfrac{9.65 \times 10^2\,\text{C}}{9.65 \times 10^4\,\text{C/mol}} = 1.0 \times 10^{-2}\,\text{mol}$

電子 1 mol 流れると，H_2 は $\dfrac{1}{2}$ mol＝0.5 mol，
O_2 は $\dfrac{1}{4}$ mol＝0.25 mol，Cl_2 は $\dfrac{1}{2}$ mol＝0.5 mol 発生する。

a $0.5\,\text{mol} \times 1.0 \times 10^{-2} = 5.0 \times 10^{-3}\,\text{mol}$
b $0.25\,\text{mol} \times 1.0 \times 10^{-2} = 2.5 \times 10^{-3}\,\text{mol}$
c $(0.5\,\text{mol} + 0.25\,\text{mol}) \times 1.0 \times 10^{-2}$
$\qquad\qquad = 7.5 \times 10^{-3}\,\text{mol}$
d $0.5\,\text{mol} \times 2 \times 1.0 \times 10^{-2} = 1.0 \times 10^{-2}\,\text{mol}$

❼ (1) オ (2) エ

解き方 (1) 反応していないから，気体の物質量は，$0.20\,\text{mol} + 0.28\,\text{mol} = 0.48\,\text{mol}$
気体の状態方程式に代入して，

$$P \times 2 = 0.48 \times 8.3 \times 10^3 \times (273 + 27)$$
$$\therefore \ P \fallingdotseq 5.98 \times 10^5 \text{ Pa}$$
$$5.98 \times 10^5 \text{ Pa} = 5.98 \times 10^3 \text{ hPa}$$

(2) 平衡状態での各物質の物質量は,

	X	+ 2Y	$\rightleftarrows$ 2Z
反応前	0.20 mol	0.28 mol	
反応分	0.10 mol	0.20 mol	0.20 mol
平衡時	0.10 mol	0.08 mol	0.20 mol

容器の体積が2Lであるから,

$$K_c = \frac{\left(\dfrac{0.20}{2}\right)^2}{\left(\dfrac{0.10}{2}\right) \times \left(\dfrac{0.08}{2}\right)^2}$$
$$= 125 \text{ L/mol}$$

⑧ ア

解き方 **a** 化学反応は, 活性化状態となって生成物となる。よって, 正しい。
b 活性化エネルギーが大きいほど, そのエネルギーに達する分子が少なくなり, 反応が遅くなる。よって, 正しい。
c 触媒は, 活性化エネルギーを小さくするが, 物質間のエネルギーは変化しない。したがって, 反応熱は変化しない。よって, 誤り。
d 発熱反応では, 反応物のほうが生成物よりエネルギーが高い。したがって, 逆反応の活性化エネルギーはその分正反応の活性化エネルギーより大きくなる。よって, 誤り。

⑨ (1) ア (2) イ

解き方 (1) N_2 の濃度が増加すると, 右への反応速度が増加し, アンモニアが生成する方向に平衡は移動する。または, ルシャトリエの原理にしたがって, N_2 を増加すると, N_2 の濃度が減少する右方向に平衡が移動する。
(2) ヘリウムを加えても, 体積が一定であるから N_2, H_2, NH_3 の濃度(分圧)は変化なく, 平衡は移動しない。

⑩ (1) a…カ b…ア c…ケ d…サ
(2) イ

解き方 (1) **a** 電離したギ酸は $c\alpha$ [mol/L] より $c - c\alpha = c(1-\alpha)$
c $K_a = \dfrac{[\text{H}^+][\text{HCOO}^-]}{[\text{HCOOH}]} = \dfrac{c\alpha \times c\alpha}{c(1-\alpha)}$

$$= \frac{c\alpha^2}{1-\alpha}$$

d $K_a = \dfrac{c\alpha^2}{1-\alpha} \fallingdotseq c\alpha^2$

$$\therefore \ \alpha = \sqrt{\frac{K_a}{c}}$$

(2) **d** の式より, c [mol/L] が小さいほど α が大きい。

⑪ (1) 0.30 mol/L
(2) 3.0×10^{-5} mol/L
(3) 8.8

解き方 (1) 酢酸水溶液のモル濃度を x [mol/L] とすると
$$x \times 10 = 0.20 \times 15$$
$$\therefore \ x = 0.30 \text{ mol/L}$$

(2) $K_a = c\alpha^2 = 0.30 \times (1.00 \times 10^{-2})^2$
$= 3.0 \times 10^{-5}$ mol/L

(3) $CH_3COONa \longrightarrow CH_3COO^- + Na^+$ において次のように加水分解する。
$$CH_3COO^- + H_2O \rightleftarrows CH_3COOH + OH^-$$
$$K_h = \frac{[CH_3COOH][OH^-]}{[CH_3COO^-]}$$

酢酸の電離定数 K_a と水のイオン積 K_w より,

$$K_h = \frac{[CH_3COOH]}{[CH_3COO^-][H^+]} \times [H^+][OH^-]$$
$$= \frac{K_w}{K_a} = \frac{1.0 \times 10^{-14}}{3.0 \times 10^{-5}} = \frac{1}{3} \times 10^{-9} \text{ mol/L}$$

また, $K_h = \dfrac{[OH^-]^2}{[CH_3COO^-]}$ において酢酸イオンの濃度を求めると,

$$[CH_3COO^-] = \frac{0.20 \times 15}{10 + 15} = 0.12 \text{ mol/L}$$
$$\frac{[OH^-]^2}{0.12} = \frac{1}{3} \times 10^{-9}$$
$$\therefore \ [OH^-] = 2 \times 10^{-5.5} \text{ mol/L}$$
$$\text{pH} = 14 + \log[OH^-]$$
$$= 14 + \log(2 \times 10^{-5.5})$$
$$= 14 + 0.30 - 5.5 = 8.8$$

> **テスト対策** 酢酸塩の加水分解と pH
> $$CH_3COO^- + H_2O \rightleftarrows CH_3COOH + OH^-$$
> $$K_h = \frac{K_w}{K_a} = \frac{[OH^-]^2}{[CH_3COO^-]}$$
> $$\text{pH} = 14 + \log[OH^-]$$

⓬ (1) $NH_4^+ + H_2O \rightleftarrows NH_3 + H_3O^+$
電離定数…2.5×10^{-10} mol/L
(2) イ (3) ウ

解き方 (1) $NH_4^+ + H_2O \rightleftarrows NH_3 + H_3O^+$ の加水分解反応の電離定数 K_h は次のようになる。

$$K_h = \frac{[NH_3][H_3O^+]}{[NH_4^+]}$$

$$= \frac{[NH_3]}{[NH_4^+][OH^-]} \times [H^+][OH^-]$$

$$= \frac{K_w}{K_b} = \frac{1.0 \times 10^{-14}}{4.0 \times 10^{-5}} = 2.5 \times 10^{-10} \text{ mol/L}$$

(2) $K_h = \frac{[NH_3][H_3O^+]}{[NH_4^+]} = \frac{[H^+]^2}{[NH_4^+]}$

$= \frac{[H^+]^2}{0.10} = 2.5 \times 10^{-10}$ mol/L

∴ $[H^+] = 5 \times 10^{-6}$ mol/L

pH $= -\log(5 \times 10^{-6})$

$= -\log\left(\frac{1}{2} \times 10^{-5}\right)$

$= 5 + 0.3 = 5.3$

(3) 緩衝液は，弱酸と弱酸の塩の混合液，または弱塩基と弱塩基の塩の混合液からなる。**ウ**のように強酸と強塩基の塩の混合液は緩衝作用を示さない。

(2) $K_a = \frac{[CH_3COO^-][H^+]}{[CH_3COOH]}$ において

0.200 mol/L の酢酸溶液と 0.200 mol/L の酢酸ナトリウム溶液を等量加えたから

$[CH_3COOH] \fallingdotseq [CH_3COO^-]$

$\fallingdotseq 0.200 \times \frac{1}{2} = 0.100$ mol/L

$K_a = \frac{0.100 \times [H^+]}{0.100} = 2.8 \times 10^{-5}$ mol/L

∴ $[H^+] = 2.8 \times 10^{-5}$ mol/L

pH $= -\log 2.8 \times 10^{-5} = 5 - 0.447 \fallingdotseq 4.55$

テスト対策　緩衝液

● 緩衝液 $\begin{cases} \text{弱酸と弱酸の塩の混合液} \\ \text{弱塩基と弱塩基の混合液} \end{cases}$

● 緩衝液の $[H^+]$
酢酸と酢酸ナトリウムの場合
$[CH_3COOH]$ ➡ 混合液中の酢酸の濃度
$[CH_3COO^-]$ ➡ 混合液中の酢酸ナトリウムの濃度

$K_a = \frac{[CH_3COO^-][H^+]}{[CH_3COOH]}$ に代入

⓭ (1) **a**…弱酸の塩　**b**…緩衝
① CH_3COO^-　② CH_3COOH
Ⅰ…$CH_3COO^- + H^+ \longrightarrow CH_3COOH$
Ⅱ…$CH_3COOH + OH^- \longrightarrow H_2O + CH_3COO^-$

(2) **4.55**

解き方 (1) **a，b** 弱酸と弱酸の塩の混合液，または弱塩基と弱塩基の塩の混合液が緩衝作用を示す。

①，② 混合液中では，CH_3COONa は完全に電離しているから，CH_3COO^- と Na^+ が多量に存在する。

Ⅰ 多量に存在する CH_3COO^- と酸の H^+ から，安定な酢酸分子をつくる。

Ⅱ 多量に存在する酢酸分子 CH_3COOH と塩基が中和反応する。

3編 無機物質

1章 非金属元素の性質

基礎の基礎を固める！の答 →本冊 p.60

① 大き ② 小さ
③ 黄緑 ④ 水素
⑤ 漂白 ⑥ 高
⑦ 弱 ⑧ 同素体
⑨ 淡青 ⑩ 斜方硫黄
⑪ ゴム状硫黄 ⑫ 硫化水素(H_2S)
⑬ 腐卵 ⑭ 還元
⑮ 二酸化硫黄(SO_2)
⑯ 還元 ⑰ 不揮発
⑱ 脱水 ⑲ 酸化
⑳ 塩化アンモニウム(NH_4Cl)
㉑ 水酸化カルシウム($Ca(OH)_2$)
(⑳㉑は順不同)
㉒ ハーバー・ボッシュ法
㉓ オストワルト法 ㉔ 酸化
㉕ 黄白 ㉖ 水
㉗ ダイヤモンド ㉘ 黒鉛
㉙ フラーレン ㉚ 水晶

テストによく出る問題を解こう！の答 →本冊 p.61

1 (1) ウ
(2) エ

解き方 (1) ア 水を電気分解すると，水素と酸素が発生する。
$$2H_2O \longrightarrow 2H_2 + O_2$$
イ 亜鉛は水素よりイオン化傾向が大きい。
$$Zn + H_2SO_4 \longrightarrow ZnSO_4 + H_2$$
ウ 銅は水素よりイオン化傾向が小さい。
➡ H_2 は発生しない。
エ ナトリウムはイオン化傾向が非常に大きく，水と反応して水素を発生する。
$$2Na + 2H_2O \longrightarrow 2NaOH + H_2$$
(2) イ 水素は分子量が2で，気体のなかで最も密度が小さい。
ウ $2H_2 + O_2 \longrightarrow 2H_2O$
エ 水素は水に溶けにくい。

2 $MnO_2 + 4HCl \longrightarrow MnCl_2 + 2H_2O + Cl_2$
(2) A…水　B…濃硫酸
(3) a…Cl_2, HCl, H_2O　b…Cl_2, H_2O
　　c…Cl_2
(4) 下方置換

解き方 (2), (3) 発生した Cl_2 には，加熱によって生じた HCl と水蒸気が混ざっている。これを水に通して HCl を除き，さらに，濃硫酸に通して水蒸気を除く。
(4) Cl_2 は水に可溶なので，水上置換では捕集できない。

3 (1) ウ (2) カ
(3) ア (4) エ
(5) オ (6) イ

解き方 (1) 臭素 Br_2 は赤褐色の液体である。
(2) 塩化水素 HCl の水溶液は塩酸で，強酸である。HCl は，NH_3 にふれると NH_4Cl の白煙を生じる。
$$HCl + NH_3 \longrightarrow NH_4Cl$$
(3) フッ素 F_2 は，水と激しく反応して O_2 を生じる。
$$2F_2 + 2H_2O \longrightarrow 4HF + O_2$$
(4) ヨウ素 I_2 は黒紫色の固体で，昇華性の物質である。デンプン水溶液に加えると，青色になる（ヨウ素デンプン反応）。
(5) HF の水溶液（フッ化水素酸）はガラスの主成分である SiO_2 を溶かすので，ポリエチレン容器に保存する。
$$SiO_2 + 6HF \longrightarrow H_2SiF_6 + 2H_2O$$
　　　　　　　　　　ヘキサフルオロケイ酸
(6) 塩素 Cl_2 は黄緑色の気体で，ヨウ化カリウムデンプン紙を青変する。

テスト対策　ハロゲン

- F_2…淡黄色の気体。水と激しく反応して O_2 を発生。
- Cl_2…黄緑色の気体。ヨウ化カリウムデンプン紙を青変。
- Br_2…赤褐色の液体。
- I_2…黒紫色の固体。昇華性の物質。デンプン水溶液を青変。

4
(1) C (2) A (3) B
(4) A

解き方 (1) ハロゲン化水素は水によく溶ける。
(2) HF は他のハロゲン化水素に比べて**沸点が異常に高く**（20℃），標準状態では液体である。
(3) ハロゲン化水素の水溶液のうち，**フッ化水素酸は弱酸**で，その他は強酸である。
(4) フッ化水素酸はガラスの主成分である SiO_2 を溶かす。
$$SiO_2 + 6HF \longrightarrow H_2SiF_6 + 2H_2O$$
　　　　　　　ヘキサフルオロケイ酸

> **テスト対策** フッ化水素の性質
> - **沸点が異常に高い。**
> - 水溶液は**弱酸**である。➡ 他のハロゲン化水素の水溶液は強酸。
> - 水溶液は**ガラス**を溶かす。➡ ポリエチレン容器に保存。

5
イ

解き方 ア 同じ元素からなる単体で，性質が互いに異なる物質を，同素体という。
イ オゾンは淡青色で，特有のにおいをもつ。
ウ 酸素に紫外線を照射したり，酸素中で放電したりすると，オゾンが生成する。
$$3O_2 \longrightarrow 2O_3$$
エ オゾンのほうが酸化力が強い。

6
① 斜方硫黄　② ゴム状硫黄
③ S_8　④ S_8　⑤ 溶ける
⑥ 溶けない

解き方 **斜方硫黄**と**単斜硫黄**は S_8 の分子式で表され，二硫化炭素 CS_2 に溶ける。**ゴム状硫黄**は S_x の分子式で表され，CS_2 には溶けない。また，常温では斜方硫黄が最も安定である。
なお，単斜硫黄は，斜方硫黄を120℃に加熱して冷やすと得られる針状の結晶である。

> **テスト対策** 硫黄の同素体
> - **斜方硫黄**
> - **単斜硫黄** } 分子式 S_8，CS_2 に可溶
> - **ゴム状硫黄** … 分子式 S_x，CS_2 に不溶

7
(1) A (2) C (3) C
(4) B (5) A

解き方 (1) H_2S は腐卵臭，SO_2 は刺激臭。
(2) **H_2S と SO_2 は，ともに還元性を示す。**
$$H_2S \longrightarrow S + 2H^+ + 2e^-$$
$$SO_2 + 2H_2O \longrightarrow SO_4^{2-} + 4H^+ + 2e^-$$
(4) $Cu + 2H_2SO_4 \longrightarrow CuSO_4 + 2H_2O + SO_2$
(5) $H_2S \rightleftarrows 2H^+ + S^{2-}$
$Cu^{2+} + S^{2-} \longrightarrow CuS\downarrow$

8
(1) ア，エ
(2) ① ウ　② オ　③ イ

解き方 ア Zn は H_2 よりイオン化傾向が大きい。
$$Zn + H_2SO_4 \longrightarrow H_2 + ZnSO_4$$
イ Cu は H_2 よりイオン化傾向が小さいので，酸化力の強い酸としか反応しない。
$$Cu + 2H_2SO_4 \longrightarrow CuSO_4 + 2H_2O + SO_2$$
ウ **揮発性の強酸の塩 + 不揮発性の強酸**
　　→ 不揮発性の強酸の塩 + 揮発性の強酸
$$NaCl + H_2SO_4 \longrightarrow NaHSO_4 + HCl$$
エ **弱酸の塩 + 強酸 → 強酸の塩 + 弱酸**
$$FeS + H_2SO_4 \longrightarrow FeSO_4 + H_2S$$
オ 濃硫酸には脱水作用がある。
$$C_{12}H_{22}O_{11} \longrightarrow 12C + 11H_2O$$

> **テスト対策** 硫酸の性質
> - **濃硫酸**…不揮発性，吸湿性・脱水作用 ➡ 水への溶解熱が大きい，熱濃硫酸には酸化作用
> - **希硫酸**…強酸

9
(1) 反応部分…ウ　捕集部分…オ
(2) $2NH_4Cl + Ca(OH)_2$
　　$\longrightarrow CaCl_2 + 2H_2O + 2NH_3$
(3) ウ　(4) エ

解き方 (1) 生じる H_2O が加熱部分に流れこむと，試験管が割れるおそれがあるので，**試験管の口をやや下げて加熱**する。
アンモニアは**水に非常に溶けやすく，空気より軽い**ので，上方置換で集める。
(3) アンモニアは塩基性の物質なので，濃硫酸や十酸化四リンなどの**酸性の乾燥剤とは中和反応を起こす**。塩化カルシウムは中性の乾燥剤であるが，アンモニアとは反応し，$CaCl_2 \cdot 8NH_3$ となる。

(4) **ア，ウ** アンモニアは塩基性の気体であるから，フェノールフタレイン溶液を赤色，赤色リトマス紙を青色にする。
イ アンモニアに濃塩酸を近づけると，NH_4Cl の白煙を生じる。
エ ヨウ化カリウムデンプン紙は，酸化作用をもつ物質の検出に用いる。

テスト対策　アンモニア

- 実験室での製法
  - NH_4Cl と $Ca(OH)_2$ を加熱する。
  - 発生装置…試験管の口をやや下げる。
  - 捕集方法…上方置換
  - 乾燥剤…ソーダ石灰，CaO
- 工業的製法…ハーバー・ボッシュ法
  $N_2 + 3H_2 \rightleftarrows 2NH_3$
- 性質
  - 水に非常によく溶ける。
  - 水溶液は弱塩基性。
  - HCl を近づけると白煙を生じる。

---

10 ウ

解き方 **ア** 硝酸は光によって分解するため，褐色びんに入れて保存する。
イ 硝酸は強い酸化作用をもつ強酸である。
ウ Al，Fe，Ni などの金属は，希硝酸には溶けるが，濃硝酸には溶けない。これは，金属の表面がち密な酸化被膜によっておおわれた状態（不動態）になるからである。
エ 硝酸は強い酸化力をもつので，Cu や Ag を溶かす。
$3Cu + 8HNO_3$（希硝酸）
　　　　$\longrightarrow 3Cu(NO_3)_2 + 4H_2O + 2NO$
$Cu + 4HNO_3$（濃硝酸）
　　　　$\longrightarrow Cu(NO_3)_2 + 2H_2O + 2NO_2$
$3Ag + 4HNO_3$（希硝酸）
　　　　$\longrightarrow 3AgNO_3 + 2H_2O + NO$
$Ag + 2HNO_3$（濃硝酸）
　　　　$\longrightarrow AgNO_3 + H_2O + NO_2$

テスト対策　硝酸の性質

- **強酸**である。
- 強い**酸化力**をもつ。
- 濃硝酸は，Al，Fe，Ni などと**不動態**をつくる。

---

11 (1) **A**　(2) **B**　(3) **A**
　　(4) **C**

解き方 (1) 黄リンは空気中で自然発火するため，水中に保存する。
(2) 黄リンは猛毒，赤リンは無毒である。
(3) 黄リンの分子式は P_4，赤リンの分子式は P または P_x である。
(4) 黄リンも赤リンも燃焼すると十酸化四リンになる。
　$4P + 5O_2 \longrightarrow P_4O_{10}$

12 (1) **C**　(2) **A**　(3) **B**
　　(4) **A**　(5) **B**

解き方 (3) 二酸化炭素は水に少し溶け，弱酸性を示す。
(4) $2CO + O_2 \longrightarrow 2CO_2$
(5) 石灰水は水酸化カルシウムの水溶液であるから，二酸化炭素と中和する。
　$Ca(OH)_2 + CO_2 \longrightarrow CaCO_3 + H_2O$

テスト対策　一酸化炭素と二酸化炭素

- 一酸化炭素…有毒，可燃性，還元性
- 二酸化炭素…水溶液は弱酸，石灰水を白濁

2章 典型金属元素とその化合物

基礎の基礎を固める！の答 → 本冊 p.65

❶ 1
❷ 陽イオン
❸ 石油
❹ NaCl
❺ $NaHCO_3$
❻ 風解
❼ 潮解
❽ 塩基
❾ 2
❿ アルカリ土類
⓫ Be
⓬ Mg
⓭ Ca
⓮ CaO
⓯ $CaCO_3$
⓰ $Ca(HCO_3)_2$
⓱ 強塩基
⓲ $Al(OH)_3$
⓳ $[Zn(NH_3)_4]^{2+}$
⓴ $PbCl_2$
㉑ $PbSO_4$
㉒ $PbCrO_4$

テストによく出る問題を解こう！の答 → 本冊 p.66

13 (1) ウ (2) エ

解き方 (1) ア，イ アルカリ金属は価電子を1個もち，価電子を放って1価の陽イオンになりやすい。
ウ アルカリ金属は反応性に富むため，単体は天然には存在しない。
エ Liは赤，Naは黄，Kは赤紫など，特有の炎色反応を示す。

(2) ア 密度が $1\,g/cm^3$ より小さく，水に浮く。
イ 空気中の酸素や，水と反応するため，石油中に保存する。
エ 空気中ではすみやかに酸化されるため，光沢を失う。
オ $2Na + 2H_2O \longrightarrow 2NaOH + H_2$

テスト対策 Li, Na, Kの単体
- 密度が水より小さい。
- 空気中ですみやかに酸化される。また，水と激しく反応し，水素を発生する。
  → 石油中に保存する。
- 軟らかい。
- 炎色反応を示す。
  Li → 赤
  Na → 黄
  K → 赤紫

14 (1) a…$NaCl + CO_2 + NH_3 + H_2O \longrightarrow NaHCO_3 + NH_4Cl$
b…$2NaHCO_3 \longrightarrow Na_2CO_3 + H_2O + CO_2$

(2) アンモニアソーダ法（ソルベー法）

解き方 $NaCl \longrightarrow Na^+ + Cl^-$
$CO_2 + NH_3 + H_2O \longrightarrow NH_4^+ + HCO_3^-$
水溶液中にある陽イオンと陰イオンから，生じる可能性があるのは NH_4Cl，$NaHCO_3$，$NaCl$ であるが，溶解度が最も小さい $NaHCO_3$ が沈殿する。

15 (1) エ (2) カ (3) ウ (4) イ

解き方 (1) $NaHCO_3$ は，加熱により容易に分解する。
$2NaHCO_3 \longrightarrow Na_2CO_3 + H_2O + CO_2$

(2) NaOH や KOH は，空気中の水分を吸収し，その中に溶けこむ。この現象を潮解という。炎色反応の色は，Naが黄，Kが赤紫である。

(3) $Na_2CO_3 \cdot 10H_2O$ の結晶を放置すると，結晶中の水分が失われて，$Na_2CO_3 \cdot H_2O$ の白色粉末となる。この現象を風解という。

(4) 白色粉末なのは Na_2CO_3 と $NaHCO_3$ である。Na_2CO_3 は水によく溶けて塩基性を示し，$NaHCO_3$ は水に少し溶けて弱塩基性を示す。

16 (1) B (2) C (3) B (4) A (5) A

解き方 (1) アルカリ土類金属の単体は，冷水とも激しく反応して水素を発生する。Mgは熱水と反応する。

(2) 2族元素は，価電子を2個もつ。

(3) $Mg(OH)_2$ は水に溶けないが，$Ba(OH)_2$ は水によく溶ける。なお，$Ca(OH)_2$ は，水に少し溶ける。

(4) $MgSO_4$ は水によく溶けるが，$BaSO_4$ は水に溶けない。

(5) Baは黄緑色の炎色反応を示す。炎色反応を示すおもな元素は，アルカリ金属，アルカリ土類金属，Cu である。

> **テスト対策** 2族元素

- 単体の性質
  - Mg…熱水と反応
  - Ca, Ba…冷水とも激しく反応
- 水酸化物の性質
  - $Mg(OH)_2$…水に難溶,弱塩基
  - $Ca(OH)_2$…水に可溶,強塩基
  - $Ba(OH)_2$…水に易溶,強塩基
- 硫酸塩の性質
  - $MgSO_4$…水に易溶
  - $CaSO_4$, $BaSO_4$…水に難溶
- 炎色反応
  - Mg…示さない
  - Ca…橙赤色
  - Ba…黄緑色

---

17 ① CaO ② $Ca(OH)_2$
  ③ $CaCO_3$ ④ $Ca(HCO_3)_2$

解き方 $CaCO_3$ は大理石や石灰石の主成分で,強熱すると分解する。

$$CaCO_3 \longrightarrow CaO + CO_2$$

CaOは生石灰ともいい,水と反応して $Ca(OH)_2$ となる。

$$CaO + H_2O \longrightarrow Ca(OH)_2$$

$Ca(OH)_2$ は消石灰ともいい,その水溶液が石灰水である。石灰水に二酸化炭素を通じると,白色の沈殿が生じる。

$$Ca(OH)_2 + CO_2 \longrightarrow CaCO_3\downarrow + H_2O$$

$CaCO_3$ の沈殿が生じた後も二酸化炭素を通じ続けると,やがて沈殿が消える。

$$CaCO_3 + CO_2 + H_2O \longrightarrow Ca(HCO_3)_2$$

この水溶液を加熱すると,ふたたび $CaCO_3$ の沈殿が生じる。

$$Ca(HCO_3)_2 \longrightarrow CaCO_3\downarrow + CO_2 + H_2O$$

> **テスト対策** 石灰水
>
> - 二酸化炭素を吹きこむと白濁。
> $Ca(OH)_2 + CO_2 \longrightarrow CaCO_3\downarrow + H_2O$
> - さらに吹きこむと白濁が消える。
> $CaCO_3 + CO_2 + H_2O \longrightarrow Ca(HCO_3)_2$
> - その後加熱すると,ふたたび白濁。
> $Ca(HCO_3)_2 \longrightarrow CaCO_3\downarrow + CO_2 + H_2O$

---

18 (1) $2Al + 6HCl \longrightarrow 2AlCl_3 + 3H_2$
  (2) $2Al + 2NaOH + 6H_2O \longrightarrow 2Na[Al(OH)_4] + 3H_2$
  (3) $Al_2O_3 + 6HCl \longrightarrow 2AlCl_3 + 3H_2O$
  (4) $Al_2O_3 + 2NaOH + 3H_2O \longrightarrow 2Na[Al(OH)_4]$

> **テスト対策** 両性元素
>
> 「ア(Al)ア(Zn)スン(Sn)ナリ(Pb)と両性に愛される」と覚える。

19 (1) Pb^{2+} (2) Zn^{2+} (3) 共通

解き方 (1) $Pb^{2+} + 2Cl^- \longrightarrow PbCl_2\downarrow$(白)

(2) アンモニア水の電離は,
$$NH_3 + H_2O \rightleftarrows NH_4^+ + OH^-$$
少量のアンモニア水を加えると,
$$Zn^{2+} + 2OH^- \longrightarrow Zn(OH)_2\downarrow(白)$$
過剰にアンモニア水を加えると,
$$Zn(OH)_2 + 4NH_3 \longrightarrow [Zn(NH_3)_4](OH)_2$$
　　　　　　　　　テトラアンミン亜鉛(Ⅱ)水酸化物

(3) 少量の水酸化ナトリウム水溶液を加えると,
$$Al^{3+} + 3OH^- \longrightarrow Al(OH)_3\downarrow(白)$$
$$Zn^{2+} + 2OH^- \longrightarrow Zn(OH)_2\downarrow(白)$$
※ Sn^{2+}, Pb^{2+} も同様

過剰に水酸化ナトリウム水溶液を加えると,
$$Al(OH)_3 + NaOH \longrightarrow Na[Al(OH)_4]$$
　　　　　　　　　テトラヒドロキシド
　　　　　　　　　アルミン酸ナトリウム
$$Zn(OH)_2 + 2NaOH \longrightarrow Na_2[Zn(OH)_4]$$
　　　　　　　　　テトラヒドロキシド
　　　　　　　　　亜鉛(Ⅱ)酸ナトリウム
※ Sn^{2+}, Pb^{2+} も同様

> **テスト対策** NaOHaq, NH_3aq との反応
>
> - NaOHaq を少量加えると沈殿を生じ,過剰に加えると沈殿が溶ける。
>   ➡ **両性元素のイオン**(Al^{3+}, Zn^{2+}, Sn^{2+}, Pb^{2+})
> - NH_3aq を少量加えると沈殿を生じ,過剰に加えると沈殿が溶ける。➡ Zn^{2+}

20 (1) ウ (2) ウ (3) エ
  (4) イ (5) ア

解き方 (1) $Pb^{2+} + 2Cl^- \longrightarrow PbCl_2\downarrow$（白）
(2) $Pb^{2+} + SO_4^{2-} \longrightarrow PbSO_4\downarrow$（白）
(3) 金属元素の硝酸塩は，すべて水に溶ける。
(4) $Pb^{2+} + S^{2-} \longrightarrow PbS\downarrow$（黒）
(5) $Pb^{2+} + CrO_4^{2-} \longrightarrow PbCrO_4\downarrow$（黄）

テスト対策 Pb^{2+} の反応

- CrO_4^{2-} で $PbCrO_4$ の**黄色沈殿**を生じる。
- Cl^-，SO_4^{2-} で $PbCl_2$，$PbSO_4$ の**白色沈殿**を生じる。
- S^{2-} で PbS の**黒色沈殿**を生じる。

3章 遷移元素とその化合物

基礎の基礎を固める！ の答　⇒本冊 p.69

① 11
② 有色
③ 一酸化炭素(CO)
④ 緑白
⑤ 濃青
⑥ 赤褐
⑦ 濃青
⑧ 電解精錬
⑨ $CuSO_4$
⑩ 青
⑪ 青白
⑫ CuO
⑬ 深青
⑭ 褐
⑮ 無
⑯ $AgCl$
⑰ 黄
⑱ $Cr_2O_7^{2-}$
⑲ $KMnO_2$
⑳ Ag^+
㉑ Pb^{2+}
㉒ Cu^{2+}
㉓ Fe^{2+}
㉔ ZnS
㉕ 両性
㉖ Zn^{2+}
㉗ Cu^{2+}

テストによく出る問題を解こう！ の答　⇒本冊 p.70

21 エ

解き方 イ　一般に，密度が $4 \sim 5\,g/cm^3$ 以下の金属を**軽金属**，$4 \sim 5\,g/cm^3$ 以上の金属を**重金属**という。遷移元素は，スカンジウム Sc 以外はすべて重金属である。
エ　Ag^+ のように無色のものもある。

22 (1) 実験1…$Fe + 2HCl \longrightarrow FeCl_2 + H_2$
　　　実験2…$2FeCl_2 + Cl_2 \longrightarrow 2FeCl_3$
(2) 実験1…緑白色の沈殿が生じた。
　　実験2…赤褐色の沈殿が生じた。

解き方 (1) Cl_2 は酸化剤である。
(2) 実験1　$Fe^{2+} + 2OH^- \longrightarrow Fe(OH)_2\downarrow$（緑白）
　　実験2　$Fe^{3+} + 3OH^- \longrightarrow Fe(OH)_3\downarrow$（赤褐）

テスト対策 鉄イオンの反応

- $Fe^{2+} + 2OH^- \longrightarrow Fe(OH)_2\downarrow$
　淡緑色　　　　　　　　　緑白色
- $Fe^{3+} + 3OH^- \longrightarrow Fe(OH)_3\downarrow$
　黄褐色　　　　　　　　　赤褐色

23 (1) $Cu + 2H_2SO_4 \longrightarrow CuSO_4 + 2H_2O + SO_2$

(2) a…$CuSO_4 \cdot 5H_2O$
b…$CuSO_4$
c…$Cu(OH)_2$
d…CuO
e…$[Cu(NH_3)_4]^{2+}$

解き方 実験2 $CuSO_4 \cdot 5H_2O$(青色の結晶)
$\longrightarrow CuSO_4$(白色の粉末)$+ 5H_2O$

実験3 $Cu^{2+} + 2OH^- \longrightarrow Cu(OH)_2\downarrow$(青白)
$Cu(OH)_2 \longrightarrow CuO\downarrow$(黒)$+ H_2O$

実験4 $Cu(OH)_2 + 4NH_3$
$\longrightarrow [Cu(NH_3)_4]^{2+}$(深青色)$+ 2OH^-$
テトラアンミン銅(Ⅱ)イオン

> **テスト対策** 銅とその化合物
> - Cu^{2+}…青色
> - $CuSO_4 \cdot 5H_2O$…**青色の結晶**
> - $Cu(OH)_2$…青白色
> - CuO…黒色
> - $[Cu(NH_3)_4]^{2+}$…**深青色**

24 (1) イ (2) ア (3) ウ
(4) エ

解き方 (1) $2Ag^+ + S^{2-} \longrightarrow Ag_2S\downarrow$(黒)
(2) $Ag^+ + Cl^- \longrightarrow AgCl\downarrow$(白)
(3) $2Ag^+ + 2OH^- \longrightarrow Ag_2O\downarrow$(褐)$+ H_2O$
(4) 少量では，
$2Ag^+ + 2OH^- \longrightarrow Ag_2O\downarrow$(褐)$+ H_2O$
過剰に加えると，
$Ag_2O + 4NH_3 + H_2O$
$\longrightarrow 2[Ag(NH_3)_2]^+ + 2OH^-$
ジアンミン銀(Ⅰ)イオン

> **テスト対策** Ag^+ の反応
> - Cl^-で **AgCl** の**白色沈殿**，Br^-で **AgBr** の**淡黄色沈殿**を生じる。
>   ➡ $AgCl$，$AgBr$ は感光性をもち，アンモニア水に溶ける。
> - アンモニア水で **Ag_2O** の**褐色沈殿**を生じる。
>   ➡ 過剰に加えると沈殿が溶ける。

25 (1) Ag^+ (2) Ba^{2+} (3) Fe^{2+}
(4) Pb^{2+} (5) Cu^{2+} (6) Al^{3+}

解き方 (1) $Ag^+ + Cl^- \longrightarrow AgCl\downarrow$(白)
(2) $Ba^{2+} + SO_4^{2-} \longrightarrow BaSO_4\downarrow$(白)
(3) $Fe^{2+} + S^{2-} \longrightarrow FeS\downarrow$(黒)
(4) Fe^{2+}，Zn^{2+} は酸性条件下では沈殿しない。
$Pb^{2+} + S^{2-} \longrightarrow PbS\downarrow$(黒)
(5) $Cu^{2+} + 2OH^- \longrightarrow Cu(OH)_2\downarrow$(青白)
両性元素のイオン(Zn^{2+}，Pb^{2+})は，過剰の NaOH 水溶液で錯イオンとなって溶ける。
(6) $Al^{3+} + 3OH^- \longrightarrow Al(OH)_3\downarrow$(白)
Zn^{2+}，Ag^+ は，過剰の NH_3 水溶液で錯イオンとなって溶ける。

> **テスト対策** 金属イオンの沈殿反応
> - Cl^-…$AgCl$(白)，$PbCl_2$(白)
> - SO_4^{2-}…$BaSO_4$(白)，$PbSO_4$(白)
> - H_2S
>   - 塩基性・中性…FeS(黒)，ZnS(白)
>   - 酸性…PbS(黒)，CuS(黒)，Ag_2S(黒)
> - NaOHaq…少量で沈殿し，過剰で溶けるのは，**両性元素のイオン**
> - NH_3aq…少量で沈殿し，過剰で溶けるのは Cu^{2+}，Zn^{2+}，Ag^+

26 (1) A…$AgCl$ B…CuS X…Fe^{2+}
(2) A…$Fe(OH)_3$ X…$[Zn(NH_3)_4]^{2+}$
Y…$[Al(OH)_4]^-$

解き方 (1) 塩酸を加えると，Ag^+ が沈殿する。
$Ag^+ + Cl^- \longrightarrow AgCl\downarrow$(白)
その後，ろ液に硫化水素を通じると，ろ液は酸性だから，Cu^{2+} は沈殿するが，Fe^{2+} は沈殿しない。
$Cu^{2+} + S^{2-} \longrightarrow CuS\downarrow$(黒)
(2) 過剰のアンモニア水を加えると，
$Al^{3+} + 3OH^- \longrightarrow Al(OH)_3\downarrow$(白)
$Fe^{3+} + 3OH^- \longrightarrow Fe(OH)_3\downarrow$(赤褐)
$Zn^{2+} + 4NH_3 \longrightarrow [Zn(NH_3)_4]^{2+}$
テトラアンミン亜鉛(Ⅱ)イオン

生じた沈殿に水酸化ナトリウム水溶液を加えると，$Al(OH)_3$ は溶ける。
$Al(OH)_3 + OH^- \longrightarrow [Al(OH)_4]^-$
テトラヒドロキシドアルミン酸イオン

4章 無機物質と人間生活

基礎の基礎を固める！の答　→本冊 p.73

❶ 軽金属　　　　　❷ 重金属
❸ 貴金属　　　　　❹ 小さ
❺ Al　　　　　　　❻ 還元
❼ 銑鉄　　　　　　❽ 鋼
❾ 粗銅　　　　　　❿ 氷晶石
⓫ 融解塩電解　　　⓬ 酸化物
⓭ Fe_2O_3　　　　⓮ 緑青
⓯ めっき　　　　　⓰ トタン
⓱ ブリキ　　　　　⓲ セラミックス
⓳ 炭酸ナトリウム　⓴ 陶磁器
㉑ 石灰石

テストによく出る問題を解こう！の答　→本冊 p.74

27 (1) Fe　(2) Cu
　　(3) Au　(4) Al

解き方 (1) 現在，鉄はわれわれが利用している金属の95％以上を占めている。
(2) 青銅器時代といわれるように，銅は製錬によって人類が多量に使用した初めての金属である。
(3) 金は，天然に単体として存在する金属であり，古くから装飾品などに用いられてきた。
(4) アルミニウムは，19世紀頃の電気分解の技術の発達により，融解塩電解によって得られるようになった。

28 A > C > D > B

解き方 Aを化合物から取り出すのに融解塩電解が必要であることから，化合力が最も大きい。
Bは，天然に単体として存在していることから化合力が最も小さい。
CとDでは，化合物から取り出すのに，Cは還元剤であるCOを必要とし，Dは必要としないことから，Cのほうが化合力が大きい。

29 (1) ア…還元　イ…炭素
(2) $C + O_2 \longrightarrow CO_2$
　　$CO_2 + C \longrightarrow 2CO$
(3) $Fe_2O_3 + 3CO \longrightarrow 2Fe + 3CO_2$
(4) a…銑鉄　b…鋼

解き方 (1) ア　COの還元作用によって，単体となる。
イ　コークス(C)と加熱することから，炭素を含む鉄が得られる。
(2) コークス(C)が燃えてCO_2となり，さらにCO_2とコークス(C)が反応してCOとなる。
(3) COが鉄の酸化物を還元する。Fe_3O_4の場合は，$Fe_3O_4 + 4CO \longrightarrow 3Fe + 4CO_2$
(4) 溶鉱炉から得られた約4％のCを含む鉄が**銑鉄**で，転炉でCの含有量を減少させた鉄が**鋼**である。

テスト対策　鉄の製錬

- 鉄鉱石 ➡ 主成分は Fe_2O_3，Fe_3O_4
- 還元剤 ➡ コークス(C)，CO
- 銑鉄　➡ 溶鉱炉から得られる鉄。
　　　　　Cが約4％で硬く，もろい。
- 鋼　　➡ 転炉から得られる鉄。
　　　　　Cが少ない。弾力性があり，強靭。

30 (1) 硫化銅(Ⅰ)
(2) 粗銅　　(3) 純銅
(4) アルミナまたは酸化アルミニウム
(5) アルミニウム

解き方 (1)～(3) 銅の製錬は，溶鉱炉で黄銅鉱（主成分$CuFeS_2$）から硫化銅(Ⅰ)Cu_2Sとし，転炉で粗銅とする。さらに，粗銅を電解精錬して純銅を得る。
(4), (5) アルミニウムの製錬は，ボーキサイト（主成分$Al_2O_3 \cdot nH_2O$）からアルミナ（酸化アルミニウム）Al_2O_3とし，氷晶石を加えて融解塩電解する。

テスト対策　CuとAlの製錬

〔Cuの製錬〕
黄銅鉱 —溶鉱炉→ 硫化銅(Ⅰ) —転炉→ 粗銅 —電解精錬→ 純銅

〔Alの製錬〕
ボーキサイト ⟶ アルミナ Al_2O_3 —融解塩電解→ アルミニウム

31 (1) ×　(2) ○　(3) ○　(4) ○
(5) ×

解き方 (1) 金属の腐食は，金属が空気中で酸化される現象である。
(5) 鉄板をスズでめっきしたものはブリキ，亜鉛でめっきしたものはトタンである。

32 (1) ウ　(2) イ　(3) ア

解き方 (1) ウ　ドライアイスは二酸化炭素の結晶でセラミックスではない。
(2) イ　ソーダ石灰ガラスの原料は，ケイ砂，炭酸ナトリウム，石灰石である。
(3) ア　セメントはセラミックスである。

入試問題にチャレンジ！ の答　➡本冊 p.76

1 エ

解き方 ア　臭素は常温・常圧で液体である。
イ　酸化力は，原子番号の小さいものほど強い。フッ素＞塩素＞臭素＞ヨウ素。
ウ　ハロゲン化水素は，常温でいずれも無色の気体である。
エ　フッ化水素は，水素結合を形成するため，他のハロゲン化水素に比べて沸点が著しく高い。
オ　塩化水素は，水に非常に溶けやすく，空気より重いので下方置換で捕集する。

テスト対策　フッ化水素の特性

フッ化水素の 3 つの特性
- 沸点が著しく高い。➡ **水素結合** を形成。
- **弱酸** ➡ 他のハロゲン化水素は **強酸**。
- ガラスを溶かす。➡ SiO_2 と反応する。

2 (1) a…O_2, O_3
　　　b…$2H_2O_2 \longrightarrow 2H_2O + O_2$
(2) a…二酸化硫黄，SO_2
　　　b…アルカリ性
(3) a…硫化水素，H_2S
　　　b…$2H_2S + SO_2 \longrightarrow 2H_2O + 3S$

解き方 (1) 酸素の同素体は，酸素 O_2 とオゾン O_3 であり，酸素 O_2 は無色・無臭であるが，オゾン O_3 は淡青色，特有の臭いをもつ。
　酸素 O_2 の製法には，過酸化水素水に触媒として酸化マンガン(IV)を加える方法と塩素酸カリウムに酸化マンガン(IV)を加えて加熱する方法 ($2KClO_3 \longrightarrow 2KCl + 3O_2$) がある。どちらの場合も酸化マンガン(IV)は触媒である。
(2) 二酸化硫黄の水溶液に水酸化ナトリウム水溶液を加えると次のように反応する。
$$SO_2 + 2NaOH \longrightarrow Na_2SO_3 + H_2O$$
$$SO_2 + NaOH \longrightarrow NaHSO_3$$
このとき，生じる塩 Na_2SO_3 と $NaHSO_3$ は弱酸と強塩基の塩であるから，どちらもその水溶液はアルカリ性を示す。
(3) 硫化鉄(II)に希塩酸を加えると，次のように反応して硫化水素 H_2S を発生する。
$$FeS + 2HCl \longrightarrow FeCl_2 + H_2S\uparrow$$

❸ ウ

解き方 a 濃硝酸は，ニッケルや鉄の表面にち密な酸化被膜をつくって不動態となり，ニッケルや鉄と反応しなくなる。

b 一酸化窒素は，空気中で直ちに酸化して二酸化窒素となる。したがって，触媒は不要である。

c $NH_3 + 2O_2 \longrightarrow HNO_3 + H_2O$ より，1 mol のアンモニアから 1 mol の硝酸が生成する。

d 硝酸は光で分解され，二酸化窒素を生成する。
$4HNO_3 \longrightarrow 4NO_2 + 2H_2O + O_2$

e 硝酸は，強い酸性と酸化力もあるため，銅や銀と反応する。

よって，**a** と **d** が正しい。

テスト対策	濃硝酸と不動態
Fe, Ni, Al	➡ 濃硝酸と不動態となり，溶けない。
	➡ 塩酸，希硫酸，希硝酸には溶ける。

❹ オ

解き方 ア 一酸化窒素は無色の気体である。

イ 一酸化窒素は銅に希硝酸を反応させ，水上置換で捕集する。

ウ 濃塩酸に近づけて白煙を生じるのは，アンモニアである。

エ 二酸化窒素は水に溶けやすい赤褐色の気体である。

オ 正しい。

❺ オ

解き方 ア 地殻中に最も多く含まれているのは酸素である。よって，誤り。

イ ケイ素の結晶構造はダイヤモンドと同じ構造である。よって，誤り。

ウ 二酸化ケイ素の結晶は，硬く，融点が高い。よって，誤り。

エ 半導体として使われるのはケイ素である。よって，誤り。

オ 正しい。

❻ (1) ア…Ar　イ…H_2　ウ…H_2S
エ…NO_2　オ…SO_2　カ…NH_3
(2) A…HNO_3　B…H_2SO_4

解き方 ア 価電子をもたない，また，18族から希ガス，第3周期から Ar である。

イ～カの化学反応式は次の通り。

イ　$Zn + 2HCl \longrightarrow ZnCl_2 + H_2\uparrow$
　　$Fe + 2HCl \longrightarrow FeCl_2 + H_2\uparrow$

ウ　$FeS + 2HCl \longrightarrow FeCl_2 + H_2S\uparrow$

エ　$Cu + 4HNO_3$
　　　$\longrightarrow Cu(NO_3)_2 + 2NO_2\uparrow + 2H_2O$

オ　$2Ag + 2H_2SO_4$
　　　$\longrightarrow Ag_2SO_4 + SO_2\uparrow + 2H_2O$

カ　$2NH_4Cl + Ca(OH)_2$
　　　$\longrightarrow CaCl_2 + 2NH_3\uparrow + 2H_2O$

❼ エ

解き方 酸性では沈殿しないで，中性または塩基性のとき沈殿するのは，Zn^{2+}，Fe^{2+}，Ni^{2+}。
ZnS は白色沈殿，FeS，NiS は黒色沈殿。

テスト対策	金属イオンと H_2S
中性・塩基性のときのみ沈殿	
	➡ Zn^{2+}，Fe^{2+}，Ni^{2+}
	➡ ZnS は白色沈殿

❽ カ

解き方 ナトリウムは，灯油とは反応せず，密度が灯油より大きいため，灯油中では下に沈む。

ナトリウムは，水とは水素を発生して激しく反応する。

$2Na + 2H_2O \longrightarrow 2NaOH + H_2\uparrow$

ナトリウムは，水より密度が小さいため水面に浮かんで反応する。

したがって，ナトリウムは下層の水に接触すると反応して水素を発生し，上層の灯油中に浮き上がるが，水素の発生が止まると沈み，下層の水に接触し，水と反応する。これを繰り返す。

❾ ア…塩基(アルカリ)　イ…石灰水
ウ…白　エ…生石灰
a…$Ca(OH)_2$　　b…$CaCO_3$
c…$Ca(HCO_3)_2$　　d…CaO

解き方 消石灰 $Ca(OH)_2$ の水溶液は，石灰水といい，強い塩基性を示す。これに炭酸ガスを吹きこむと，次のように反応して炭酸カルシウムの白色沈殿が生成する。

$$Ca(OH)_2 + CO_2 \longrightarrow CaCO_3 + H_2O$$

さらに炭酸ガスを吹きこむと，次のように反応して沈殿が溶ける。

$$CaCO_3 + H_2O + CO_2 \longrightarrow Ca(HCO_3)_2$$

炭酸カルシウムを強熱すると，次のように反応して生石灰(酸化カルシウム)が生成する。

$$CaCO_3 \longrightarrow CaO + CO_2$$

⑩ (1) イ (2) コ

解き方 (1) アンモニアと錯イオンをつくらない金属イオンは，Al^{3+} と Pb^{2+}。なお，Zn^{2+}，Cu^{2+}，Ag^+ は過剰のアンモニア水によってそれぞれ $[Zn(NH_3)_4]^{2+}$，$[Cu(NH_3)_4]^{2+}$，$[Ag(NH_3)_2]^+$ のように錯イオンとなり，溶ける。

(2) 水酸化ナトリウム水溶液を加えたとき，少量で沈殿し，過剰に加えたとき沈殿が溶けるのは両性金属イオンの Al^{3+}，Zn^{2+}，Pb^{2+} である。Cu^{2+}，Ag^+ は沈殿のまま変化しない。

> **テスト対策 金属イオンと塩基との反応**
> ①アンモニア水を加えたとき，**少量では沈殿し，過剰で沈殿が溶ける** ➡ Zn^{2+}，Cu^{2+}，Ag^+
> ②NaOH水溶液を加えたとき，**少量では沈殿し，過剰で沈殿が溶ける** ➡ Al^{3+}，Zn^{2+}，Sn^{2+}，Pb^{2+}（両性金属イオン）

⑪ エ

解き方 ア Ag_2S，CuS の黒色沈殿を生じる。よって，正しい。
イ Ag^+ だけが沈殿を生じる。
$$Ag^+ + Cl^- \longrightarrow AgCl \downarrow$$
よって，正しい。
ウ アンモニア水を加えたとき，少量ではすべての試験管に沈殿を生じるが，過剰に加えたときは Ag^+，Zn^{2+}，Cu^{2+} はそれぞれ $[Ag(NH_3)_2]^+$，$[Zn(NH_3)_4]^{2+}$，$[Cu(NH_3)_4]^{2+}$ のように錯イオンとなって溶ける。よって，正しい。

エ 水酸化ナトリウム水溶液を加えたとき，少量ではすべての試験管に沈殿を生じるが，過剰に加えたときは，両性金属イオンである Zn^{2+} と Al^{3+} の沈殿が溶ける。よって，誤り。
オ Cu^{2+} を含む水溶液は青色を呈するが，他の水溶液は無色である。よって，正しい。

⑫ Al…エ Ca…カ Cu…ク
F…ウ Fe…キ I…× Mn…×
Ne…イ P…ア Pb…オ

解き方 Al；Al は両性金属であるから，塩酸とも水酸化ナトリウム水溶液とも反応して水素を発生する。また，Al は典型元素の金属である。
Ca；Ca はイオン化傾向の大きい金属で，水と反応して水素を発生する。
$$Ca + 2H_2O \longrightarrow Ca(OH)_2 + H_2 \uparrow$$
また，Ca は典型元素の金属である。
Cu；Cu^{2+} は水酸化ナトリウム水溶液と反応して青白色の沈殿 $Cu(OH)_2$ を生成する。また，Cu は遷移元素である。
F；F_2 は，水と激しく反応して酸素を発生する。
$$2F_2 + 2H_2O \longrightarrow 4HF + O_2 \uparrow$$
また，F は非金属元素である。
Fe；Fe^{2+} はアンモニア水中で緑白色の沈殿 $Fe(OH)_2$ を生じる。また，Fe は遷移元素である。
I；あてはまる記述がない。
Mn；あてはまる記述がない。
Ne；希ガスであり，化合しない。また，Ne は非金属元素である。
P；P を空気中で燃やすと，強い吸湿性をもつ十酸化四リン P_4O_{10} となる。また，P は非金属元素である。
Pb；Pb^{2+} は塩酸中で白色の沈殿 $PbCl_2$ を生じる。また，Pb は典型元素の金属である。

⑬ ア，オ

解き方 ア 正しい。
イ 鋼は，銑鉄に酸素を吹きこんで炭素の含有量を低くした鉄である。よって，誤り。
ウ 硫酸バリウムは水に溶けにくい。よって，誤り。
エ 生石灰が水と反応するとき，多量の熱を発生する。よって，誤り。
オ 正しい。

4編 有機化合物

1章 有機化合物の特徴

基礎の基礎を固める！ の答 →本冊 p.81

1. C
2. 水
3. 有機溶媒
4. 低
5. 分子式
6. 構造式
7. 立体異性体
8. 二重
9. 幾何異性体(シス・トランス異性体)
10. 不斉炭素原子
11. 光学異性体
12. 塩化カルシウム($CaCl_2$)
13. ソーダ石灰
14. CO_2
15. C
16. CO_2
17. H_2O
18. H
19. H_2O
20. C
21. H
22. O
23. 分子式

テストによく出る問題を解こう！ の答 →本冊 p.82

1 エ，カ

解き方 ア 炭素を含む化合物を有機化合物という。ただし，CO_2 や炭酸塩などは無機化合物として扱う。
イ おもな成分元素は C，H，O，N で，S や Cl を含むものもある。
エ 有機化合物は，水に溶けにくく有機溶媒に溶けやすいものが多い。
カ 有機化合物は，非電解質が多い。

2 (1) イとウ　(2) エとオ

解き方 C 原子の骨格で示す。
(1) イ C-C-C-C
　　ウ C-C
　　　　C-C
書き方は違うが，同じ構造である。
(2) エ C-C-C-C-C
　　　　　C
　　オ C-C-C-C
分子式は C_5H_{12} で同じであるが，構造が異なる。

3 (1) 3種類　(2) 2種類　(3) 4種類

解き方 C 原子の骨格で示す。
(1) C-C-C-C-C　　C
　　C-C-C-C　　C-C-C
　　　C　　　　　　C
(2) C-C-O　C-O-C
(3) C-C-C-C-Cl
　　C-C-C-C
　　　Cl
　　C-C-C-Cl　　C
　　　C　　　　C-C-Cl
　　　　　　　　　C

4 イ，オ

解き方 二重結合は平面構造である。
イ シス形　トランス形
オ シス形　トランス形

テスト対策 幾何異性体

$\begin{array}{c}A\\A'\end{array}\!C\!=\!C\begin{array}{c}B\\B'\end{array}$

$A \neq A'$，$B \neq B'$ のとき，**幾何異性体**が存在する。

5 ウ，エ

解き方 不斉炭素原子を含む化合物を選ぶ。
ア H が2つ。
イ CH_3 が2つ。
ウ 不斉炭素原子を含む。
エ 不斉炭素原子を含む。
オ CH_3CH_2 が2つ。

テスト対策 光学異性体

不斉炭素原子を含むとき，**光学異性体**が存在する。

$R_1-C^*-R_4$（R_2, R_3）——不斉炭素原子

R_1, R_2, R_3, R_4 は互いに異なる原子・原子団。

6 (1) C…0.60 g　H…0.10 g　O…0.80 g

(2) C…**15.0 mg**　H…**5.0 mg**
　　O…**20.0 mg**

解き方　(1) $CO_2 = 44.0$, $H_2O = 18.0$ より,

C の質量… $2.20 \times \dfrac{12.0}{44.0} = 0.60$ g

H の質量… $0.90 \times \dfrac{2.0}{18.0} = 0.10$ g

O の質量… $1.50 - (0.60 + 0.10) = 0.80$ g

(2) 塩化カルシウム管は H_2O を, ソーダ石灰管は CO_2 を吸収するから, CO_2 は 55.0 mg, H_2O は 45.0 mg 生成したことになる。$CO_2 = 44.0$, $H_2O = 18.0$ より,

C の質量… $55.0 \times \dfrac{12.0}{44.0} = 15.0$ mg

H の質量… $45.0 \times \dfrac{2.0}{18.0} = 5.0$ mg

O の質量… $40.0 - (15.0 + 5.0) = 20.0$ mg

テスト対策　元素分析

- C の質量… CO_2 の質量 $\times \dfrac{12.0}{44.0}$
- H の質量… H_2O の質量 $\times \dfrac{2.0}{18.0}$
- O の質量…試料の質量
　　　　　$-$(C の質量 $+$ H の質量)

7 (1) CH_3O　(2) CH_2

解き方　(1) 原子数の比は,

$C : H : O = \dfrac{3.60}{12.0} : \dfrac{0.90}{1.0} : \dfrac{4.80}{16.0}$
　　　　$= 1 : 3 : 1$

よって, 組成式は CH_3O

(2) 原子数の比は,

$C : H = \dfrac{85.7}{12.0} : \dfrac{14.3}{1.0} \fallingdotseq 1 : 2$

よって, 組成式は CH_2

テスト対策　組成式の決定

$\dfrac{\text{C の質量}}{12.0} : \dfrac{\text{H の質量}}{1.0} : \dfrac{\text{O の質量}}{16.0} = a : b : c$

➡ 組成式は $C_a H_b O_c$

8 (1) C_3H_6　(2) $C_6H_{12}O_6$

解き方　(1) $CH_2 = 14.0$ より,

$\dfrac{42.0}{14.0} = 3$

よって, 分子式は C_3H_6

(2) $CH_2O = 30.0$ より,

$\dfrac{180}{30.0} = 6$

よって, 分子式は $C_6H_{12}O_6$

テスト対策　分子式の決定

$\dfrac{\text{分子量}}{\text{組成式の式量}} = n$ ➡ 分子式は 組成式の n 倍。

9 (1)
```
    H
    |
H－C－C－O－H
    |  ‖
    H  O
```

(2)
```
  H H              H   H
  | |              |   |
H－C－C－O－H    H－C－O－C－H
  | |              |   |
  H H              H   H
```

解き方　(1) $CO_2 = 44.0$, $H_2O = 18.0$ より,

C の質量… $52.8 \times \dfrac{12.0}{44.0} = 14.4$ mg

H の質量… $21.6 \times \dfrac{2.0}{18.0} = 2.4$ mg

O の質量… $36.0 - (14.4 + 2.4) = 19.2$ mg

$C : H : O = \dfrac{14.4}{12.0} : \dfrac{2.4}{1.0} : \dfrac{19.2}{16.0}$
　　　　$= 1 : 2 : 1$

よって, 組成式は CH_2O

ここで, $CH_2O = 30.0$ より,

$\dfrac{60.0}{30.0} = 2$

よって, 分子式は $C_2H_4O_2$

$-COOH$ を含むから構造式は CH_3-COOH

(2) $C : H : O = \dfrac{52.2}{12.0} : \dfrac{13.0}{1.0} : \dfrac{34.8}{16.0}$
　　　　　$\fallingdotseq 2 : 6 : 1$

よって, 組成式は C_2H_6O

ここで, $C_2H_6O = 46.0$ より, 分子式も C_2H_6O である。

原子価は H が 1, O が 2, C が 4 であるから, この物質の骨格として考えられるのは次の 2 つ。

$-\underset{|}{C}-\underset{|}{C}-O-$　　$-\underset{|}{C}-O-\underset{|}{C}-$

2章 脂肪族炭化水素

基礎の基礎を固める！の答 ➡本冊 p.85

① C_nH_{2n+2}
② 飽和
③ 同族体
④ 正四面体
⑤ 置換
⑥ シクロアルカン
⑦ C_nH_{2n}
⑧ 二重結合
⑨ 同一平面
⑩ 幾何(シス・トランス)
⑪ 付加
⑫ 消える
⑬ エタノール
⑭ 付加重合
⑮ C_nH_{2n-2}
⑯ 三重結合
⑰ 直線
⑱ 炭化カルシウム(カーバイド)
⑲ アセトアルデヒド
⑳ 塩化ビニル
㉑ 酢酸ビニル
㉒ ベンゼン

テストによく出る問題を解こう！の答 ➡本冊 p.86

10 エ

解き方 アルカンは，一般式 C_nH_{2n+2} で表される。

11 (1) ○ (2) × (3) ○ (4) ○
(5) ×

解き方 (1) アルカンは，鎖式の飽和炭化水素である。
(2) C_3H_8 には異性体が存在しない。異性体が存在するのは，n が4以上のものである。

C_3H_8 C-C-C
C_4H_{10} C-C-C-C
         C-C-C
           C

(3) 直鎖状のものでは，一般式の n が4以下で気体，5〜16で液体，17以上で固体。
(4) メタンは正四面体構造で異性体がない。
(5) アルカンには，枝分かれしているものもある。

12 (1) ブタン (2) 2-メチルブタン
(3) 2,2-ジメチルプロパン
(4) $CH_3-CH_2-CH_2-CH_2-CH_3$
(5) $CH_3-CH-CH_2-CH_2-CH_3$
         CH_3

解き方 最も長い炭素鎖に着目する。
(1) 最も長い炭素鎖のC原子が4個。➡ブタン
(2) 最も長い炭素鎖のC原子が4個。➡ブタン
端から2番目のC原子にメチル基 $-CH_3$ が結合。
➡2-メチルブタン
(3) 最も長い炭素鎖のC原子が3個。➡プロパン
端から2番目のC原子にメチル基 $-CH_3$ が2つ結合。➡2,2-ジメチルプロパン
(4) ペンタンは，最も長い炭素鎖のC原子が5個。
(5) ペンタンの端から2番目のC原子にメチル基が結合。

テスト対策　アルカンの命名法

● 炭素の数
  ・ 1…メタ   ・ 2…エタ
  ・ 3…プロパ   ・ 4…ブタ
  ・ 5…ペンタ   ・ 6…ヘキサ
● 接尾語…アルカンでは，アン(-ane)をつける。
● 結合しているアルキル基
  ・ $-CH_3$…メチル
  ・ $-C_2H_5$…エチル
● 官能基の個数
  ・ 1…モノ(省略) ・ 2…ジ
  ・ 3…トリ

13 (1) $CH_2=CH-CH_2-CH_3$
$CH_2=C-CH_3$ $CH_3-CH=CH-CH_3$
     CH_3

(2) H_2C-CH_2 $H_2C-CH-CH_3$
    H_2C-CH_2 CH_2

解き方 C_4H_8 は，一般式 C_nH_{2n} の炭化水素で，アルケンかシクロアルカンである。
(1) 臭素水の色が消える。➡付加反応が起こる。
➡アルケン
(2) 臭素水の色が変化しない。➡付加反応が起こらない。➡シクロアルカン

テスト対策　アルケンとシクロアルカン

C_nH_{2n} で表される炭化水素について，
● 臭素水の色が消える。➡アルケン
● 臭素水の色が消えない。➡シクロアルカン

14 イ，エ

解き方 ア シクロアルカンは，二重結合をもたない。

イ，エ アルケンは二重結合をもつ。➡臭素水の色が消える。

ウ，オ アルカンは二重結合をもたない。

15 (1) ア (2) ア，イ，ウ (3) ウ，オ

解き方 (1), (2) 二重結合をしている炭素原子と，これらの炭素原子に結合している原子は，同一平面上にある。

(3) 二重結合の両側の炭素原子に結合している原子・原子団が互いに異なる場合には幾何異性体が存在する。

> **テスト対策** 二重結合
>
> - $\begin{matrix}A_1\\A_2\end{matrix}$C=C$\begin{matrix}A_3\\A_4\end{matrix}$　$A_1 \sim A_4$ は原子
>   ➡ C, $A_1 \sim A_4$ は**同一平面上**。
> - $\begin{matrix}R_1\\R_2\end{matrix}$C=C$\begin{matrix}R_3\\R_4\end{matrix}$
> $R_1 \neq R_2$, $R_3 \neq R_4$ ➡**幾何異性体**が存在。

16 ウ

解き方 ア アセチレンに水素を付加するとエチレン $CH_2=CH_2$ が生成。さらに水素を付加するとエタンとなる。

イ アセチレンに塩化水素を付加すると塩化ビニル $CH_2=CHCl$ が生成する。

ウ アセチレンに水を付加するとビニルアルコール $CH_2=CH-OH$ が生じるが，不安定なためアセトアルデヒド CH_3CHO が得られる。よって，
$$CH \equiv CH + H_2O \longrightarrow CH_3CHO$$

エ アセチレンに酢酸を付加すると，酢酸ビニル $CH_2=CH-OCOCH_3$ が生成する。

17 ウ

解き方 アルキンは分子式が C_nH_{2n-2} で表されるが，分子式が C_nH_{2n-2} で表される物質がすべてアルキンであるとは限らない。たとえば，二重結合を2つもつ物質や，環状で二重結合を1つもつ物質も分子式が C_nH_{2n-2} で表される。

18 (1) カ (2) ア (3) ウ，カ

解き方 (1) アセチレンは4つの原子が一直線に並んだ構造である。

(2) メタン CH_4 は正四面体の中心に C 原子，4つの頂点に H 原子が位置する構造である。なお，エタンは2つの正四面体を重ねた構造である。

(3) エチレン $CH_2=CH_2$ は，6つの原子が同一平面上にある。アセチレンは直線構造であるから，4つの原子が同一平面上にあるといえる。

> **テスト対策** 分子の構造
>
> - メタン CH_4 …正四面体構造
> - エチレン $CH_2=CH_2$ …平面構造
> - アセチレン $CH \equiv CH$ …直線構造

19 (1) $CH_4 + Cl_2 \longrightarrow CH_3Cl + HCl$

(2) $C_2H_4 + H_2O \longrightarrow C_2H_5OH$

(3) $C_2H_2 + H_2O \longrightarrow CH_3CHO$

(4) $CaC_2 + 2H_2O \longrightarrow C_2H_2 + Ca(OH)_2$

解き方 (1) 置換反応により，クロロメタンが生じる。

(2) 付加反応により，エタノールが生じる。

(3) アセチレンに水を作用させると，付加反応によりビニルアルコールが生じるが，不安定なためアセトアルデヒドが得られる。

(4) アセチレンの製法のひとつである。

3章 酸素を含む脂肪族化合物

基礎の基礎を固める！の答　→本冊 p.90

1. ヒドロキシ(OH)
2. ヒドロキシ(OH)
3. 炭化水素
4. アルデヒド
5. カルボン酸
6. ケトン
7. ジエチルエーテル
8. エチレン
9. 異性体
10. 低
11. 還元
12. 銀鏡
13. フェーリング
14. カルボニル
15. $CH_3CH(OH)-$
16. カルボキシ(COOH)
17. 酸（弱酸）
18. アルデヒド
19. アルコール
20. グリセリン
21. 飽和脂肪酸
22. 脂肪
23. 水酸化ナトリウム

テスト対策　アルコールの酸化

- 第一級アルコール ➡ アルデヒド ➡ カルボン酸
- 第二級アルコール ➡ ケトン
- 第三級アルコール ➡ 酸化されにくい

テストによく出る問題を解こう！の答　→本冊 p.91

20 ① 1価　② C_2H_5OH
③ エチレングリコール　④ 3価
⑤ $C_3H_5(OH)_3$

解き方　分子中のOH基の数がアルコールの価数となる。なお、エチレングリコールは1, 2-エタンジオール、グリセリンは1, 2, 3-プロパントリオールともいう。

21 (1) ウ, エ　(2) ア, オ　(3) イ

解き方　アルコールを酸化したとき、アルデヒドになるのは第一級アルコール、ケトンになるのは第二級アルコール、酸化されにくいのは第三級アルコールである。それぞれのアルコールの骨格は次の通り。

ア　C-C-C-C　第二級アルコール
　　　　|
　　　OH

イ　　　　C
　　　　　|
　　C-C-OH　第三級アルコール
　　　　|
　　　　C

ウ　C-C-C-OH　第一級アルコール

エ　C
　　＼
　　　C-C-OH　第一級アルコール
　　／
　　C

オ　C
　　＼
　　　C-OH　第二級アルコール
　　／
　　C

22 (1) $CH_3OH + CuO \longrightarrow HCHO + H_2O + Cu$
(2) $2C_2H_5OH + 2Na \longrightarrow 2C_2H_5ONa + H_2$
(3) $C_2H_4 + H_2O \longrightarrow C_2H_5OH$
(4) $2C_2H_5OH \longrightarrow C_2H_5OC_2H_5 + H_2O$
(5) $C_2H_5OH \longrightarrow C_2H_4 + H_2O$

解き方　(1) 空気中で銅を加熱すると、酸化銅（Ⅱ）となる。$2Cu + O_2 \longrightarrow 2CuO$
酸化銅（Ⅱ）とメタノールより、ホルムアルデヒドが生じる。

(2) OH基のHとNaの置換反応。

(3) $CH_2=CH_2$ に H-OH が付加して、CH_3-CH_2OH となる。

(4) エタノールに濃硫酸を加えて加熱するとき、温度が約130℃のときは、2分子のエタノールから1分子の水がとれる。

(5) エタノールに濃硫酸を加えて加熱するとき、温度が約170℃のときは、1分子のエタノールから1分子の水がとれる。

$$-\underset{H}{C}-\underset{OH}{C}- \longrightarrow -C=C- + H_2O$$

テスト対策　エタノールと濃硫酸の反応

- 120～130℃で加熱 ➡ 2分子から H_2O がとれてジエチルエーテルが生成。
$2C_2H_5OH \longrightarrow C_2H_5OC_2H_5 + H_2O$
- 160～170℃で加熱 ➡ 1分子から H_2O がとれてエチレンが生成。

$$H-\underset{H}{\underset{|}{C}}-\underset{OH}{\underset{|}{C}}-H \longrightarrow H-\underset{H}{\underset{|}{C}}=\underset{H}{\underset{|}{C}}-H + H_2O$$

23 (1) $CH_3-CH_2-CH_2-OH$
(2) $CH_3-\underset{OH}{\underset{|}{CH}}-CH_3$

(3) $CH_3-O-CH_2-CH_3$

解き方 (1) Na を加えて水素を発生するからアルコールであり，酸化によってアルデヒドが生成することから第一級アルコールである。
(2) Na を加えて水素を発生するからアルコールであり，酸化によってケトンが生成することから第二級アルコールである。
(3) Na を加えても水素を発生しないから，エーテルである。

24
A … $CH_3-\underset{\underset{CH_3}{|}}{\overset{\overset{CH_3}{|}}{C}}-OH$

B … $CH_3-\underset{\underset{OH}{|}}{CH}-CH_2-CH_3$

C … $CH_3-CH_2-O-CH_2-CH_3$

解き方 I Na を加えたとき，A，B では H_2 が発生した。→アルコール
C では気体が発生しなかった。→エーテル
II A は酸化されにくい。→第三級アルコール
B は光学異性体が存在。→不斉炭素原子をもつ。
$CH_3-\underset{\underset{OH}{|}}{C^*H}-CH_2-CH_3$
III C はエタノールと濃硫酸を 130 ℃ に加熱したときに生じる物質。→ジエチルエーテル

25 (1) C (2) B (3) A
(4) C (5) A (6) B
(7) A

解き方 (1) アルデヒドの構造は $R-\underset{\underset{O}{\|}}{C}-H$，ケトンの構造は $R_1-\underset{\underset{O}{\|}}{C}-R_2$ で，ともにカルボニル基 $-\underset{\underset{O}{\|}}{C}-$ をもつ。
(2) ケトンは酸化されにくい。
(3),(5) アルデヒド基には還元性があるため，銀鏡反応を示したり，フェーリング液を還元したりする。
(4) カルボニル基は親水性なので，アルデヒドもケトンも，低級のものは水に溶けやすい。
(6) ケトンは，第二級アルコールを酸化すると得られる。

$\underset{R_2}{\overset{R_1}{>}}CH-OH + (O) \longrightarrow \underset{R_2}{\overset{R_1}{>}}C=O + H_2O$

なお，アルデヒドは，第一級アルコールを酸化すると得られる。
$R-CH_2-OH + (O) \longrightarrow R-CHO + H_2O$

26 イ，エ，カ，ク，ケ

解き方 $CH_3CH(OH)-$，CH_3CO- の構造をもつ化合物はヨードホルム反応を示す。

テスト対策 ヨードホルム反応

$CH_3CH(OH)-$，CH_3CO- の構造をもつ物質に NaOH 水溶液と I_2 を加えて加熱すると，CHI_3 の**黄色沈殿**が生成する。

27 ア，ウ，エ

解き方 ア カルボキシ基は酸性を示す。
イ 酢酸について述べた文である。
ウ 1 価の鎖状カルボン酸を**脂肪酸**という。そのうち，C 原子の数が少ないものが，低級脂肪酸である。
エ ギ酸はアルデヒド基をもつため，還元性をもち，銀鏡反応を示す。
オ エタノールの酸化によって得られるのは酢酸である。ギ酸は，メタノールの酸化によって得られる。
$CH_3OH \xrightarrow{(O)} HCHO \xrightarrow{(O)} HCOOH$

28 ウ

解き方 イ カルボン酸からなるエステルは，エステル結合 $-O-CO-$ をもつ。
ウ エステル $RCOOR'$ を NaOH 水溶液と加熱すると，カルボン酸の塩とアルコールが生じる。この反応が**けん化**である。
$RCOOR' + NaOH \xrightarrow{けん化} RCOONa + R'OH$
エ $\underset{カルボン酸}{RCOOH} + \underset{アルコール}{R'OH}$
$\xrightarrow{エステル化} \underset{エステル}{RCOOR'} + H_2O$

テスト対策 けん化

$R-\underset{\underset{O}{\|}}{C}-O-R' + NaOH \longrightarrow R-\underset{\underset{O}{\|}}{C}-ONa + R'-OH$

29 (1) C_2H_5COOH (2) CH_3COOCH_3
(3) $HCOOC_2H_5$

解き方 (1) 水に溶けて酸性を示すことから，この物質がカルボン酸であることがわかる。
(2) けん化してメタノールが生成することから，
$RCOOCH_3 + NaOH \longrightarrow RCOONa + CH_3OH$
よって，この物質は CH_3COOCH_3
(3) 還元性を示すカルボン酸はギ酸だから，
$HCOOR + H_2O \longrightarrow HCOOH + ROH$
よって，この物質は $HCOOC_2H_5$

30 (1) オ，キ (2) ア，ク
(3) イ，カ，コ (4) ア，ウ，ケ
(5) イ，エ，ケ，コ (6) キ

解き方 各物質の構造を示すと次の通り。

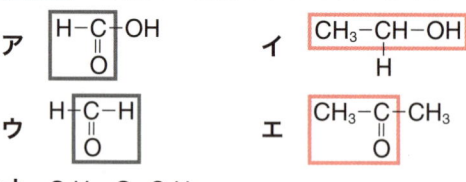

ア H-C(=O)-OH
イ CH₃-CH(OH)-H
ウ H-C(=O)-H
エ CH₃-C(=O)-CH₃
オ C_2H_5-O-C_2H_5
カ CH_3-OH
キ CH_3-C(=O)-O-C_2H_5
ク CH_3-C(=O)-OH
ケ CH_3-C(=O)-H
コ CH_3-CH(OH)-CH_3

(1) エーテルやエステルは水に溶けにくい。
(2) 低級カルボン酸は水に溶けて酸性を示す。
(3) アルコールは中性物質である。また，OH基をもつので，Na と反応して H_2 を発生する。
(4) アルデヒドは還元性をもつ。ギ酸はカルボン酸であるが，アルデヒド基をもつので，還元性をもつ。
(5) ヨードホルム反応は，$CH_3CH(OH)-$ の構造をもつアルコールや，CH_3CO- の構造をもつアルデヒド・ケトンで示す。
(6) エステルに水酸化ナトリウム水溶液を加えると，カルボン酸の塩とアルコールが生じ，均一な溶液となる(けん化)。

31 ア，エ，オ

解き方 イ 油脂は，水には溶けにくいが，エーテルなどの有機溶媒にはよく溶ける。
ウ 脂肪酸の不飽和度が大きいほど，油脂の融点は低い。
エ 脂肪は常温で固体。構成脂肪酸として飽和脂肪酸を多く含む。これに対して，不飽和脂肪酸の割合が多く，常温で液体のものは脂肪酸とよばれる。

32 (1) 2個 (2) 134.4 L (3) 120 g

解き方 (1) 飽和脂肪酸であるステアリン酸の分子式は $C_{17}H_{35}COOH$ であるから，
$\dfrac{35-31}{2} = 2$ 個

(2) この油脂 1 mol を構成するリノール酸は 3 mol であるから，二重結合の数は 6 mol である。よって，付加する H_2 も 6 mol である。
$22.4 \times 6 = 134.4$ L

(3) この油脂 1 mol に含まれるエステル結合の数は 3 mol であるから，NaOH は 3 mol 必要である。NaOH = 40.0 より，
$40.0 \times 3 = 120$ g

4章 芳香族化合物

基礎の基礎を固める！の答　→本冊 p.96

1. 正六角
2. 付加
3. 置換
4. カルボキシ
5. 酸(弱酸)
6. エステル
7. 塩化鉄(Ⅲ)
8. ベンゼンスルホン酸
9. 二酸化炭素(酸)
10. プロペン
11. アセトン
12. クメン法
13. 無水フタル酸
14. サリチル酸
15. サリチル酸メチル
16. アセチルサリチル酸
17. ニトロベンゼン
18. アニリン
19. 赤紫
20. 黒
21. アセトアニリド

テストによく出る問題を解こう！の答　→本冊 p.97

33　エ

解き方　イ　ベンゼン環内の炭素原子の結合は，単結合と二重結合の中間の性質をもつ。
エ　ベンゼン環の不飽和結合は安定しているので，付加反応を起こしにくい。

テスト対策　ベンゼン環の反応
ベンゼン環では，付加反応より**置換反応**が起こりやすい。

34
(1) ① 名称…ベンゼンスルホン酸
　　　示性式…$C_6H_5SO_3H$
② 名称…シクロヘキサン
　　　示性式…C_6H_{12}
③ 名称…ニトロベンゼン
　　　示性式…$C_6H_5NO_2$
④ 名称…ヘキサクロロシクロヘキサン
　　　示性式…$C_6H_6Cl_6$
⑤ 名称…クロロベンゼン
　　　示性式…C_6H_5Cl

(2) ① エ　② ア　③ イ
　　④ ア　⑤ ウ

解き方　各反応の化学反応式は次の通り。
① $C_6H_6 + H_2SO_4 \longrightarrow C_6H_5SO_3H + H_2O$
② $C_6H_6 + 3H_2 \longrightarrow C_6H_{12}$
③ $C_6H_6 + HNO_3 \longrightarrow C_6H_5NO_2 + H_2O$
④ $C_6H_6 + 3Cl_2 \longrightarrow C_6H_6Cl_6$
⑤ $C_6H_6 + Cl_2 \longrightarrow C_6H_5Cl + HCl$

35　(1) ア，オ　(2) イ

解き方　芳香族炭化水素の酸化では，ベンゼン環は酸化されにくく，側鎖が酸化されて–COOHとなる。

(1) トルエン $\xrightarrow{(O)}$ 安息香酸
エチルベンゼン $\xrightarrow{(O)}$ 安息香酸

(2) o-キシレン $\xrightarrow{(O)}$ フタル酸

テスト対策　芳香族炭化水素の酸化
側鎖 $\xrightarrow{(O)}$ –COOH

36　ウ，エ

解き方　塩化鉄(Ⅲ)によって呈色するものはフェノール類である。フェノール類は，ベンゼン環に直接OH基が結合したものであり，**ウ**はベンジルアルコール，**エ**はカルボン酸で，フェノール類ではない。

37　(1) B　(2) A　(3) C
　　(4) A　(5) C

解き方　(1) エタノールは水によく溶け，中性。フェノールは水に溶けにくく，弱酸性。
(2) 塩化鉄(Ⅲ)水溶液によって呈色するのは，フェノール類の特性。
(3) ともにOH基をもち，ナトリウムを加えると水素を発生する。
(4) フェノールは酸性物質であるから，塩基の水溶液と中和して塩となる。
(5) ともに無水酢酸とアセチル化反応してエステルとなる。

38
(1) エ　　(2) イ　　(3) ア
(4) ウ

解き方　(1) フェノール類の検出反応である。

(2) フタル酸 →(加熱) 無水フタル酸 + H_2O

(3) トルエン →(O) 安息香酸

(4) p-キシレン →(O) テレフタル酸

39
イ, エ, オ

解き方　ア　ニトロベンゼンは, 常温で淡黄色の液体である。
ウ　アニリンは弱塩基性の物質で, 酸と反応して塩となって溶ける。
カ　アニリンに硫酸酸性二クロム酸カリウム水溶液を加えると, 黒色沈殿(アニリンブラックという)が生じる。

テスト対策 アニリンの性質
- **塩基性**の物質。⇒酸と中和して溶解。
- さらし粉水溶液で**赤紫色**に呈色。
- 硫酸酸性の**二クロム酸カリウム水溶液**で**黒色**沈殿(アニリンブラック)。

40
(1) a　サリチル酸 + CH_3OH → サリチル酸メチル + H_2O

b　サリチル酸 + $(CH_3CO)_2O$ → アセチルサリチル酸 + CH_3COOH

(2) イ, エ

解き方　(1) a　カルボン酸とアルコールのエステル化反応である。

b　フェノール類と無水酢酸のアセチル化反応である。

(2) イ　酸の強さは,
カルボン酸＞炭酸＞フェノール類
よって, カルボキシ基をもつアセチルサリチル酸は炭酸水素ナトリウムと反応して炭酸を遊離させるが, サリチル酸メチルは反応しない。

エ　サリチル酸メチルはフェノール性のOH基をもつので, 塩化鉄(Ⅲ)水溶液により赤紫色を呈する。

41
(1) A…ウ　B…エ
(2) ウ
(3) a…ウ　b…イ

解き方　ベンゼンに濃硝酸と濃硫酸を加え, 加熱すると, ニトロベンゼンが生じる。

ベンゼン + HNO_3 →(ニトロ化) ニトロベンゼン + H_2O

ニトロベンゼンにスズと塩酸を加えると, アニリンが生じるが, アニリンは塩酸と反応し, アニリン塩酸塩となる。

2 ニトロベンゼン $+ 3Sn + 14HCl$ →(還元) 2 アニリン塩酸塩 $+ 3SnCl_4 + 4H_2O$

アニリン塩酸塩の水溶液に水酸化ナトリウム水溶液を加えると, 弱塩基であるアニリンが遊離する。

アニリン塩酸塩 $+ NaOH$ → アニリン $+ NaCl + H_2O$

テスト対策 アニリンの製法

ベンゼン →(HNO_3, H_2SO_4, ニトロ化) ニトロベンゼン →(Sn, HCl, 還元) アニリン

42
水層A…$C_6H_5NH_3Cl$
水層B…C_6H_5COONa
水層C…C_6H_5ONa
エーテル層C…$C_6H_5CH_3$

解き方　エーテル混合液に塩酸を加えると, アニリンがアニリン塩酸塩となって水層Aに移る。

$C_6H_5NH_2 + HCl \longrightarrow C_6H_5NH_3Cl$

エーテル層 A に NaHCO₃ 水溶液を加えると，安息香酸が安息香酸ナトリウムとなって水層 B に移る。

$$C_6H_5COOH + NaHCO_3 \longrightarrow C_6H_5COONa + H_2O + CO_2$$

エーテル層 B に NaOH 水溶液を加えると，フェノールがナトリウムフェノキシドとなって水層 C に移る。

$$C_6H_5OH + NaOH \longrightarrow C_6H_5ONa + H_2O$$

5章 有機化合物と人間生活

基礎の基礎を固める！ の答　➡本冊 p.101

① 対症
② アセチルサリチル酸
③ アニリン
④ アセトアミノフェン
⑤ 狭心症　⑥ 化学
⑦ 化学
⑧ スルファニルアミド
⑨ 抗生物質　⑩ ペニシリン
⑪ 油脂　⑫ 塩基
⑬ 親水　⑭ 表面張力
⑮ 浸透　⑯ 乳化
⑰ 合成洗剤　⑱ 中
⑲ 染料　⑳ 顔料
㉑ インジゴ　㉒ アゾ

テストによく出る問題を解こう！ の答　➡本冊 p.102

43 (1) ア，エ，オ　(2) イ，ウ

解き方 (1) 対症療法薬は，病気の原因を取り除くのではなく，症状を和らげる医薬品である。ニトログリセリンは血管を拡張させて血圧を下げる。アセチルサリチル酸とアセトアニリドは解熱鎮痛剤である。

(2) 化学療法薬は，病気の原因である病原菌を取り除く医薬品である。ペニシリンは，細菌の細胞壁の合成を阻止して細菌の増殖を防ぐ抗生物質である。サルファ剤は，細菌が増殖するのに必要な酵素の作用を阻害して，細菌の増殖を防ぐ化学療法薬である。

テスト対策　対症療法薬と化学療法薬

対症療法薬➡症状を和らげる医薬品
化学療法薬➡病原菌を取り除く医薬品

44 (1) 〔ベンゼン環に COOH と OCOCH₃〕, CH₃COOH

(2) 〔ベンゼン環に COOCH₃ と OH〕, H₂O

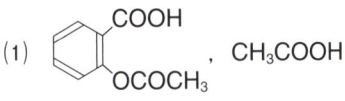

(3) 〔ベンゼン環に NHCOCH₃〕, CH₃COOH

解き方 (1), (3) アセチル化で，アセチル基 $-COCH_3$ と酢酸 CH_3COOH が生成する。
(2) エステル化で，エステルと水 H_2O が生成する。

45 (1) ○　(2) ×　(3) ×
　　(4) ○　(5) ×

解き方 (2) アセトアニリドは副作用があり，現在は使用していない。
(3) 血圧を下げ症状を和らげるはたらきをする対症療法薬である。
(5) サルファ剤は，微生物からつくられない。微生物からつくられるのは，抗生物質である。

46 (1) C　(2) A　(3) A　(4) B
　　(5) B　(6) C

解き方 (1) どちらも疎水性の部分と親水性の部分をもち，水の表面張力を小さくする。
(2) 油脂はセッケンの原料である。
(3) セッケンは，弱酸の脂肪酸と強塩基の水酸化ナトリウムからなる塩で，水溶液は塩基性を示す。合成洗剤はほぼ中性を示す。
(4) 絹・羊毛などのタンパク質からなる繊維は，塩基性に弱い。したがって，塩基性を示すセッケンは不適で，ほぼ中性を示す合成洗剤が適している。
(5) セッケンは，硬水中の Ca^{2+} や Mg^{2+} によって $(RCOO)_2Ca$ や $(RCOO)_2Mg$ の沈殿となるが，合成洗剤は，硬水によって沈殿しない。
(6) どちらもナトリウム塩で，NaOH が必要である。

テスト対策 セッケンと合成洗剤の比較

	セッケン	合成洗剤
水溶液	塩基性	ほぼ中性
硬水中	沈殿する	沈殿しない

47 (1) エ　(2) ウ　(3) ア　(4) イ

解き方 (1) セッケンは弱酸の脂肪酸と強塩基の水酸化ナトリウムからなる塩であり，水溶液中で加水分解して塩基性を示す。
(2) 水の表面張力を小さくするため，繊維などによく浸透できる。

(4) 油滴をセッケン分子が囲みミセルとして水中に分散させ乳化させる。

48 (1) イ　(2) ウ　(3) ア

解き方 (1) 顔料は，水や有機溶媒に溶けにくい。
(2) アリザリンは，アカネの根から得られる植物染料である。
(3) 天然染料のインジゴもアリザリンも合成することができる。

入試問題にチャレンジ！ の答 ➡本冊 p.104

❶ ア

解き方 ① 熱した酸化銅（Ⅱ）CuO によって，試料を完全に酸化する。

②，③ 燃焼生成物は CO_2 と H_2O である。まず塩化カルシウムで H_2O を吸収し，次にソーダ石灰で CO_2 を吸収する。それぞれの吸収管の質量の増加から H_2O と CO_2 の質量を求める。

逆に，ソーダ石灰・塩化カルシウムの順にすると，ソーダ石灰は CO_2 と H_2O の両方を吸収してしまい，H_2O と CO_2 のそれぞれの質量を求めることができない。

❷
(1) CH_2O　(2) 60.0
(3) 分子式；$C_2H_4O_2$
構造式；$CH_3-\underset{\underset{O}{\|}}{C}-OH$

解き方 (1) $CO_2=44.0$，$H_2O=18.0$ より

C の質量；$8.8 \times \dfrac{12.0}{44.0} = 2.4$ mg

H の質量；$3.6 \times \dfrac{2.0}{18.0} = 0.4$ mg

O の質量；$6.0 - (2.4 + 0.4) = 3.2$ mg

原子数比 C：H：O $= \dfrac{2.4}{12.0} : \dfrac{0.4}{1.0} : \dfrac{3.2}{16.0}$
$= 1 : 2 : 1$

よって，組成式は CH_2O

(2) $0.225 \times \dfrac{22.4 \times 10^3}{84.0} = 60.0$

(3) 分子式$(CH_2O)_n$ とすると $CH_2O=30.0$ より

$n = \dfrac{60.0}{30.0} = 2$

よって，分子式は $C_2H_4O_2$

酸性を示すことから，カルボキシ基をもち，融点が17℃から酢酸である。

$CH_3-\underset{\underset{O}{\|}}{C}-OH$

テスト対策 C，H，O の質量と組成式

組成式 $C_xH_yO_z$ とすると

$x : y : z = \dfrac{\text{Cの質量}}{12.0} : \dfrac{\text{Hの質量}}{1.0} : \dfrac{\text{Oの質量}}{16.0}$

$= \dfrac{\text{Cの\%}}{12.0} : \dfrac{\text{Hの\%}}{1.0} : \dfrac{\text{Oの\%}}{16.0}$

---

❸
① エ　② ア　③ カ
④ オ　⑤ キ　⑥ ケ

解き方 炭化水素は脂肪族炭化水素と環式炭化水素に分類され，環式炭化水素は芳香族炭化水素と脂環式炭化水素に分類される。

また，炭素原子間が，単結合のものは飽和炭化水素，二重・三重結合のものは不飽和炭化水素に分類される。

❹ ア

解き方 ア 正しい。
イ アルカンでは付加反応は起こらない。
ウ アルカンは塩素と置換反応する。
エ 直鎖状アルカンの沸点は，枝分かれ状の異性体の沸点より高い。
オ 直鎖状アルカンの沸点は，炭素数の増加とともに高くなる。

❺ オ

解き方 a 正しい。
b エチレンは平面構造であり，回転できない。よって，誤り。
c 純粋なアセチレンは無色無臭である。よって，誤り。
d $C_2H_2 + H_2 \longrightarrow C_2H_4$
$C_2H_4 + H_2 \longrightarrow C_2H_6$
よって，正しい。

❻
① タ　② オ　③ ス　④ コ
⑤ カ　⑥ ク　⑦ ウ

構造式 $\begin{array}{c} CH_2-CH_2 \\ | \quad\quad | \\ Br \quad\, Br \end{array}$

解き方 エチレンと臭素の付加反応
$CH_2=CH_2 + Br_2 \longrightarrow CH_2Br-CH_2Br$
Br_2（赤褐色）が消失して無色になる。

エチレンの重合反応
$nCH_2=CH_2 \longrightarrow \{CH_2-CH_2\}_n$

アセチレンと水との反応
$CH\equiv CH + H_2O \longrightarrow CH_3CHO$

❼ イ，エ

解き方 ア $CaC_2 + 2H_2O$
$\longrightarrow C_2H_2 + Ca(OH)_2$

より，炭化カルシウム1 molと水2 molからアセチレン1 molが生成する。よって，誤り。

イ　$C_2H_2 + H_2 \longrightarrow C_2H_4$
　　$C_2H_4 + H_2 \longrightarrow C_2H_6$
よって，正しい。

ウ　アセチレンと水を反応させると，ビニルアルコールを経てアセトアルデヒドになる。
$C_2H_2 + H_2O \longrightarrow CH_2=CHOH \longrightarrow CH_3CHO$
よって，誤り。

エ　メチルアセチレン $CH_3C≡CH$ とアセチレン $CH≡CH$ はどちらも一般式 C_nH_{2n-2} で表されるため同族体である。よって，正しい。

❽ オ

解き方　ア　CH_3-OH 以外の構造はない。
イ　$CO + 2H_2 \longrightarrow CH_3OH$ のように合成される。
オ　炭素原子の数が少ない低級アルコールである。

❾　(1)　$CH_3-O-CH_2-CH_2-CH_3$
　　　　　　$CH_3-CH_2-O-CH_2-CH_3$
　　　　　　$CH_3-O-CH-CH_3$
　　　　　　　　　　　　$|$
　　　　　　　　　　　CH_3

(2)　$CH_3-C-CH_2-CH_3$
　　　　　　$∥$
　　　　　　O

(3)　$CH_3-CH_2-CH_2-CH_2-OH$
　　　$CH_3-CH-CH_2-OH$
　　　　　　$|$
　　　　　CH_3

(4)　CH_3-C-OH
　　　　　$|$
　　　　CH_3

解き方　(1)　Naを作用させて，D～HはH₂を発生したことからOH基をもつアルコールであり，A～CはH₂を発生しなかったことからエーテルである。

(2)　DとEは光学異性体であることから不斉炭素原子C*をもつ。
$CH_3-C^*H-CH_2-CH_3 + (O)$
　　　　$|$
　　　OH
　　$\longrightarrow CH_3-C-CH_2-CH_3 + H_2O$
　　　　　　　　　　$∥$
　　　　　　　　　　O

(3)　FとGは，酸化するとアルデヒドになるから第一級アルコールである。

(4)　Hは酸化されなかったことから，第三級アルコールである。

テスト対策　一般式とアルコールとエーテル

$C_nH_{2n+2}O$ で表される物質にNaを加えたとき
H_2 が $\begin{cases} 発生した \Rightarrow アルコール \\ 発生しない \Rightarrow エーテル \end{cases}$

❿　(1)　A…エ　　B…イ　　C…ウ
　　　　　　D…オ　　E…ア
(2)　エ

解き方　(1)　Naを加えると，水素が発生するものはヒドロキシ基-OHをもつ。なお，カルボキシ基-COOHもOH基をもつ。したがってA，B，Cはイ，ウ，エのいずれかである。

AとBの混合物に濃硫酸を加えて加熱する反応は，エステル化の反応と考えられるからDはエステルでオと推定される。

アンモニア性硝酸銀を加えて温めると，銀が析出する反応は，銀鏡反応であり，CとEはアルデヒド基-CHOをもち，ア，ウのいずれかである。

よって，Cはウ，Eはアである。

Bを酸化するとE（ア；アセトアルデヒド），Eを酸化するとAが得られることから，Bはイ，Aはエである。

$CH_3CH_2OH + (O) \longrightarrow CH_3CHO + H_2O$
$CH_3CHO + (O) \longrightarrow CH_3COOH$

テスト対策　官能基の特性

● Naを加えると水素が発生 ➡ -OH，-COOH
● 銀鏡反応を示す ➡ -CHO

---

(2)　飽和脂肪酸を多く含む油脂を脂肪といい，常温で固体である。また，不飽和脂肪酸を多く含む油脂を脂肪油といい，常温で液体である。

⓫ ア，エ

解き方　ア　ベンゼンの二置換体にはオルト（*o*-），メタ（*m*-），パラ（*p*-）の3種の異性体がある。よって，正しい。

イ　フェノールの-OHは，水溶液中でわずかに電離してH⁺を生じ，弱い酸性を示す。よって，誤り。

ウ　安息香酸はカルボキシ基のみをもつ。よって，誤り。

エ　ニトロベンゼンを還元するとアニリンが得られる。よって，正しい。

12 (1) **A** C$_6$H$_5$-O-CO-CH$_2$-CH$_3$

B C$_6$H$_5$-ONa   **C** 2-HO-C$_6$H$_4$-COONa

D 2-CH$_3$COO-C$_6$H$_4$-COOH

(2) C$_6$H$_5$-ONa + CO$_2$ + H$_2$O ⟶ C$_6$H$_5$-OH + NaHCO$_3$

(3) ① **希硫酸** ② **無水酢酸**

解き方 化合物 A と水酸化ナトリウム水溶液との反応はけん化である。

C$_6$H$_5$-OCOCH$_2$CH$_3$ + NaOH ⟶ C$_6$H$_5$-ONa + CH$_3$CH$_2$OH

B はナトリウムフェノキシド C$_6$H$_5$ONa で，その水溶液に CO$_2$ を吹きこむと，フェノールが遊離する。

B(ナトリウムフェノキシド)と CO$_2$ を高圧下で反応させると，サリチル酸ナトリウムが得られ，これが C である。さらに希硫酸を作用させるとサリチル酸が得られる。

C$_6$H$_5$ONa $\xrightarrow{\text{CO}_2,\ 高圧}$ 2-HO-C$_6$H$_4$-COONa $\xrightarrow{\text{H}_2\text{SO}_4}$ 2-HO-C$_6$H$_4$-COOH

サリチル酸に無水酢酸を反応させると，アセチルサリチル酸が得られ，これが D である。

2-HO-C$_6$H$_4$-COOH + (CH$_3$CO)$_2$O ⟶ 2-CH$_3$COO-C$_6$H$_4$-COOH + CH$_3$COOH

13 ア

解き方 a 希塩酸と反応するのは，塩基性物質であるアニリンで，アニリン塩酸塩となって水層 A に移る。

C$_6$H$_5$-NH$_2$ + HCl ⟶ C$_6$H$_5$-NH$_3$Cl

b, c ジエチルエーテル層に水酸化ナトリウム水溶液を加えると，安息香酸が中和して安息香酸ナトリウムとなって水層に移る。

C$_6$H$_5$-COOH + NaOH ⟶ C$_6$H$_5$-COONa + H$_2$O

ジエチルエーテル層 B にはベンゼンが残る。

14 イ，ウ

解き方 ア 合成洗剤の水溶液はほぼ中性である。よって，誤り。

イ 合成洗剤は，硬水中で沈殿しないので，よく泡立つ。よって，正しい。

ウ セッケンは油脂(エステル)と NaOH のけん化によってつくられる。硫酸アルキルナトリウムは，高級アルコールと硫酸のエステルからなる。よって正しい。

エ どちらも親水基を外側に向けたミセルをつくる。よって，誤り。

オ どちらも乳化する。よって，誤り。

5編 高分子化合物

1章 高分子化合物と糖類

基礎の基礎を固める！ の答 →本冊 p.109

❶ 高分子化合物　❷ 天然高分子化合物
❸ 合成高分子化合物　❹ 単量体(モノマー)
❺ 重合体(ポリマー)　❻ 単糖類
❼ 2　❽ 二糖類
❾ 多数　❿ 多糖類
⓫ 還元　⓬ 銀鏡
⓭ エタノール　⓮ グルコース
⓯ フルクトース　⓰ ガラクトース
⓱ スクロース　⓲ デンプン
⓳ セルロース　⓴ ヨウ素デンプン

テストによく出る問題を解こう！ の答 →本冊 p.110

1 (1) イ，オ，ク　(2) ウ，カ，キ

解き方 ドライアイスは二酸化炭素，スクロースは二糖類で高分子化合物ではない。

2 (1) β-グルコース
(2) α-グルコース
(3) α-グルコース
(4) α-グルコース，β-フルクトース

解き方 (1) セルロースは，β-グルコースを単量体とする高分子である。
(2) デンプンは，α-グルコースを単量体とする高分子である。
(3) マルトースは，2分子のα-グルコースからなる二糖類である。
(4) スクロースは，α-グルコースとβ-フルクトースからなる二糖類である。

3 (1) ア，キ　(2) イ，エ，オ

解き方 ア，キ　グルコース，フルクトースは単糖類である。単糖類は還元性を示す。
イ　スクロースは，グルコースとフルクトースからなる二糖類である。グルコースとフルクトースの還元性を示す部分を使って縮合しているため，スクロースは還元性を示さない。

ウ，カ，ク　セロビオース，マルトース，ラクトースは二糖類である。スクロース以外の二糖類は還元性を示す。
エ，オ　デンプン，セルロースは多糖類である。多糖類は還元性を示さない。

テスト対策 糖類の還元性

● 還元性をもつもの
　すべての単糖類，スクロース以外の二糖類
● 還元性をもたないもの
　スクロース，すべての多糖類

4 (1) ○　(2) ○　(3) ×
(4) ×　(5) ○

解き方 (1) グルコースはOH基を5個もち，水によく溶ける。よって，正しい。
(2) 水溶液中では，α-グルコースと鎖状構造のグルコースとβ-グルコースの平衡状態になっている。よって，正しい。
(3) α-グルコースと鎖状構造のグルコースのOH基の数は等しい。よって，誤り。
(4) グルコースの還元性は，鎖状構造のアルデヒド基による。よって，誤り。
(5) α-グルコースと鎖状構造のグルコースとβ-グルコースは，互いに異性体で，同じ分子式である。よって，正しい。

5 (1) $C_6H_{12}O_6 \longrightarrow 2C_2H_5OH + 2CO_2$
(2) **9.2 g**

解き方 (2) $C_6H_{12}O_6 = 180$，$C_2H_5OH = 46$
グルコース18 gの物質量は，
$$\frac{18}{180} = 0.10 \text{ mol}$$
したがって，得られるエタノールの物質量は，
$0.10 \times 2 = 0.20$ mol
よって，その質量は，
$46 \times 0.20 = 9.2$ g

6 (1) グリコシド結合　(2) 示さない
(3) ① 転化糖
　　② グルコース，フルクトース
　　③ 示す

解き方 (2) スクロースは，グルコースとフルクトースの還元性を示す部分を使って縮合しているため，還元性を示さない。

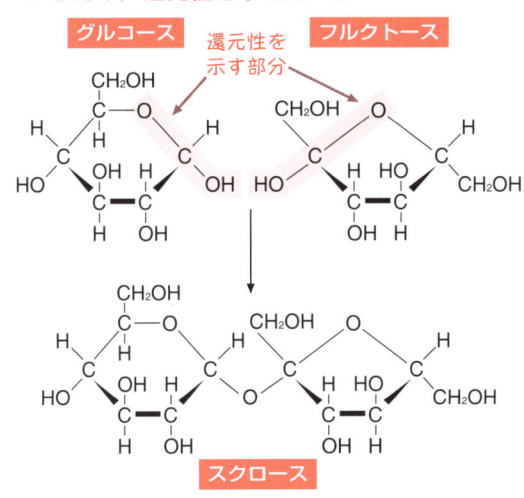

グルコース　還元性を示す部分　フルクトース

↓

スクロース

(3) スクロースの水溶液に希硫酸を加えて加水分解すると，グルコースとフルクトースの等量混合物になる。この等量混合物を**転化糖**といい，**還元性を示す**。

7 (1) ① α-グルコース
② デキストリン
③ マルトース
④ β-グルコース
⑤ セロビオース

(2) a…アミロース
b…アミロペクチン

解き方 (1) デンプンを加水分解すると，
デンプン ➡ デキストリン ➡ マルトース ➡ グルコース
と変化する。
一方，セルロースを加水分解すると，
セルロース ➡ セロビオース ➡ グルコース
と変化する。

テスト対策 アミロースとアミロペクチン

- **アミロース**………直鎖状の構造
- **アミロペクチン**…枝分かれの多い構造

2章 タンパク質と核酸

基礎の基礎を固める！ の答　➡本冊 p.114

① アミノ
② カルボキシ（① ② は順不同）
③ 不斉炭素原子　④ 双性イオン
⑤ 陽イオン　⑥ 陰イオン
⑦ 等電点　⑧ ペプチド
⑨ α-アミノ酸　⑩ 二次構造
⑪ タンパク質の変性
⑫ キサントプロテイン
⑬ ビウレット　⑭ ヌクレオチド
⑮ 核酸　⑯ DNA
⑰ RNA　⑱ 核
⑲ 運搬 RNA　⑳ タンパク質
㉑ 触媒　㉒ 温度

テストによく出る問題を解こう！ の答　➡本冊 p.115

8 (1) ①・② アミノ，カルボキシ
③ H
④ CH_3
⑤ 不斉炭素原子

(2) HOOC-C*(H)(CH$_3$)-NH$_2$ 立体構造図

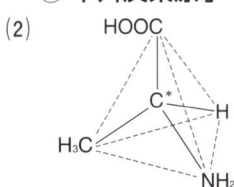

解き方 (2) 問題で与えられたものを鏡にうつしたような構造である。

テスト対策 α-アミノ酸の光学異性体

グリシン H-CH(NH$_2$)-COOH 以外は**不斉炭素原子**をもち，**光学異性体**が存在する。

9 (1) 酸性溶液中
$$R-\underset{NH_3^+}{\overset{H}{C}}-COOH$$

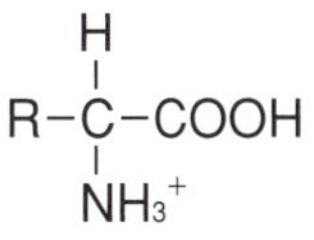

塩基性溶液中
$$R-\underset{NH_2}{\overset{H}{C}}-COO^-$$

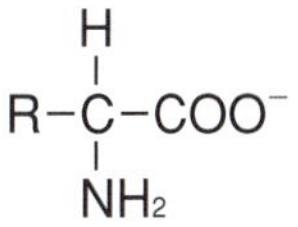

結晶中
$$R-\overset{\displaystyle H}{\underset{\displaystyle NH_3^+}{C}}-COO^-$$

(2) 双性イオン

解き方 アミノ酸は，結晶中ではカルボキシ基からアミノ基にH⁺が移動した形の**双性イオン**となっている。溶液中では，陽イオン，双性イオン，陰イオンの3つが平衡の状態にあるが，酸性溶液中では陽イオン，塩基性溶液中では陰イオンの割合が多い。また，**等電点**では，双性イオンの割合が多い。

陽イオン
$$R-\overset{\displaystyle H}{\underset{\displaystyle NH_3^+}{C}}-COOH$$

双性イオン
$$\rightleftarrows R-\overset{\displaystyle H}{\underset{\displaystyle NH_3^+}{C}}-COO^-$$

陰イオン
$$\rightleftarrows R-\overset{\displaystyle H}{\underset{\displaystyle NH_2}{C}}-COO^-$$

10 (1) $CH_3CH(NH_2)COOH + C_2H_5OH$
　　$\longrightarrow CH_3CH(NH_2)COOC_2H_5 + H_2O$
(2) $CH_3CH(NH_2)COOH + (CH_3CO)_2O$
　　$\longrightarrow CH_3CH(NHCOCH_3)COOH$
　　　　　　$+ CH_3COOH$

解き方 アミノ酸は，カルボキシ基とアミノ基の両方をもっている。したがって，カルボン酸としての反応と，アミンとしての反応の両方を行う。
(1) **アミノ酸のカルボキシ基がエステル化され**，アミノ酸は酸としての性質を失う。
(2) **アミノ酸のアミノ基がアセチル化され**，アミノ酸は塩基としての性質を失う。

11 (1) ①・② **アミノ，カルボキシ**
　　③ **ペプチド**
(2) **6種類**

解き方 (1) アミノ基−NH₂とカルボキシ基−COOHの脱水縮合によってできる−NH−CO−の結合を，**アミド結合**という。アミド結合がアミノ酸どうしの間で生じた場合，特に**ペプチド結合**とよばれる。

(2) それぞれのアミノ酸の炭化水素基をR_A，R_B，R_Cとする。左側にカルボキシ基，右側にアミノ基がくるようにアミノ酸を並べると，次の6種類のトリペプチドができることがわかる。
HOOC-CHR$_A$-NHCO-CHR$_B$-NHCO-CHR$_C$-NH₂
HOOC-CHR$_A$-NHCO-CHR$_C$-NHCO-CHR$_B$-NH₂
HOOC-CHR$_B$-NHCO-CHR$_A$-NHCO-CHR$_C$-NH₂
HOOC-CHR$_B$-NHCO-CHR$_C$-NHCO-CHR$_A$-NH₂
HOOC-CHR$_C$-NHCO-CHR$_A$-NHCO-CHR$_B$-NH₂
HOOC-CHR$_C$-NHCO-CHR$_B$-NHCO-CHR$_A$-NH₂

12 ① **変性**
② **キサントプロテイン**
③ **ニトロ**
④ **ビウレット**

解き方 ① タンパク質の水溶液に**熱，酸，塩基，重金属イオン，アルコール**などを加えると，タンパク質は凝固し，その性質を失う。これは，タンパク質の立体構造を保つ水素結合が乱されたり，新しい架橋構造ができたりして，**タンパク質の高次構造が壊れる**からである。

② ～ ④ タンパク質の呈色反応には，**キサントプロテイン反応**，**ビウレット反応**のほかに，**ニンヒドリン反応**，**硫黄反応**がある。

テスト対策　タンパク質の呈色反応

● **キサントプロテイン反応**
操作：濃硝酸を加えて加熱。
呈色：ベンゼン環をもつタンパク質で**黄色**。
※ベンゼン環がニトロ化されるため。呈色後，さらにアンモニア水を加えて溶液を塩基性にすると，**橙黄色**に変化。

● **ビウレット反応**
操作：水酸化ナトリウム水溶液と硫酸銅（Ⅱ）水溶液を加える。
呈色：トリペプチド以上で**赤紫色**。

● **ニンヒドリン反応**
操作：ニンヒドリン水溶液を加えて加熱。
呈色：アミノ基をもつ物質で**青紫～赤紫色**。

● **硫黄反応**
操作：水酸化ナトリウムの固体を加えて加熱し，酢酸鉛（Ⅱ）水溶液を加える。
呈色：硫黄原子を含むタンパク質で**黒色沈殿**。
※硫化鉛（Ⅱ）が生じるため。

13
(1) 窒素, リン
(2) ヌクレオチド
(3) 糖, リン酸
(4) グアニン, シトシン

解き方 (1) 核酸は, 糖, 有機塩基, リン酸を成分としている。糖には C, H, O, 有機塩基には C, H, O, N, リン酸には H, O, P が含まれている。

(2), (3) 五炭糖に有機塩基とリン酸が結合したものをヌクレオチドという。核酸は, ヌクレオチドの縮合重合によってできるポリヌクレオチドである。

(4) DNA, RNA に共通している塩基はアデニン, グアニン, シトシンの3種である。

テスト対策 核 酸

- ヌクレオチド…五炭糖に有機塩基とリン酸が結合した物質。
- 核酸…ヌクレオチドが縮合重合してできる高分子化合物。

14
(1) R   (2) DR   (3) D
(4) D   (5) D   (6) R
(7) DR (8) R   (9) DR

解き方 (1) DNA はデオキシリボース $C_5H_{10}O_4$, RNA はリボース $C_5H_{10}O_5$ を含む。

(2) DNA も RNA も, 成分物質は五炭糖, 有機塩基, リン酸の3種類である。

(3) DNA は二重らせん構造をとり, RNA は1本の鎖状構造をとる。

(4) DNA はおもに核に存在し, RNA は核と細胞質に存在する。

(5) DNA は遺伝子の本体で, その塩基配列をもとにタンパク質が合成される。

(6) DNA の遺伝情報を受け継いだ mRNA が核の外に出て, アミノ酸の配列順を伝える。

(7) DNA も RNA も核酸の一種であるから, ポリヌクレオチドである。

(8) rRNA はリボソームと結合し, アミノ酸を結合させてタンパク質にする。

(9) DNA も RNA も, ともに構成塩基は4種類である。アデニン, グアニン, シトシンの3つは共通で, 残りの1つは, DNA ではチミン, RNA ではウラシルである。

テスト対策 DNAとRNA

	DNA	RNA
含まれる糖	デオキシリボース $C_5H_{10}O_4$	リボース $C_5H_{10}O_5$
含まれる塩基	アデニン	アデニン
	グアニン	グアニン
	シトシン	シトシン
	チミン	ウラシル
構造	二重らせん	1本鎖

15
イ, オ

解き方 ア 酵素はタンパク質からなるので, 窒素を含む。また, 硫黄を含むものもある。

イ 酵素は触媒の一種であるから, 反応の活性化エネルギーを小さくするはたらきをもつ。

ウ 酵素には, 最適温度が存在する。また, 高温になりすぎると, 酵素をつくるタンパク質が変性するため, 酵素としてのはたらきを失う(酵素の失活)。

エ 酵素は, 特定の物質に対してのみはたらく(基質特異性)。たとえば, マルターゼはマルトースの分解には触媒として作用する。しかし, スクロースやラクトースなど, ほかの物質に対しては触媒としての作用を示さない。

オ 酵素には最適 pH が存在する。最適 pH は, 多くの酵素では7付近であるが, ペプシン (pH2) やトリプシン (pH8) のようなものもある。

テスト対策 酵 素

酵素はタンパク質からなり, 生体内での反応において触媒としてはたらく。また, 無機触媒にはない, 次のような性質をもつ。

- 基質特異性…特定の物質にしか作用しない。
- 最適温度…特定の温度より高くても低くても触媒としての機能が低下する。
- 最適 pH…特定の pH より大きくても小さくても, 触媒としての機能が低下する。

16
ウ

解き方 ウ アミラーゼは, デンプンをマルトースに分解する反応においてのみ, 触媒として機能する。マルトースをグルコースに分解するには, 酵素マルターゼなどが必要である。

エ カタラーゼは, 肝臓に含まれる酵素である。

3章 繊維

基礎の基礎を固める！の答 ➡ 本冊 p.119

① 植物繊維
② 動物繊維
③ 再生繊維
④ シュワイツァー
⑤ 希硫酸
⑥ 水酸化ナトリウム
⑦ 無水酢酸
⑧ 半合成
⑨ アジピン酸
⑩ 縮合重合
⑪ ε-カプロラクタム
⑫ 開環重合
⑬ テレフタル酸
⑭ 縮合重合
⑮ アミド
⑯ エステル
⑰ 付加重合
⑱ ポリビニルアルコール
⑲ アセタール
⑳ アクリル繊維

テストによく出る問題を解こう！の答 ➡ 本冊 p.120

17 (1) ○　(2) ×　(3) ○
(4) ×

解き方 (1) 綿の内部の中空部分は，**ルーメン**とよばれる。
(2) 麻は植物繊維で，**セルロース**でできている。
(4) 羊毛の主成分は**ケラチン**というタンパク質である。タンパク質に多く含まれるのは**ペプチド結合**である。

テスト対策　天然繊維
- **植物繊維**…綿や麻など。主成分はセルロースで，塩基には強いが酸には弱い。
- **動物繊維**…絹や羊毛など。主成分はタンパク質で，酸には強いが塩基には弱い。

18 (1) ア，イ，オ，カ　(2) ウ
(3) エ

解き方 天然繊維以外の繊維を総称して，**化学繊維**という。化学繊維は，その製法により，大きく3つに分けられる。
(1) **合成繊維**は，高分子化合物を繊維状に引きのばしたものである。その構造から，**ナイロン**などのポリアミド系，**ポリエチレンテレフタラート**などのポリエステル系，**アクリル繊維**やビニロンなどのポリビニル系などに分けられる。

(2) **半合成繊維**は，天然繊維に化学的な処理をほどこし，官能基の一部を変化させたもので，**アセテート繊維**が代表的なものである。
(3) **再生繊維**は，短繊維をいったん溶媒に溶かし，長繊維としてとり出したものである。セルロースを原料とした再生繊維が**レーヨン**である。

テスト対策　おもな化学繊維
- **合成繊維**
  - ナイロン66
  - ナイロン6
  - ポリエチレンテレフタラート
  - アクリル繊維
  - ビニロン
- **半合成繊維**
  - アセテート繊維
- **再生繊維**
  - ビスコースレーヨン
  - 銅アンモニアレーヨン

19 (1) ① 再生繊維
② ビスコース
③ ビスコースレーヨン
④ セロハン
⑤ 銅アンモニアレーヨン（キュプラ）
(2) シュワイツァー試薬

解き方 セルロースを濃水酸化ナトリウム水溶液に溶かし，二硫化炭素と反応させたあと，水酸化ナトリウム水溶液に溶かすと，**ビスコースとよばれる赤褐色のコロイド溶液**が得られる。これを希硫酸中に押し出すと，セルロースが再生し，長繊維となる。これが**ビスコースレーヨン**である。
　セルロースを**シュワイツァー試薬**に溶かすと，粘性のある液体が得られる。これを希硫酸中に押し出すと，セルロースが再生し，長繊維となる。これが**銅アンモニアレーヨン**である。なお，シュワイツァー試薬は，水酸化銅(Ⅱ)を濃アンモニア水に溶かすと得られる深青色の溶液である。

20 (1) 6.00×10^2 個
(2) 2.00×10^3 個

解き方 (1) ポリエチレンテレフタラートの構造は次の通りで，その分子量は $192n$ である。

[-C(=O)-C₆H₄-C(=O)-O-CH₂-CH₂-O-]ₙ

したがって，
$$192n = 5.76 \times 10^4 \qquad n = 3.00 \times 10^2$$
繰り返し単位にはエステル結合が 2 個含まれることから，全体では，
$$2 \times 3.00 \times 10^2 = 6.00 \times 10^2 \text{ 個}$$

(2) ナイロン 66 の構造は次の通りで，その分子量は $226n$ である。

[-C(=O)-(CH₂)₄-C(=O)-NH-(CH₂)₆-NH-]ₙ

したがって，
$$226n = 2.26 \times 10^5 \qquad n = 1.00 \times 10^3$$
繰り返し単位にはアミド結合が 2 個含まれることから，全体では，
$$2 \times 1.00 \times 10^3 = 2.00 \times 10^3 \text{ 個}$$

21 A　名称……**ポリエチレンテレフタラート**
　　　　単量体…**テレフタル酸，**
　　　　　　　　エチレングリコール
　　B　名称……**ポリアクリロニトリル**
　　　　単量体…**アクリロニトリル**
　　C　名称……**ナイロン 6**
　　　　単量体…**ε-カプロラクタム**
　　D　名称……**ナイロン 66**
　　　　単量体…**アジピン酸，**
　　　　　　　　ヘキサメチレンジアミン
　　E　名称……**ビニロン**
　　　　単量体…**酢酸ビニル**

解き方　それぞれの単量体の構造式は，次の通り。

A　テレフタル酸　HOOC-C₆H₄-COOH

　　エチレングリコール　HO-CH₂-CH₂-OH

B　アクリロニトリル　CH₂=CH(CN)

C　ε-カプロラクタム　CH₂-CH₂-CH₂-CH₂-CO-NH-CH₂ (環状)

D　アジピン酸　HOOC-(CH₂)₄-COOH
　　ヘキサメチレンジアミン　H₂N-(CH₂)₆-NH₂

E　酢酸ビニル　CH₂=CH(OCOCH₃)

22 ① CH₂=CH(OCOCH₃)

② [-CH₂-CH(OCOCH₃)-]ₙ

③ [-CH₂-CH(OH)-]ₙ

④ ···-CH₂-CH(O-CH₂-O)-CH₂-CH-CH₂-CH(OH)-···

解き方　ビニルアルコールは非常に不安定な物質であるため，ビニルアルコールの付加重合によってポリビニルアルコールをつくることはできない。そこで，酢酸ビニルを付加重合させてポリ酢酸ビニルをつくり，これを加水分解してポリビニルアルコールを得ている。

| テスト対策 | ビニロンの合成 |

酢酸ビニル $\xrightarrow{\text{付加重合}}$ ポリ酢酸ビニル
　　　　　$\xrightarrow{\text{けん化}}$ ポリビニルアルコール
　　　　　$\xrightarrow{\text{アセタール化}}$ ビニロン

4章 合成樹脂(プラスチック)とゴム

基礎の基礎を固める！ の答　→本冊 p.123

① 軟らか　　　② 鎖状
③ ポリエチレン　　④ ポリスチレン
⑤ ポリ塩化ビニル　⑥ 硬
⑦ 網目　　　　　⑧ フェノール樹脂
⑨ 尿素樹脂　　　⑩ メラミン樹脂
⑪ 陽イオン交換樹脂　⑫ $n\text{H}^+$
⑬ 陰イオン交換樹脂　⑭ $n\text{OH}^-$
⑮ イソプレン
⑯ $\text{-[CH}_2\text{-C(CH}_3\text{)-CH-CH}_2\text{]}_n$
⑰ 加硫　　　　　⑱ イソプレン
⑲ ブタジエンゴム(ポリブタジエン)
⑳ マテリアル　　㉑ ケミカル
㉒ サーマル

テストによく出る問題を解こう！ の答　→本冊 p.124

23 (1) $\text{CH}_2=\text{CH}_2$　(2) $\text{CH}_2=\text{CH(CH}_3)$
　　(3) $\text{CH}_2=\text{CH(OCOCH}_3)$
　　(4) $\text{CH}_2=\text{CH(C}_6\text{H}_5)$
　　(5) $\text{CH}_2=\text{CHCl}$
　　(6) $\text{CH}_2=\text{C(CH}_3)\text{COOCH}_3$

解き方 それぞれの樹脂の構造は，次の通り。

(1) $\text{-[CH}_2\text{-CH}_2\text{]}_n$
(2) $\text{-[CH}_2\text{-CH(CH}_3)\text{]}_n$
(3) $\text{-[CH}_2\text{-CH(OCOCH}_3)\text{]}_n$
(4) $\text{-[CH}_2\text{-CH(C}_6\text{H}_5)\text{]}_n$
(5) $\text{-[CH}_2\text{-CHCl]}_n$
(6) $\text{-[CH}_2\text{-C(CH}_3)(\text{COOCH}_3)\text{]}_n$

24 (1) ア，イ，オ　(2) ウ，エ，カ

解き方 代表的な熱硬化性樹脂は，フェノール樹脂，尿素樹脂，メラミン樹脂。メタクリル樹脂は鎖状の構造の熱可塑性樹脂で，アクリル樹脂の一種である。なお，ポリメタクリル酸メチルはメタクリル樹脂の一種である。

テスト対策 熱硬化性樹脂

代表的な**熱硬化性樹脂**は，次の3つ。
● フェノール樹脂
● 尿素樹脂
● メラミン樹脂

25 A 高分子…ポリエチレン
　　　単量体…エチレン
　　B 高分子…ポリ塩化ビニル
　　　単量体…塩化ビニル
　　C 高分子…メタクリル樹脂
　　　　　　(ポリメタクリル酸メチル)
　　　単量体…メタクリル酸メチル
　　D 高分子…ポリスチレン
　　　単量体…スチレン
　　E 高分子…メラミン樹脂
　　　単量体…メラミン，ホルムアルデヒド
　　F 高分子…フェノール樹脂
　　　単量体…フェノール，ホルムアルデヒド

解き方 A ポリエチレンは，エチレンの付加重合によってつくられる。
B ポリ塩化ビニルは，塩化ビニルの付加重合によってつくられる。
C メタクリル樹脂(ポリメタクリル酸メチル)は，メタクリル酸メチルの付加重合によってつくられる。
D ポリスチレンは，スチレンの付加重合によってつくられる。
E メラミン樹脂は，メラミンとホルムアルデヒドの付加縮合によってつくられる。
F フェノール樹脂は，フェノールとホルムアルデヒドの付加縮合によってつくられる。

テスト対策 合成高分子化合物の構造

熱可塑性樹脂は**鎖状構造で付加重合体**が多く，熱硬化性樹脂は**網目構造で付加縮合体**が多い。

26 (1) ① p-ジビニルベンゼン
　　　② 共重合
　　　③ イオン交換樹脂
　　(2) B

(3)
$$\left[\text{CH}_2\text{-CH}\left(\text{C}_6\text{H}_4\text{-SO}_3\text{H}\right)\right]_n + n\text{Na}^+$$

$$\longrightarrow \left[\text{CH}_2\text{-CH}\left(\text{C}_6\text{H}_4\text{-SO}_3\text{Na}\right)\right]_n + n\text{H}^+$$

解き方 (1) スチレンに p-ジビニルベンゼンを少量加えて共重合させ，さらにスルホ基 $-\text{SO}_3\text{H}$ やアルキルアンモニウム基 $-\text{N(CH}_3)_3\text{OH}$ などを導入すると，**イオン交換樹脂**が得られる。p-ジビニルベンゼンで架橋せずにこれらの極性の強い官能基を導入すると，樹脂自体が水に溶けてしまう。

(3) スルホ基 $-\text{SO}_3\text{H}$ の H^+ と溶液中の陽イオンが置き換わる。

イ 再利用で，化学反応によって単量体に戻して再製品する方法はケミカルリサイクルという。よって，誤り。

ウ 再利用で，融解して再製品とする方法は，マテリアルリサイクルという。よって，誤り。

27 (1) ① 付加　② 硫黄　③ 架橋
(2) $\text{CH}_2=\underset{\underset{\text{CH}_3}{|}}{\text{C}}\text{-CH}=\text{CH}_2$　　(3) 加硫

(4) $\left[\text{CH}_2\text{-CH}=\text{CH-CH}_2\right]_n$

解き方 (1), (2) 天然ゴムはイソプレンが付加重合してできた重合体である。

$n\text{CH}_2=\underset{\underset{\text{CH}_3}{|}}{\text{C}}\text{-CH}=\text{CH}_2$

$\longrightarrow \left[\text{CH}_2\text{-}\underset{\underset{\text{CH}_3}{|}}{\text{C}}=\text{CH-CH}_2\right]_n$

(3) 天然ゴムに硫黄を 5～8% 加えて加熱すると，硫黄原子 S が鎖状のゴム分子どうしをところどころ橋を架ける形（**架橋構造**）で結合し，弾性が大きくなり，機械的にも強くなる。この架橋構造をつくる操作を加硫という。

(4) $n\text{CH}_2=\text{CH-CH}=\text{CH}_2$
$\longrightarrow \left[\text{CH}_2\text{-CH}=\text{CH-CH}_2\right]_n$

28 エ

解き方 **ア** プラスチックは，空気中で酸化されにくく，蓄積することが公害の一因である。よって，誤り。

入試問題にチャレンジ！の答 →本冊 p.126

1 ウ

解き方 ア グルコースもフルクトースも還元性を示すが，鎖状構造でグルコースはアルデヒド基をもち，フルクトースはもたない。よって，誤り。

イ スクロースは，グルコースとフルクトースが脱水縮合した構造であるが，還元性がない。よって，誤り。

ウ グルコースは環状構造でも鎖状構造でも OH 基の数は 5 個である。よって，正しい。

エ グルコースをアルコール発酵させると，次のように 1 分子のグルコースから 2 分子のエタノールが生じる。

$$C_6H_{12}O_6 \longrightarrow 2C_2H_5OH + 2CO_2$$

よって，誤り。

オ セルロースを加水分解すると，セロビオースを経てグルコースとなる。よって，誤り。

2 ア

解き方 合成したタンパク質は，アラニン $CH_3CH(NH_2)COOH$ のポリペプチドである。

ア ビウレット反応で，**2つ以上のペプチド結合をもつペプチドに見られる反応**である。よって検出される。

イ キサントプロテイン反応で，**ベンゼン環のニトロ化によって起こる反応**である。ベンゼン環が含まれていないから検出されない。

ウ 黒色沈殿は PbS で，S の検出反応である。S が含まれていないから検出されない。

エ **アルデヒド基による還元反応**である。アルデヒド基が含まれていないから検出されない。

テスト対策　タンパク質の呈色反応

① NaOH 水溶液と $CuSO_4$ 水溶液を加えると赤紫色 ➡ **ビウレット反応**
　➡ペプチド結合 2 つ以上で起こる反応。

② 濃硝酸と加熱すると黄色，アンモニア水で橙黄色 ➡ **キサントプロテイン反応**
　➡ベンゼン環のニトロ化。

③ NaOH と加熱し，$(CH_3COO)_2Pb$ 水溶液を加えると PbS の黒色沈殿
　➡ **S の検出反応**

3
(1) a…×　b…×　c…○
(2) a…×　b…○　c…×
(3) a…○　b…○　c…○

解き方 (1) a 核酸の成分元素は，C, H, O, N, P である。よって，誤り。

b 二重らせん構造の塩基間は水素結合によって結ばれている。よって，誤り。

c 正しい。

(2) a ベンゼン環は存在しない。よって，誤り。

b DNA はデオキシリボース $C_5H_{10}O_4$，RNA はリボース $C_5H_{10}O_5$ である。よって，正しい。

c RNA は主として細胞質に存在する。よって，誤り。

(3) a，b 核内にある DNA の二重らせん構造がほどけて，その遺伝情報が伝令 RNA に塩基配列の形で伝える。

c 二重らせん構造の DNA を加熱すると，水素結合が切れて，らせんがほどけて 1 本になる。

よって，a，b，c とも正しい。

4 ウ，オ

解き方 ア **アミラーゼは，デンプンをマルトースに加水分解する**。よって，誤り。

イ **カタラーゼは，過酸化水素を水と酸素に分解する**。よって，誤り。

ウ 酵素は，それぞれ特定の物質の特定の反応にだけ作用する。よって，正しい。

エ 酵素は，特定の反応の活性化エネルギーを小さくする。よって，誤り。

オ 酵素には，最適温度と最適 pH がある。

テスト対策　酵素の成分と特性

① 酵素の成分 ➡ タンパク質
② 酵素の 3 つの特性；
● **基質特異性**（特定の物質の特定の反応にはたらく）
● **最適温度**　● **最適 pH**

5
(1) ① 付加　② アセタール化
　③ アミド　④ 縮合　⑤ 開環
(2) A…ポリ酢酸ビニル
　　B…ポリビニルアルコール

C…アジピン酸
D…ヘキサメチレンジアミン
E…ε-カプロラクタム

解き方 ビニロンの合成；

$$CH_2=CH \atop OCOCH_3 \xrightarrow{\text{付加重合}} \left[CH_2-CH \atop OCOCH_3 \right]_n$$
酢酸ビニル　　　　　　　　ポリ酢酸ビニル

$$\xrightarrow{\text{けん化}} \left[CH_2-CH \atop OH \right]_n$$
ポリビニルアルコール

$$\xrightarrow[\text{(HCHO)}]{\text{アセタール化}} \cdots -CH_2-CH-CH_2-CH- \cdots \atop \qquad\qquad O-CH_2-O$$
ビニロン

ナイロン66の合成；

$$n\text{HOOC}(CH_2)_4\text{COOH} + n\text{H}_2\text{N}(CH_2)_6\text{NH}_2$$
アジピン酸　　　　　　　ヘキサメチレンジアミン

$$\xrightarrow{\text{縮合重合}} [OC(CH_2)_4COHN(CH_2)_6NH]_n$$
ナイロン66

ナイロン6の合成；

$$n\text{CH}_2 {NH-CO-CH_2 \atop CH_2-CH_2-CH_2} \xrightarrow{\text{開環重合}} [HN-(CH_2)_5-CO]_n$$
ε-カプロラクタム　　　　　　　　　ナイロン6

6 エ

解き方 加水分解；

A $(C_6H_{10}O_5)_n + nH_2O \longrightarrow nC_6H_{12}O_6$
　セルロース　　　　　　　　　　グルコース

B $[CH_2-CHCl]_n + nH_2O \longrightarrow nCH_3CHO + nHCl$

C タンパク質 $\longrightarrow$ α-アミノ酸

D $[OC(CH_2)_4COHN(CH_2)_6NH]_n + 2nH_2O$
　ナイロン66
$\longrightarrow n\text{HOOC}(CH_2)_4\text{COOH} + n\text{H}_2\text{N}(CH_2)_6\text{NH}_2$
　　　アジピン酸　　　　　　ヘキサメチレンジアミン

E $[OC-\bigcirc-COO(CH_2)_2O]_n + 2nH_2O$
ポリエチレンテレフタラート
$\longrightarrow n\text{HOOC}-\bigcirc-\text{COOH} + n\text{HO}(CH_2)_2\text{OH}$
　　テレフタル酸　　　　　　エチレングリコール

7 イ

解き方 イ 生ゴムは，イソプレンが付加重合し，分子中に $[CH_2-C(CH_3)=CH-CH_2]$ の繰り返しの構造をもつ。

B